全国监理工程师职业资格考试用书

建设工程监理案例分析

（土木建筑工程）

中国建设监理协会　组织编写

中国建筑工业出版社

图书在版编目(CIP)数据

建设工程监理案例分析：土木建筑工程/中国建设监理
协会组织编写. —北京：中国建筑工业出版社，2020.7

全国监理工程师职业资格考试用书

ISBN 978-7-112-24752-3

Ⅰ.①建… Ⅱ.①中… Ⅲ.①建筑工程-监理工作-
案例-资格考试-自学参考资料 Ⅳ.①TU712.2

中国版本图书馆 CIP 数据核字(2020)第 022306 号

　　本书依据《建设工程监理案例分析》科目考试大纲内容，结合监理工程师工作实际编写，是土木建筑工程专业技术人员业务培训、继续教育和参加全国监理工程师职业资格考试的指导用书。

　　本书共三部分，主要内容包括：基本知识点、例题分析、近年试题解析。其中，例题分析内容均包括：背景、工程监理实施中发生的事件或问题、问题解析及答题要点。第三部分解析了 2010～2019 年全国监理工程师职业资格考试《建设工程监理案例分析》试题，并附答题要点。

　　本书还可作为工程监理单位、建设单位、勘察设计单位、施工单位和政府各级建设主管部门有关人员及大专院校工程管理、工程造价、土木工程类专业学生的参考书。

　　责任编辑：范业庶　张　磊　王砾瑶
　　责任校对：芦欣甜

全国监理工程师职业资格考试用书
建设工程监理案例分析(土木建筑工程)
中国建设监理协会　组织编写
*
中国建筑工业出版社出版、发行(北京海淀三里河路9号)
各地新华书店、建筑书店经销
北京红光制版公司制版
河北鹏润印刷有限公司印刷
*
开本：787×1092毫米　1/16　印张：15¼　字数：378千字
2020年5月第一版　2020年5月第一次印刷
定价：**53.00**元(含增值服务)
ISBN 978-7-112-24752-3
(35177)

全国监理工程师职业资格考试用书

审 定 委 员 会

主　　　　任：王早生

副　主　　任：王学军　修　璐

审　定　人　员：温　健　刘伊生　杨卫东　李　伟　李明安

　　　　　　　　王雪青　李清立　邓铁军　张守健　姜　军

编 写 委 员 会

主　　　　编：刘伊生

副　主　　编：李明安　王雪青　李清立　邓铁军　张守健

　　　　　　　姜　军

其他编写人员（按姓氏笔画排序）：

　　　　　　　付晓明　刘洪兵　许远明　孙占国　李　伟

　　　　　　　杨卫东　何红锋　陈大川　赵振宇　龚花强

　　　　　　　谭大璐

序

为更好地适应监理人员业务培训、继续教育和参加全国监理工程师职业资格考试需求，中国建设监理协会组织业内权威专家，根据《全国监理工程师职业资格考试大纲》(2020)，结合监理工程师工作实际，编写了全国监理工程师职业资格考试用书（共八册）。其中《建设工程监理概论》《建设工程监理相关法规文件汇编》和《建设工程合同管理》，可作为土木建筑工程、交通运输工程、水利工程三类专业技术人员业务培训、继续教育和参加全国监理工程师职业资格基础科目考试的指导用书；《建设工程质量控制》《建设工程投资控制》《建设工程进度控制》和《建设工程监理案例分析》，可作为土木建筑工程专业技术人员业务培训、继续教育和参加全国监理工程师职业资格考试专业科目的指导用书。

本套丛书充分体现了新时期监理制度改革新要求。一是紧密结合建筑业改革及监理工作标准，突出了通用性。基础科目突出共性，聚焦相关法律法规及国家标准，国务院文件、九部委标准文件，以及工程监理相关的共性、经典理论和方法，确保各专业均适用；专业科目适用于土木建筑工程专业，尽可能突出个性，如强化《建筑工程施工质量验收统一标准》相关内容，增加城市轨道交通工程验收管理办法，考虑装配式建筑、绿色建筑、信息化发展等专业特色。二是在注重法规政策及标准的全面性基础上，突出了时效性和理论的先进性。全书更新了相关法律、行政法规、标准招标文件、合同示范文本，删除了已废止文件，增加了工程监理费计取方法。三是在强化科目之间协调性的基础上，加强知识的系统性，突出可操作性。全书系统介绍了工程监理相关服务的内容和方法，尽量减少概念性、纯理论内容，尽可能贴近工程监理实际。四是在兼顾业务范围前瞻性的基础上，注重监理工作创新性。全书围绕工程监理如何更好地适应工程建设组织实施模式改革需求，进一步强化了工程总承包相关内容，增加了全过程工程咨询及包括政府与社会资本合作(PPP)在内的项目融资，更好地适应工程监理企业转型升级发展需求。五是在突出实用性的前提下，力求技术前沿性。全书以工程监理实际操作为核心，增加了工程监理信息化、国际工程咨询及组织实施模式等新内容，提高工程监理人员的实际工作能力，拓展国际化视野。

本套丛书还可作为工程监理单位、建设单位、勘察设计单位、施工单位和政府各级建设主管部门有关人员及大专院校工程管理、工程造价、土木工程类专业学生的参考书。相信本套丛书可为广大建筑业从业者和相关人员提供帮助。在此向参加编审工作的专家表示衷心感谢。

中国建设监理协会会长 王早生

2020 年 5 月

前 言

为了更好地适应《监理工程师职业资格制度规定》及《监理工程师职业资格考试实施办法》要求，依据《建设工程监理案例分析》科目考试大纲，中国建设监理协会组织专家编写本书。

本书依据《建设工程监理案例分析》科目考试大纲内容，结合监理工作实际编写。共分为三部分内容，主要包括：基本知识点、例题分析和近年考试试题解析。其中，例题分析内容均包括：背景、工程监理实施中发生的事件或问题、问题解析及答题要点；近年考试试题解析部分解析了近10年全国监理工程师职业资格考试《建设工程监理案例分析》科目试题，并附答题要点。

本书由刘伊生（北京交通大学教授）、李清立（北京交通大学副教授）主编，邓铁军（湖南大学教授）主审。参与本书编写的人员还有：姜军（北京建筑大学教授）、邓铁军（湖南大学教授）、王雪青（天津大学教授）、张守健（哈尔滨工业大学教授）、李明安（中国中元国际工程有限公司教授级高级工程师）以及付晓明（深圳市建艺国际工程顾问有限公司高级工程师）、李伟（北京方圆工程监理有限公司教授级高级工程师）、龚花强（上海市建设工程监理有限公司教授级高级工程师）、杨卫东（上海同济工程咨询有限公司教授级高级工程师）、刘洪兵（西北工业大学教授）等。

《建设工程监理案例分析（土木建筑工程）》编写组

2020 年 5 月

目　　录

第一部分　基本知识点

一、建设工程监理招标与投标

（一）建设工程监理招标方式和程序

1. 招标方式

建设工程监理招标可分为公开招标和邀请招标两种方式。

公开招标可使建设单位有较大的选择范围，可在众多投标人中选择经验丰富、信誉良好、价格合理的工程监理单位，能够大大降低串标、围标、抬标和其他不正当交易的可能性。公开招标的缺点是，准备招标、资格预审和评标的工作量大，因此，招标时间长、招标费用较高。

邀请招标既可节约招标费用，又可缩短招标时间。但由于限制了竞争范围，选择投标人的范围和投标人竞争的空间有限，可能会失去技术和报价方面有竞争力的投标者，失去理想中标人，达不到预期竞争效果。

2. 建设工程监理招标程序

建设工程监理招标程序一般包括：招标准备；发出招标公告或投标邀请书；组织资格审查；编制和发售招标文件；组织现场踏勘；召开投标预备会；编制和递交投标文件；开标、评标和定标；签订建设工程监理合同等环节。

（二）建设工程监理评标内容和方法

1. 建设工程监理评标内容

工程监理招标通常会将下列要素作为评标内容：工程监理单位的基本素质；工程监理人员配备；建设工程监理大纲；试验检测仪器设备及其应用能力；建设工程监理费用报价。

2. 建设工程监理评标方法

建设工程监理评标通常采用"综合评估法"，即：通过衡量投标文件是否最大限度地满足招标文件中规定的各项评价标准，对技术、企业资信、服务报价等因素进行综合评价从而确定中标人。

（三）建设工程监理投标工作内容

工程监理单位的投标工作内容包括：投标决策、投标策划、投标文件编制、参加开标及答辩、投标后评估等内容。

1. 建设工程监理投标决策

工程监理单位要想中标获得建设工程监理任务并获得预期利润，就需要认真进行投标决策。所谓投标决策，主要包括两方面内容：一是决定是否参与竞标；二是如果参加投标，应采取什么样的投标策略。常用的投标决策定量分析方法有综合评价法和决策树法。

（1）综合评价法。综合评价法是指决策者决定是否参加某建设工程监理投标时，将影响其投标决策的主客观因素用某些具体指标表示出来，并定量地进行综合评价，以此作为投标决策依据。

（2）决策树法。决策树分析法是适用于风险型决策分析的一种简便易行的实用方法，其特点是用一种树状图表示决策过程，通过事件出现的概率和损益期望值的计算比较，帮助决策者对行动方案作出抉择。当工程监理单位不考虑竞争对手的情况（投标时往往事先不知道参与投标的竞争对手），仅根据自身实力决定某些工程是否投标及如何报价时，则是典型的风险型决策问题，适用于决策树法进行分析。

2. 建设工程监理投标策划

建设工程监理投标策划是指从总体上规划建设工程监理投标活动的目标、组织、任务分工等，通过严格的管理过程，提高投标效率和效果。主要包括：（1）明确投标目标，决定资源投入；（2）成立投标小组并确定任务分工。

3. 建设工程监理投标文件编制

投标文件编制原则包括：（1）响应招标文件，保证不被废标；（2）认真研究招标文件，深入领会招标文件意图；（3）投标文件要内容详细、层次分明、重点突出。

建设工程监理投标文件的核心是反映监理服务水平高低的监理大纲，尤其是针对工程具体情况制定的监理对策，以及向建设单位提出的原则性建议等。

监理大纲一般应包括以下主要内容：（1）工程概述；（2）监理依据和监理工作内容；（3）建设工程监理实施方案；（4）建设工程监理难点、重点及合理化建议。

4. 参加开标及答辩

参加开标是工程监理单位需要认真准备的投标活动，应按时参加开标，避免废标情况发生。

招标项目要求现场答辩的，工程监理单位要充分做好答辩前准备工作，强化工程监理人员答辩能力，提高答辩信心，积累相关经验，提升监理队伍的整体实力，包括仪表、自信心、表达力、知识储备等。平时要有计划地培训学习，逐步提高整体实战能力，并形成一整套可复制的模拟实战方案。

5. 投标后评估

投标后评估是对投标全过程的分析和总结，对一个成熟的工程监理企业，无论建设工程监理投标成功与否，投标后评估不可缺少。

（四）建设工程监理投标策略

（1）深入分析影响监理投标的因素。包括分析：建设单位（买方）、投标人（卖方）自身、竞争对手、环境和条件。

（2）把握和深刻理解招标文件精神。工程监理单位必须详细研究招标文件，"吃透"其精神，才能在编制投标文件中全面、最大程度、实质性地响应招标文件的要求。

（3）选择有针对性的监理投标策略。包括：以信誉和口碑取胜；以缩短工期等承诺取胜；以附加服务取胜；适应长远发展的策略。

（4）充分重视项目监理机构的合理设置。工程监理单位必须选派与工程要求相适应的总监理工程师，配备专业齐全、结构合理的现场监理人员。

（5）重视提出合理化建议。重视提出合理化建议是促进投标策略实现的有力措施。

（6）有效地组织项目监理团队答辩。有效地组织总监理工程师及项目监理团队答辩是促进投标策略实现的有力措施，可以大大提升工程监理单位的中标率。

二、建设工程监理合同管理

（一）建设工程监理合同订立

建设工程监理合同的订立，意味着委托关系的形成，委托人与监理人之间的关系将受到合同约束。为了规范建设工程监理合同，住房城乡建设部和国家工商行政管理总局于2012年3月发布了《建设工程监理合同（示范文本）》GF—2012—0202，该合同示范文本由"协议书""通用条件""专用条件"、附录A和附录B组成。

为确保建设工程监理合同的合法、有效，工程监理单位应与建设单位按法定程序订立合同，明确对工程的有关理解和意图，进一步确认合同责任，将双方达成的一致意见写入专用条件或附录中。在签订合同时，应做到文字简洁、清晰、严密，以保证意思表达准确。

（二）建设工程监理合同履行

1. 监理人义务

（1）监理人需要完成的基本工作如下：

1）收到工程设计文件后编制监理规划，并在第一次工地会议7天前报委托人。根据有关规定和监理工作需要，编制监理实施细则；

2）熟悉工程设计文件，并参加由委托人主持的图纸会审和设计交底会议；

3）参加由委托人主持的第一次工地会议；主持监理例会并根据工程需要主持或参加专题会议；

4）审查施工承包人提交的施工组织设计，重点审查其中的质量安全技术措施、专项施工方案与工程建设强制性标准的符合性；

5）检查施工承包人工程质量、安全生产管理制度及组织机构和人员资格；

6）检查施工承包人专职安全生产管理人员的配备情况；

7）审查施工承包人提交的施工进度计划，核查施工承包人对施工进度计划的调整；

8）检查施工承包人的试验室；

9）审核施工分包人资质条件；

10）查验施工承包人的施工测量放线成果；

11）审查工程开工条件，对条件具备的签发开工令；

12）审查施工承包人报送的工程材料、构配件、设备的质量证明资料，抽检进场的工程材料、构配件的质量；

13）审核施工承包人提交的工程款支付申请，签发或出具工程款支付证书，并报委托人审核、批准；

14）在巡视、旁站和检验过程中，发现工程质量、施工安全存在事故隐患的，要求施工承包人整改并报委托人；

15）经委托人同意，签发工程暂停令和复工令；

16）审查施工承包人提交的采用新材料、新工艺、新技术、新设备的论证材料及相关验收标准；

17）验收隐蔽工程、分部分项工程；

18）审查施工承包人提交的工程变更申请，协调处理施工进度调整、费用索赔、合同争议等事项；

19）审查施工承包人提交的竣工验收申请，编写工程质量评估报告；

20）参加工程竣工验收，签署竣工验收意见；

21）审查施工承包人提交的竣工结算申请并报委托人；

22）编制、整理建设工程监理归档文件并报委托人。

（2）监理人应履行的职责

监理人应遵循职业道德准则和行为规范，严格按照法律法规、工程建设有关标准及监理合同履行职责。包括：处置委托人、施工承包人及有关各方意见和要求；提供证明材料；处理合同变更；调换承包人人员等。此外，还包括：提交报告；文件资料管理；使用委托人的财产。

2. 委托人义务

包括：告知、提供资料、提供工作条件、授权委托人代表、提出意见或要求、答复、支付酬金。

3. 违约责任

包括监理人违约责任和委托人违约责任。

（1）监理人违约责任

监理人未履行监理合同义务的，应承担相应责任。包括：违反合同约定造成的损失赔偿；索赔不成立时的费用补偿。

（2）委托人违约责任

委托人未履行本合同义务的，应承担相应责任。包括：违反合同约定造成的损失赔偿；索赔不成立时的费用补偿；逾期支付补偿。

（3）除外责任

因非监理人的原因，且监理人无过错，发生工程质量事故、安全事故、工期延误等造成的损失，监理人不承担赔偿责任。

监理人应自行投保现场监理人员的意外伤害保险。

（4）合同的生效、变更与终止

三、建设工程监理组织

（一）建设工程监理委托方式

在不同的建设工程组织管理模式下，可选择不同的建设工程监理委托方式。

1. 平行承包模式下建设工程监理委托方式

采用平行承包模式，由于各承包单位在其承包范围内同时进行相关工作，有利于缩短工期、控制质量，也有利于建设单位在更广范围内选择施工单位。但该模式的缺点是：合同数量多，会造成合同管理困难；工程造价控制难度大，表现为：一是工程总价不易确定，影响工程造价控制的实施；二是工程招标任务量大，需控制多项合同价格，增加了工程造价控制难度；三是在施工过程中设计变更和修改较多，导致工程造价增加。

在平行承包模式下，工程监理委托方式有以下两种主要形式：

1) 建设单位委托一家工程监理单位实施监理；

2) 建设单位委托多家工程监理单位实施监理。

2. 施工总承包模式下建设工程监理委托方式

施工总承包模式是指建设单位将全部施工任务发包给一家施工单位作为总承包单位，总承包单位可以将其部分任务分包给其他施工单位，形成一个施工总包合同及若干个分包合同的工程建设组织实施方式。

在施工总承包模式下，建设单位宜委托一家工程监理单位实施监理，这样有利于工程监理单位统筹考虑工程质量、造价、进度控制，合理进行总体规划协调，有利于实施建设工程监理工作。

3. 工程总承包模式下建设工程监理委托方式

工程总承包是指建设单位将工程设计、材料设备采购、施工（EPC）或设计、施工（DB）等工作全部发包给一家单位，由该承包单位对工程质量、安全、工期和造价等全面负责的工程建设组织实施方式。按这种模式发包的工程也称"交钥匙工程"。

在工程总承包模式下，建设单位宜委托一家工程监理单位实施监理。在该委托方式下，监理工程师需具备较全面的知识，做好合同管理工作。

（二）建设工程监理实施程序

包括：组建项目监理机构、收集工程监理有关资料、编制监理规划及监理实施细则、规范化地开展监理工作、参与工程竣工验收、向建设单位提交建设工程监理文件资料、进行监理工作总结。

（三）项目监理机构

项目监理机构是工程监理单位实施监理时，派驻工程负责履行建设工程监理合同的组织机构。项目监理机构的组织结构模式和规模，可根据建设工程监理合同约定的服务内容、服务期限以及工程特点、规模、技术复杂程度、环境等因素确定。在施工现场监理工作全部完成或建设工程监理合同终止时，项目监理机构可撤离施工现场。撤离施工现场前，应由监理单位书面通知建设单位，并办理相关移交手续。

1. 项目监理机构的设立

项目监理机构的监理人员应由一名总监理工程师、若干名专业监理工程师和监理员组成，且专业配套，数量应满足监理工作和建设工程监理合同对监理工作深度及建设工程监理目标控制的要求，必要时可设总监理工程师代表。

2. 项目监理机构组织形式

项目监理机构组织形式是指项目监理机构具体采用的管理组织结构。应根据建设工程特点、建设工程组织管理模式及工程监理单位自身情况等选择适宜的项目监理机构组织形式。常用的项目监理机构组织形式有：直线制、职能制、直线职能制、矩阵制等。

（1）直线制组织形式。直线制组织形式的特点是项目监理机构中任何一个下级只接受唯一上级的命令。各级部门主管人员对各自所属部门的事务负责，项目监理机构中不再另设职能部门。

（2）职能制组织形式。职能制组织形式是在项目监理机构内设立一些职能部门，将相应的监理职责和权力交给职能部门，各职能部门在其职能范围内有权直接发布指令指挥下级。职能制组织形式一般适用于大中型建设工程。如果子项目规模较大时，也可以在子项目层设置职能部门。

（3）直线职能制组织形式。直线职能制组织形式是吸收直线制组织形式和职能制组织形式的优点而形成的一种组织形式。

（4）矩阵制组织形式。矩阵制组织形式是由纵横两套管理系统组成的矩阵组织结构，一套是纵向职能系统，另一套是横向子项目系统。这种组织形式的纵、横两套管理系统在监理工作中是相互融合关系。图中虚线所绘的交叉点上，表示了两者协同以共同解决问题。

（四）项目监理机构人员配备及职责分工

1. 项目监理机构人员配备

项目监理机构应具有合理的人员结构，包括：合理的专业结构和合理的技术职称结构。确定项目监理机构人员数量需要考虑：工程建设强度、建设工程复杂程度、工程监理单位的业务水平、项目监理机构的组织结构和任务职能分工等因素。

2. 项目监理机构各类人员基本职责

《建设工程监理规范》GB/T 50319—2013 规定了总监理工程师、总监理工程师代表、专业监理工程师和监理员应履行的基本职责。

（1）总监理工程师职责

总监理工程师是由工程监理单位法定代表人书面任命，负责履行建设工程监理合同、主持项目监理机构工作的注册监理工程师。总监理工程师应履行下列职责：

1）确定项目监理机构人员及其岗位职责；

2）组织编制监理规划，审批监理实施细则；

3）根据工程进展及监理工作情况调配监理人员，检查监理人员工作；

4）组织召开监理例会；

5）组织审核分包单位资格；

6）组织审查施工组织设计、（专项）施工方案；

7）审查开复工报审表，签发工程开工令、暂行令和复工令；

8）组织检查施工单位现场质量、安全生产管理体系的建立及运行情况；

9）组织审核施工单位的付款申请，签发工程款支付证书，组织审核竣工结算；

10）组织审查和处理工程变更；

11）调解建设单位与施工单位的合同争议，处理工程索赔；

12）组织验收分部工程，组织审查单位工程质量检验资料；

13）审查施工单位的竣工申请，组织工程竣工预验收，组织编写工程质量评估报告，参与工程竣工验收；

14）参与或配合工程质量安全事故的调查和处理；

15）组织编写监理月报、监理工作总结，组织整理监理文件资料。

（2）总监理工程师代表职责

总监理工程师代表是经工程监理单位法定代表人同意，由总监理工程师书面授权，代表总监理工程师行使其部分职责和权力的人员。总监理工程师不得将下列工作委托给总监理工程师代表：

1）组织编制监理规划，审批监理实施细则；

2) 根据工程进展及监理工作情况调配监理人员；

3) 组织审查施工组织设计、（专项）施工方案；

4) 签发工程开工令、暂停令和复工令；

5) 签发工程款支付证书，组织审核竣工结算；

6) 调解建设单位与施工单位的合同争议，处理工程索赔；

7) 审查施工单位的竣工申请，组织工程竣工预验收，组织编写工程质量评估报告，参与工程竣工验收；

8) 参与或配合工程质量安全事故的调查和处理。

（3）专业监理工程师职责

专业监理工程师是由总监理工程师授权，负责实施某一专业或某一岗位的监理工作，有相应监理文件签发权的人员。专业监理工程师应履行下列职责：

1) 参与编制监理规划，负责编制监理实施细则；

2) 审查施工单位提交的涉及本专业的报审文件，并向总监理工程师报告；

3) 参与审核分包单位资格；

4) 指导、检查监理员工作，定期向总监理工程师报告本专业监理工作实施情况；

5) 检查进场的工程材料、构配件、设备的质量；

6) 验收检验批、隐蔽工程、分项工程，参与验收分部工程；

7) 处置发现的质量问题和安全事故隐患；

8) 进行工程计量；

9) 参与工程变更的审查和处理；

10) 组织编写监理日志，参与编写监理月报；

11) 收集、汇总、参与整理监理文件资料；

12) 参与工程竣工预验收和竣工验收。

（4）监理员职责

监理员是在专业监理工程师领导下从事工程检查、材料的见证取样、有关数据复核等具体监理工作的人员。监理员应履行下列职责：

1) 检查施工单位投入工程的人力、主要设备的使用及运行状况；

2) 进行见证取样；

3) 复核工程计量有关数据；

4) 检查工序施工结果；

5) 发现施工作业中的问题，及时指出并向专业监理工程师报告。

四、监理规划与监理实施细则

（一）监理规划

1. 监理规划编写依据

包括：工程建设法律法规和标准、建设工程外部环境调查研究资料、政府批准的工程建设文件、建设工程监理合同文件、建设工程合同、建设单位的合理要求、工程实施过程中输出的有关工程信息。

2. 监理规划编写要求

包括：监理规划的基本构成内容应当力求统一；监理规划的内容应具有针对性、指导性和可操作性；监理规划应由总监理工程师组织编制；监理规划应把握工程项目运行脉搏；监理规划应有利于工程监理合同的履行；监理规划的表达方式应当标准化、格式化；监理规划的编制应充分考虑时效性；监理规划经审核批准后方可实施。

3. 监理规划主要内容

《建设工程监理规范》GB/T 50319—2013 明确规定，监理规划的内容包括：工程概况；监理工作的范围、内容、目标；监理工作依据；监理组织形式、人员配备及进退场计划、监理人员岗位职责；监理工作制度；工程质量控制；工程造价控制；工程进度控制；安全生产管理的监理工作；合同与信息管理；组织协调；监理工作设施。

4. 监理规划报审

依据《建设工程监理规范》GB/T50319—2013，监理规划应在签订建设工程监理合同及收到工程设计文件后编制，在召开第一次工地会议前报送建设单位。监理规划报审程序的时间节点安排、各节点工作内容及负责人见表1-1。

监理规划报审程序　　　　　　　　表 1-1

序号	时间节点安排	工作内容	负责人
1	签订监理合同及收到工程设计文件后	编制监理规划	总监理工程师组织 专业监理工程师参与
2	编制完成、总监签字后	监理规划审批	监理单位技术负责人审批
3	第一次工地会议前	报送建设单位	总监理工程师报送
4	设计文件、施工组织计划和施工方案等发生重大变化时	调整监理规划	总监理工程师组织 专业监理工程师参与 监理单位技术负责人审批
		重新审批监理规划	监理单位技术负责人重新审批

监理规划在编写完成后需要进行审核并经批准。监理单位技术管理部门是内部审核单位，其技术负责人应当签认。监理规划审核的内容主要包括以下几方面：

(1) 监理范围、工作内容及监理目标的审核；

(2) 项目监理机构的审核；

(3) 工作计划的审核；

(4) 工程质量、造价、进度控制方法的审核；

(5) 对安全生产管理监理工作内容的审核；

(6) 监理工作制度的审核。

(二) 监理实施细则

1. 监理实施细则编写依据

《建设工程监理规范》GB/T 50319—2013 规定了监理实施细则编写的依据：

(1) 已批准的建设工程监理规划；

(2) 与专业工程相关的标准、设计文件和技术资料；

(3) 施工组织设计、(专项)施工方案。

除《建设工程监理规范》GB/T 50319—2013 中规定的相关依据，监理实施细则在编制过程中，还可以融入工程监理单位的规章制度和经认证发布的质量体系，以达到监理内容的全面、完整，有效提高工程监理自身的工作质量。

2. 监理实施细则编写要求

监理实施细则应满足以下三方面要求：内容全面；针对性强；可操作性。

3. 监理实施细则主要内容

《建设工程监理规范》GB/T 50319—2013 明确规定了监理实施细则应包含的内容，即：专业工程特点、监理工作流程、监理工作要点，以及监理工作方法及措施。

4. 监理实施细则报审

《建设工程监理规范》GB/T 50319—2013 规定，监理实施细则可随工程进展编制，但必须在相应工程施工前完成，并经总监理工程师审批后实施。监理实施细则报审程序见表1-2。

监理实施细则报审程序　　　　　　　　　　　表 1-2

序号	节点	工作内容	负责人
1	相应工程施工前	编制监理实施细则	专业监理工程师编制
2	相应工程施工前	监理实施细则审批、批准	专业监理工程师送审 总监理工程师批准
3	工程施工过程中	若发生变化，监理实施细则中工作流程与方法措施调整	专业监理工程师调整 总监理工程师批准

监理实施细则由专业监理工程师编制完成后，需要报总监理工程师批准后方能实施。监理实施细则审核的内容主要包括以下几方面：

（1）编制依据、内容的审核；

（2）项目监理人员的审核；

（3）监理工作流程、监理工作要点的审核；

（4）监理工作方法和措施的审核；

（5）监理工作制度的审核。

五、建设工程目标控制内容和主要方式

（一）建设工程监理工作内容

1. 目标控制

任何建设工程都有质量、造价、进度三大目标，这三大目标构成了建设工程目标系统。工程监理单位受建设单位委托，需要协调处理三大目标之间的关系、确定与分解三大目标，并采取有效措施控制三大目标。

（1）建设工程三大目标之间的关系

建设工程质量、造价、进度三大目标之间相互关联，共同形成一个整体。从建设单位角度出发，往往希望建设工程的质量好、投资省、工期短（进度快），但在工程实践中，几乎不可能同时实现上述目标。确定和控制建设工程三大目标，需要统筹兼顾三大目标之间的密切联系,防止发生盲目追求单一目标而冲击或干扰其他目标,也不可分割三大目标。

控制建设工程三大目标,需要综合考虑建设工程项目三大目标之间相互关系,在分析论证基础上明确建设工程项目质量、造价、进度总目标;需要从不同角度将建设工程总目标分解成若干分目标、子目标及可执行目标,从而形成"自上而下层层展开、自下而上层层保证"的目标体系,为建设工程三大目标动态控制奠定基础。

(2)建设工程三大目标控制的任务

1)建设工程质量控制任务。建设工程质量控制,就是通过采取有效措施,在满足工程造价和进度要求的前提下,实现预定的工程质量目标。

项目监理机构在建设工程施工阶段质量控制的主要任务是通过对施工投入、施工和安装过程、施工产出品(分项工程、分部工程、单位工程、单项工程等)进行全过程控制,以及对施工单位及其人员的资格、材料和设备、施工机械和机具、施工方案和方法、施工环境实施全面控制,以期按标准实现预定的施工质量目标。

2)建设工程造价控制任务。建设工程造价控制,就是通过采取有效措施,在满足工程质量和进度要求的前提下,力求使工程实际造价不超过预定造价目标。

项目监理机构在建设工程施工阶段造价控制的主要任务是通过工程计量、工程付款控制、工程变更费用控制、预防并处理好费用索赔、挖掘降低工程造价潜力等使工程实际费用支出不超过计划投资。

3)建设工程进度控制任务。建设工程进度控制,就是通过采取有效措施,在满足工程质量和造价要求的前提下,力求使工程实际工期不超过计划工期目标。

项目监理机构在建设工程施工阶段进度控制的主要任务是通过完善建设工程控制性进度计划、审查施工单位提交的进度计划、做好施工进度动态控制工作、协调各相关单位之间的关系、预防并处理好工期索赔,力求实际施工进度满足计划施工进度的要求。

(3)三大目标控制措施

为了有效地控制建设工程项目目标,应从组织、技术、经济、合同等多方面采取措施。

1)组织措施。组织措施是其他各类措施的前提和保障。

2)技术措施。为了对建设工程目标实施有效控制,需要对多个可能的建设方案、施工方案等进行技术可行性分析。

3)经济措施。无论是对建设工程造价目标实施控制,还是对建设工程质量、进度目标实施控制,都离不开经济措施。

4)合同措施。加强合同管理是控制建设工程目标的重要措施。建设工程总目标及分目标将反映在建设单位与工程参建主体所签订的合同之中。

2. 合同管理

合同管理是在市场经济体制下组织建设工程实施的基本手段,也是项目监理机构控制建设工程质量、造价、进度三大目标的重要手段。

完整的建设工程施工合同管理应包括施工招标的策划与实施;合同计价方式及合同文本的选择;合同谈判及合同条件的确定;合同协议书的签署;合同履行检查;合同变更、违约及纠纷的处理;合同订立和履行的总结评价等。

根据《建设工程监理规范》GB/T 50319—2013，项目监理机构在处理工程暂停及复工、工程变更、索赔及施工合同争议、解除等方面的合同管理职责如下：

（1）工程暂停及复工处理

1）签发工程暂停令的情形；

2）工程暂停相关事宜；

3）复工审批或指令。

（2）工程变更处理

1）施工单位提出的工程变更处理程序；

2）建设单位要求的工程变更处理职责。

（3）工程索赔处理

1）费用索赔处理；

2）工程延期审批。

（4）施工合同争议与解除的处理

1）施工合同争议的处理；

2）施工合同解除的处理。

3. 信息管理

建设工程信息管理是指对建设工程信息的收集、加工、整理、存储、传递、应用等一系列工作的总称。信息管理是建设工程监理的重要手段之一，及时掌握准确、完整的信息，可以使监理工程师耳聪目明，更加卓有成效地完成建设工程监理与相关服务工作。信息管理工作的好坏，将直接影响建设工程监理与相关服务工作的成败。

（1）信息管理的基本环节

建设工程信息管理贯穿工程建设全过程，其基本环节包括：信息的收集、传递、加工、整理、分发、检索和存储。

（2）信息管理系统

建设工程信息管理系统可以为监理工程师提供标准化、结构化的数据；提供预测、决策所需要的信息及分析模型；提供建设工程目标动态控制的分析报告；提供解决建设工程监理问题的多个备选方案。建设工程信息管理系统的基本功能应至少包括：工程质量控制、工程造价控制、工程进度控制、工程合同管理四个子系统。

4. 组织协调

从系统工程角度看，项目监理机构组织协调内容可分为系统内部（项目监理机构）协调和系统外部协调两大类，系统外部协调又分为系统近外层协调和系统远外层协调。近外层和远外层的主要区别是，建设单位与近外层关联单位之间有合同关系，与远外层关联单位之间没有合同关系。协调内容包括：项目监理机构内部的协调；项目监理机构与建设单位的协调；项目监理机构与施工单位的协调；项目监理机构与设计单位的协调；项目监理机构与政府部门及其他单位的协调等。

（二）建设工程监理主要方式

《建设工程监理规范》GB/T 50319—2013 明确规定，项目监理机构应根据建设工程监理合同约定，采用巡视、平行检验、旁站、见证取样等方式对建设工程实施监理，巡视、平行检验、旁站、见证取样是建设工程监理的主要方式。

1. 巡视

监理人员应按照监理规划及监理实施细则的要求开展巡视检查工作；在巡视检查中发现问题，应及时采取相应处理措施（比如：巡视监理人员发现个别施工人员在砌筑作业中砂浆饱满度不够，可口头要求施工人员加以整改）；巡视监理人员认为发现的问题自己无法解决或无法判断是否能够解决时，应立即向总监理工程师汇报；在监理巡视检查记录表中及时、准确、真实地记录巡视检查情况；对已采取相应处理措施的质量问题、生产安全事故隐患，检查施工单位的整改落实情况，并反映在巡视检查记录表中。

监理文件资料管理人员应及时将巡视检查记录表归档，同时，注意巡视检查记录与监理日志、监理通知单等其他监理资料的呼应关系。

2. 平行检验

项目监理机构首先应依据建设工程监理合同编制符合工程特点的平行检验方案，明确平行检验的方法、范围、内容、频率等，并设计各平行检验记录表式。建设工程监理实施过程中，应根据平行检验方案的规定和要求，开展平行检验工作。对平行检验不符合规范、标准的检验项目，应分析原因后按照相关规定进行处理。

监理文件资料管理人员应将平行检验方面的文件资料等单独整理、归档。平行检验的资料是竣工验收资料的重要组成部分。

3. 旁站

项目监理机构在编制监理规划时，应制定旁站方案，明确旁站的范围、内容、程序和旁站人员职责等。旁站方案是监理人员在充分了解工程特点及监控重点的基础上，确定必须加以重点控制的关键工序、特殊工序，并以此制订的旁站作业指导方案。现场监理人员必须按此执行并根据方案的要求，有针对性地进行检查，将可能发生的工程质量问题和隐患加以消除。

旁站记录是监理工程师或者总监理工程师依法行使有关签字权的重要依据。对于需要旁站的关键部位、关键工序施工，凡没有实施旁站或者没有旁站记录的，专业监理工程师或者总监理工程师不得在相应文件上签字。在工程竣工验收后，工程监理单位应当将旁站记录存档备查。

4. 见证取样

项目监理机构应根据工程的特点和具体情况，制定工程见证取样送检工作制度，将材料进场报验、见证取样送检的范围、工作程序、见证人员和取样人员的职责、取样方法等内容纳入监理实施细则。并可召开见证取样工作专题会议，要求工程参建各方在施工中必须严格按制定的工作程序执行。

见证取样监理人员应根据见证取样实施细则要求、按程序实施见证取样工作，包括：在现场进行见证，监督施工单位取样人员按随机取样方法和试件制作方法进行取样；对试样进行监护、封样加锁；在检验委托单签字，并出示"见证员证书"；协助建立包括见证取样送检计划、台账等在内的见证取样档案等。

监理文件资料管理人员应全面、妥善、真实记录试块、试件及工程材料的见证取样台账以及材料监督台账（无需见证取样的材料、设备等）。

六、建设工程安全生产管理的监理工作

（一）安全生产管理的监理工作内容

（1）编制工程监理实施细则，落实相关监理人员；

（2）审查施工单位现场安全生产规章制度的建立和实施情况；

（3）审查施工单位安全生产许可证及施工单位项目经理、专职安全生产管理人员和特种作业人员的资格，核查施工机械和设施的安全许可验收手续；

（4）审查施工承包人提交的施工组织设计，重点审查其中的质量安全技术措施、专项施工方案与工程建设强制性标准的符合性；

（5）审查包括施工起重机械和整体提升脚手架、模板等自升式架设设施等在内的施工机械和设施的安全许可验收手续情况；

（6）巡视检查危险性较大的分部分项工程专项施工方案实施情况；

（7）对施工单位拒不整改或不停止施工时，应及时向有关主管部门报送监理报告。

（二）施工单位安全生产管理体系的审查

1. 审查施工单位的管理制度、人员资格及验收手续

项目监理机构应审查施工单位现场安全生产规章制度的建立和实施情况；审查施工单位安全生产许可证的符合性和有效性；审查施工单位项目经理、专职安全生产管理人员和特种作业人员的资格；核查施工机械和设施的安全许可验收手续。

施工单位在使用施工起重机械和整体提升脚手架、模板等自升式架设设施前，应当组织有关单位进行验收，也可以委托具有相应资质的检验检测机构进行验收；使用承租的机械设备和施工机具及配件的，由施工总承包单位、分包单位、出租单位和安装单位共同进行验收，验收合格的方可使用。

2. 审查专项施工方案

项目监理机构应审查施工单位报审的专项施工方案，符合要求的，应由总监理工程师签认后报建设单位。超过一定规模的危险性较大的分部分项工程的专项施工方案，应检查施工单位组织专家进行论证、审查的情况，以及是否附具安全验算结果。

专项施工方案审查的基本内容包括：

（1）编审程序应符合相关规定。专项施工方案由施工项目经理组织编制，经施工单位技术负责人签字后，才能报送项目监理机构审查。

（2）安全技术措施应符合工程建设强制性标准。

（三）专项施工方案的监督实施及安全事故隐患的处理

1. 专项施工方案的监督实施

项目监理机构应要求施工单位按已批准的专项施工方案组织施工。专项施工方案需要调整时，施工单位应按程序重新提交项目监理机构审查。

项目监理机构应巡视检查危险性较大的分部分项工程专项施工方案实施情况。发现未按专项施工方案实施时，应签发监理通知单，要求施工单位按专项施工方案实施。

2. 安全事故隐患的处理

项目监理机构在实施监理过程中，发现工程存在安全事故隐患时，应签发监理通知

单,要求施工单位整改;情况严重时,应签发工程暂停令,并应及时报告建设单位。施工单位拒不整改或不停止施工时,项目监理机构应及时向有关主管部门报送监理报告。

紧急情况下,项目监理机构可通过电话、传真或者电子邮件向有关主管部门报告,事后应形成监理报告。

七、建设工程监理文件资料管理

(一)基本表式与应用说明

1. 基本表式

根据《建设工程监理规范》GB/T 50319—2013,工程监理基本表式分为三大类,即:A 类表——工程监理单位用表(共 8 个);B 类表——施工单位报审、报验用表(共 14 个);C 类表——通用表(共 3 个)。

(1)工程监理单位用表(A 类表)

包括:总监理工程师任命书(表 A.0.1);工程开工令(表 A.0.2);监理通知单(表 A.0.3);监理报告(表 A.0.4);工程暂停令(表 A.0.5);旁站记录(表 A.0.6);工程复工令(表 A.0.7);工程款支付证书(表 A.0.8)。

(2)施工单位报审、报验用表(B 类表)

包括:施工组织设计或(专项)施工方案报审表(表 B.0.1);工程开工报审表(表 B.0.2);工程复工报审表(表 B.0.3);分包单位资格报审表(表 B.0.4);施工控制测量成果报验表(表 B.0.5);工程材料、构配件、设备报审表(表 B.0.6);报验、报审表(表 B.0.7);分部工程报验表(表 B.0.8);监理通知回复单(表 B.0.9);单位工程竣工验收报审表(表 B.0.10);工程款支付报审表(表 B.0.11);施工进度计划报审表(表 B.0.12);费用索赔报审表(表 B.0.13);工程临时或最终延期报审表(表 B.0.14)。

(3)通用表(C 类表)

包括:工作联系单(C.0.1);工程变更单(C.0.2);索赔意向通知书(C.0.3)。

2. 基本表式应用说明

(1)下列表式应由总监理工程师签字并加盖执业印章:

1)A.0.2 工程开工令;

2)A.0.5 工程暂停令;

3)A.0.7 工程复工令;

4)A.0.8 工程款支付证书;

5)B.0.1 施工组织设计或(专项)施工方案报审表;

6)B.0.2 工程开工报审表;

7)B.0.10 单位工程竣工验收报审表;

8)B.0.11 工程款支付报审表;

9)B.0.13 费用索赔报审表;

10)B.0.14 工程临时或最终延期报审表。

(2)下列表式需要建设单位审批同意

1)B.0.1 施工组织设计或(专项)施工方案报审表(仅对超过一定规模的危险性较

大的分部分项工程专项施工方案）；

2) B.0.2 工程开工报审表；

3) B.0.3 工程复工报审表；

4) B.0.11 工程款支付报审表；

5) B.0.13 费用索赔报审表；

6) B.0.14 工程临时或最终延期报审表。

（3）下列表式需要工程监理单位法定代表人签字并加盖工程监理单位公章

"A.0.1 总监理工程师任命书"需要由工程监理单位法定代表人签字，并加盖工程监理单位公章。

（4）下列表式需要由施工项目经理签字并加盖施工单位公章

"B.0.2 工程开工报审表""B.0.10 单位工程竣工验收报审表"必须由项目经理签字并加盖施工单位公章。

（二）建设工程监理主要文件资料

建设工程监理主要文件资料包括：

（1）勘察设计文件、建设工程监理合同及其他合同文件；

（2）监理规划、监理实施细则；

（3）设计交底和图纸会审会议纪要；

（4）施工组织设计、（专项）施工方案、施工进度计划报审文件资料；

（5）分包单位资格报审会议纪要；

（6）施工控制测量成果报验文件资料；

（7）总监理工程师任命书，工程开工令、暂停令、复工令，开工或复工报审文件资料；

（8）工程材料、构配件、设备报验文件资料；

（9）见证取样和平行检验文件资料；

（10）工程质量检验报验资料及工程有关验收资料；

（11）工程变更、费用索赔及工程延期文件资料；

（12）工程计量、工程款支付文件资料；

（13）监理通知单、工作联系单与监理报告；

（14）第一次工地会议，监理例会、专题会议等会议纪要；

（15）监理月报、监理日志、旁站记录；

（16）工程质量或安全生产事故处理文件资料；

（17）工程质量评估报告及竣工验收文件资料；

（18）监理工作总结。

（三）建设工程监理文件资料管理职责和要求

1. 管理职责

根据《建设工程监理规范》GB/T 50319—2013，项目监理机构文件资料管理的基本职责如下：

（1）应建立和完善监理文件资料管理制度，宜设专人管理监理文件资料。

（2）应及时、准确、完整地收集、整理、编制、传递监理文件资料，宜采用信息技术进行监理文件资料管理。

（3）应及时整理、分类汇总监理文件资料，并按规定组卷，形成监理档案。

（4）应根据工程特点和有关规定，保存监理档案，并应向有关单位、部门移交需要存档的监理文件资料。

2. 管理要求

建设工程监理文件资料的管理要求体现在建设工程监理文件资料管理全过程，包括：监理文件资料收发文与登记、传阅、分类存放、组卷归档、验收与移交等。

（1）建设工程监理文件资料收文与登记；

（2）建设工程监理文件资料传阅与登记；

（3）建设工程监理文件资料发文与登记；

（4）建设工程监理文件资料分类存放；

（5）建设工程监理文件资料组卷归档；

（6）建设工程监理文件资料验收与移交。

八、建设工程风险管理

（一）建设工程风险及其管理过程

建设工程风险是指在决策和实施过程中，造成实际结果与预期目标的差异性及其发生的概率。项目风险的差异性包括损失的不确定性和收益的不确定性。这里的工程风险是指损失的不确定性。

风险管理包括风险识别、风险分析与评价、风险对策的决策、风险对策的实施和风险对策实施的监控五个主要环节。

（二）建设工程风险识别与评价

1. 风险识别

风险识别的主要内容是：识别引起风险的主要因素，识别风险的性质，识别风险可能引起的后果。

识别建设工程风险的方法有专家调查法、财务报表法、流程图法、初始清单法、经验数据法、风险调查法等。

2. 风险分析与评价

风险分析与评价的任务包括：确定单一风险因素发生的概率；分析单一风险因素的影响范围大小；分析各个风险因素的发生时间；分析各个风险因素的结果，探讨这些风险因素对建设工程目标的影响程度；在单一风险因素量化分析的基础上，考虑多种风险因素对建设工程目标的综合影响、评估风险的程度并提出可能的措施作为管理决策的依据。

（1）风险度量。根据风险事件发生的频繁程度，可将风险事件发生的概率分为3～5个等级。等级的划分反映了一种主观判断。因此，等级数量的划分也可根据实际情况作出调整。

（2）风险评定。

1）风险后果的等级划分。为了在采取措施时能分清轻重缓急，需要评定风险因素等级。通常，可按事故发生后果的严重程度划分为3～5个等级。

2）风险重要性评定。将风险事件发生概率（P）的等级和风险后果（O）的等级分别划分为大（H）、中（M）、小（L）三个区间，即可形成 9 个不同区域。在这 9 个不同区域中，有些区域的风险量是大致相等的，因此，可以将风险量的大小分为 5 个等级：①VL（很小）；②L（小）；③M（中等）；④H（大）；⑤VH（很大）。

3）风险可接受性评定。根据风险重要性评定结果，可以进行风险可接受性评定。风险等级为大、很大的风险因素表示风险重要性较高，是不可接受的风险，需要给予重点关注；风险等级为中等的风险因素是不希望有的风险；风险等级为小的风险因素是可接受的风险；风险等级为很小的风险因素是可忽略的风险。

（3）风险分析与评价的方法。风险的分析与评价往往采用定性与定量相结合的方法来进行，这二者之间并不是相互排斥的，而是相互补充的。目前，常用的风险分析与评价方法有调查打分法、蒙特卡洛模拟法、计划评审技术法和敏感性分析法等。

（三）建设工程风险对策及监控

1. 风险对策

建设工程风险对策包括风险回避、损失控制、风险转移和风险自留。

（1）风险回避。风险回避是指在完成建设工程风险分析与评价后，如果发现风险发生的概率很高，而且可能的损失也很大，又没有其他有效的对策来降低风险时，应采取放弃项目、放弃原有计划或改变目标等方法，使其不发生或不再发展，从而避免可能产生的潜在损失。

（2）损失控制。损失控制是一种主动、积极的风险对策。损失控制可分为预防损失和减少损失两个方面。预防损失措施的主要作用在于降低或消除（通常只能做到降低）损失发生的概率，而减少损失措施的作用在于降低损失的严重性或遏制损失的进一步发展，使损失最小化。一般来说，损失控制方案都应当是预防损失措施和减少损失措施的有机结合。

（3）风险转移。风险转移是建设工程风险管理中十分重要且广泛应用的一项对策。当有些风险无法回避、必须直接面对，而以自身的承受能力又无法有效地承担时，风险转移就是一种十分有效的选择。风险转移可分为非保险转移和保险转移两大类。

（4）风险自留。风险自留是指将建设工程风险保留在风险管理主体内部，通过采取内部控制措施等来化解风险。风险自留可分为非计划性风险自留和计划性风险自留两种。

2. 风险监控

（1）监控风险管理计划实施过程的主要内容包括：

1）评估风险控制措施产生的效果；

2）及时发现和度量新的风险因素；

3）跟踪、评估风险的变化程度；

4）监控潜在风险的发展、监测工程风险发生的征兆；

5）提供启动风险应急计划的时机和依据。

（2）风险跟踪检查与报告：

1）风险跟踪检查；

2）风险的重新估计；

3）风险跟踪报告。

九、建设工程施工招标

（一）标准施工招标文件

1. 标准施工招标文件组成

《标准施工招标文件》共包含封面格式和四卷八章的内容，第一卷包括第一章至第五章，涉及招标公告（投标邀请书）、投标人须知、评标办法、合同条款及格式、工程量清单等内容；第二卷由第六章图纸组成；第三卷由第七章技术标准和要求组成；第四卷由第八章投标文件格式组成。标准招标文件相同序号标示的节、条、款、项、目，由招标人依据需要选择其一形成一份完整的招标文件。

2. 简明标准施工招标文件

《简明标准施工招标文件》共分招标公告（或投标邀请书）、投标人须知、评标办法、合同条款及格式、工程量清单、图纸、技术标准和要求、投标文件格式八章。

（二）施工招标程序

（1）招标准备；

（2）组织资格审查；

（3）发售招标文件；

（4）现场踏勘；

（5）投标预备会；

（6）投标文件的接收；

（7）组建评标委员会；

（8）开标；

（9）评标；

（10）合同签订。

（三）投标人资格审查

1. 标准资格预审文件的组成

《标准资格预审文件》共包含封面格式和五章内容，相同序号标示的章、节、条、款、项、目，由招标人依据需要选择其一，形成一份完整的资格预审文件。文件各章规定的内容：（1）资格预审公告；（2）申请人须知；（3）资格审查方法；（4）资格审查办法；（5）资格预审申请文件。

2. 资格审查办法

资格审查办法包括：合格制和有限数量制。

（四）施工评标办法

常用的评标方法分为经评审的最低投标价法和综合评估法两种。

1. 最低评标价法

一般适用于具有通用技术、性能标准或者招标人对其技术、性能标准没有特殊要求的招标项目。

初步评审标准：形式评审、资格评审、响应性评审、施工组织设计和项目管理机构评审标准四个方面。

详细评审标准：评审因素一般包括：单价遗漏、付款条件等。

评标程序：初步评审、详细评审、投标文件的澄清和补正、评标结果。

2. 综合评估法

一般适用于招标人对招标项目的技术、性能有专门要求的招标项目。

初步评审标准：综合评估法与最低评标价法初步评审标准的参考因素与评审标准等方面基本相同，只是综合评估法初步评审标准包含形式评审标准、资格评审标准和响应性评审标准三部分。

分值构成与评分标准：

（1）分值构成

将施工组织设计、项目管理机构、投标报价及其他评分因素分配一定的权重或分值及区间。

（2）评标基准价计算

招标人可依据招标项目的特点、行业管理规定给出评标基准价的计算方法。

（3）投标报价的偏差率计算

投标报价的偏差率计算公式：偏差率＝100％×（投标人报价－评标基准价）/评标基准价

（4）评分标准

招标人应当明确施工组织设计、项目管理机构、投标报价和其他因素的评分因素、评分标准，以及各评分因素的权重。

招标人还可以依据项目特点及行业、地方管理规定，增加一些标准招标文件中已经明确的施工组织设计、项目管理机构及投标报价外的其他评审因素及评分标准，作为补充内容。

十、建设工程施工合同订立

（一）合同文件的组成

标准施工合同的通用条款中规定，合同的组成文件包括：

（1）合同协议书；

（2）中标通知书；

（3）投标函及投标函附录；

（4）专用合同条款；

（5）通用合同条款；

（6）技术标准和要求；

（7）图纸；

（8）已标价的工程量清单；

（9）其他合同文件——经合同当事人双方确认构成合同的其他文件。

（二）合同文件的优先解释次序

组成合同的各文件中出现含义或内容的矛盾时，如果专用条款没有另行的约定，以上合同文件序号为优先解释的顺序。

标准施工合同条款中未明确由谁来解释文件之间的歧义,但可以结合监理工程师职责中的规定,总监理工程师应与发包人和承包人进行协商,尽量达成一致。不能达成一致时,总监理工程师应认真研究后审慎确定。

(三)订立合同时需要明确的内容

针对具体施工项目或标段的合同需要明确约定的内容较多,有些招标时已在招标文件的专用条款中做出了规定,另有一些还需要在签订合同时具体细化相应内容。

(1)施工现场范围和施工临时占地;

(2)发包人提供图纸的期限和数量;

(3)发包人提供的材料和工程设备;

(4)异常恶劣的气候条件范围;

(5)物价浮动的合同价格调整。

(四)明确保险责任

1.工程保险和第三者责任保险

(1)承包人办理保险;

(2)发包人办理保险;

(3)保险金不足的补偿;

(4)未按约定投保的补偿。

2.人员工伤事故保险和人身意外伤害保险

发包人和承包人应按照相关法律规定为履行合同的本方人员缴纳工伤保险费,并分别为自己现场项目管理机构的所有人员投保人身意外伤害保险。

3.其他保险

(1)承包人的施工设备保险

承包人应以自己的名义投保施工设备保险,作为工程一切险的附加保险,因为此项保险内容发包人没有投保。

(2)进场材料和工程设备保险

由当事人双方具体约定,在专用条款内写明。通常情况下,应是谁采购的材料和工程设备,由谁办理相应的保险。

(五)发包人的义务

(1)提供施工场地;

(2)组织设计交底;

(3)约定开工时间。

(六)承包人的义务

(1)现场查勘;

(2)编制施工实施计划;

(3)施工现场内的交通道路和临时工程;

(4)施工控制网;

(5)提出开工申请。

(七)监理人的职责

(1)审查承包人的实施方案;

（2）开工通知。

十一、建设工程施工合同履行管理

建设工程施工合同履行管理的主要内容包括：

（一）施工进度管理

（1）合同进度计划的动态管理；

（2）可以顺延合同工期的情况；

（3）承包人原因的延误；

（4）暂停施工；

（5）发包人要求提前竣工。

（二）施工质量管理

（1）质量责任；

（2）承包人的管理；

（3）监理人的质量检查和试验；

（4）对发包人提供的材料和工程设备管理；

（5）对承包人施工设备的控制。

（三）工程款支付管理

（1）外部原因引起的合同价格调整；

（2）工程量计量；

（3）工程进度款的支付。

（四）施工安全管理

（1）发包人的施工安全责任；

（2）承包人的施工安全责任；

（3）安全事故处理程序。

（五）变更管理

（1）变更的范围和内容；

（2）监理人指示变更；

（3）承包人申请变更；

（4）变更估价；

（5）不利物质条件的影响。

（六）不可抗力

（1）不可抗力事件；

（2）不可抗力发生后的管理；

（3）因不可抗力解除合同。

（七）索赔管理

（1）承包人的索赔；

（2）发包人的索赔。

（八）违约责任

（1）承包人的违约；

（2）发包人的违约。

（九）竣工验收管理

（1）单位工程验收；

（2）施工期运行；

（3）合同工程的竣工验收；

（4）竣工结算；

（5）竣工清场。

（十）缺陷责任期管理

（1）缺陷责任；

（2）监理人颁发缺陷责任终止证书；

（3）最终结清。

十二、工程变更和索赔管理

（一）工程变更管理

1. 标准施工合同通用条款规定的变更范围包括：

（1）取消合同中任何一项工作，但被取消的工作不能转由发包人或其他人实施；

（2）改变合同中任何一项工作的质量或其他特性；

（3）改变合同工程的基线、标高、位置或尺寸；

（4）改变合同中任何一项工作的施工时间或改变已批准的施工工艺或顺序；

（5）为完成工程需要追加的额外工作。

2. 监理人指示变更

监理人根据工程施工的实际需要或发包人要求实施的变更，可以进一步划分为直接指示的变更和通过与承包人协商后确定的变更两种情况。

（1）直接指示的变更

直接指示的变更属于必须实施的变更，如按照发包人的要求提高质量标准、设计错误需要进行的设计修改、协调施工中的交叉干扰等情况。此时不需征求承包人意见，监理人经过发包人同意后发出变更指示要求承包人完成变更工作。

（2）与承包人协商后确定的变更

此类情况属于可能发生的变更，与承包人协商后再确定是否实施变更，如增加承包范围外的某项新增工作或改变合同文件中的要求等。

3. 承包人申请变更

承包人提出的变更可能涉及建议变更和要求变更两类。

（1）承包人建议的变更

承包人对发包人提供的图纸、技术要求以及其他方面，提出了可能降低合同价格、缩短工期或者提高工程经济效益的合理化建议，均应以书面形式提交监理人。合理化建议书的内容应包括建议工作的详细说明、进度计划和效益以及与其他工作的协调等，并附必要的设计文件。

监理人与发包人协商是否采纳承包人提出的建议。建议被采纳并构成变更的，监理人向承包人发出变更指示。

（2）承包人要求的变更

承包人收到监理人按合同约定发出的图纸和文件，经检查认为其中存在属于变更范围的情形，如提高了工程质量标准、增加工作内容、工程的位置或尺寸发生变化等，可向监理人提出书面变更建议。变更建议应阐明要求变更的依据，并附必要的图纸和说明。

监理人收到承包人的书面建议后，应与发包人共同研究，确认存在变更的，应在收到承包人书面建议后的 14 天内做出变更指示。经研究后不同意作为变更的，由监理人书面答复承包人。

4. 变更估价

（1）变更估价的程序

承包人应在收到变更指示或变更意向书后的 14 天内，向监理人提交变更报价书，详细开列变更工作的价格组成及其依据，并附必要的施工方法说明和有关图纸。变更工作如果影响工期，承包人应提出调整工期的具体细节。

监理人收到承包人变更报价书后的 14 天内，根据合同约定的估价原则，商定或确定变更价格。

（2）变更的估价原则

1）已标价工程量清单中有适用于变更工作的子目，采用该子目的单价计算变更费用；

2）已标价工程量清单中无适用于变更工作的子目，但有类似子目，可在合理范围内参照类似子目的单价，由监理人商定或确定变更工作的单价；

3）已标价工程量清单中无适用或类似子目的单价，可按照成本加利润的原则，由监理人商定或确定变更工作的单价。

5. 不利物质条件的影响

不利物质条件属于发包人应承担的风险，指承包人在施工场地遇到的不可预见的自然物质条件、非自然的物质障碍和污染物，包括地下和水文条件，但不包括气候条件。

（二）索赔管理

1. 承包人的索赔

（1）承包人提出索赔要求

承包人根据合同认为有权得到追加付款和（或）延长工期时，应按规定程序向发包人提出索赔。

承包人应在引起索赔事件发生的后 28 天内，向监理人递交索赔意向通知书，并说明发生索赔事件的事由。承包人未在前述 28 天内发出索赔意向通知书，丧失要求追加付款和（或）延长工期的权利。

承包人应在发出索赔意向通知书后 28 天内，向监理人递交正式的索赔通知书，详细说明索赔理由以及要求追加的付款金额和（或）延长的工期，并附必要的记录和证明材料。

（2）监理人处理索赔

监理人收到承包人提交的索赔通知书后，应及时审查索赔通知书的内容、查验承包人的记录和证明材料,必要时监理人可要求承包人提交全部原始记录副本。

(3) 承包人提出索赔的期限

竣工阶段发包人接受了承包人提交并经监理人签认的竣工付款证书后,承包人不能再对施工阶段、竣工阶段的事项提出索赔要求。

缺陷责任期满承包人提交的最终结清申请单中,只限于提出工程接收证书颁发后发生的索赔。提出索赔的期限至发包人接受最终结清证书时止,即合同终止后承包人就失去索赔的权利。

2. 发包人的索赔

(1) 发包人提出索赔

发包人的索赔包括承包人应承担责任的赔偿扣款和缺陷责任期的延长。发生索赔事件后,监理人应及时书面通知承包人,详细说明发包人有权得到的索赔金额和(或)延长缺陷责任期的细节和依据。发包人提出索赔的期限对承包人的要求相同,即颁发工程接收证书后,不能再对施工期间的事件索赔;最终结清证书生效后,不能再就缺陷责任期内的事件索赔,因此延长缺陷责任期的通知应在缺陷责任期届满前提出。

(2) 监理人处理索赔

监理人也应首先通过与当事人双方协商争取达成一致,分歧较大时在协商基础上确定索赔的金额和缺陷责任期延长的时间。承包人应付给发包人的赔偿款从应支付给承包人的合同价款或质量保证金内扣除,也可以由承包人以其他方式支付。

十三、设备采购合同履行管理

(一) 合同价格与支付

1. 合同价格

合同协议书中载明的签约合同价包括卖方为完成合同全部义务应承担的一切成本、费用和支出以及卖方的合理利润。

2. 合同价款的支付

除专用合同条款另有约定外,买方应通过以下方式和比例向卖方支付合同价款:

(1) 预付款;

(2) 交货款;

(3) 验收款;

(4) 结清款。

3. 买方扣款的权利

当卖方应向买方支付合同项下的违约金或赔偿金时,买方有权从上述任何一笔应付款中予以直接扣除和(或)兑付履约保证金。

(二) 监造及交货前检验

1. 监造

专用合同条款约定买方对合同设备进行监造的,双方应按本款及专用合同条款约定履行。在合同设备的制造过程中,买方可派出监造人员,对合同设备的生产制造进行监造,监督合同设备制造、检验等情况。监造的范围、方式等应符合专用合同条款和(或)供货要求等合同文件的约定。

买方监造人员在监造中如发现合同设备及其关键部件不符合合同约定的标准，则有权提出意见和建议。卖方应采取必要措施消除合同设备的不符，由此增加的费用和（或）造成的延误由卖方负责。

买方监造人员对合同设备的监造，不视为对合同设备质量的确认，不影响卖方交货后买方依照合同约定对合同设备提出质量异议和（或）退货的权利，也不免除卖方依照合同约定对合同设备所应承担的任何义务或责任。

2. 交货前检验

专用合同条款约定买方参与交货前检验的，合同设备交货前，卖方应会同买方代表根据合同约定对合同设备进行交货前检验并出具交货前检验记录，有关费用由卖方承担。卖方应免费为买方代表提供工作条件及便利，包括但不限于必要的办公场所、技术资料、检测工具及出入许可等。除专用合同条款另有约定外，买方代表的交通、食宿费用由买方承担。

十四、工程参建各方质量责任和义务

（一）建设单位的质量责任和义务

（1）应当将工程发包给具有相应资质等级的单位，不得将建设工程肢解发包。

（2）应当依法对工程建设项目的勘察、设计、施工、监理以及与工程建设有关的重要设备、材料等的采购进行招标。

（3）必须向有关的勘察、设计、施工、工程监理等单位提供与建设工程有关的原始资料。原始资料必须真实、准确、齐全。

（4）建设工程发包时，不得迫使承包方以低于成本的价格竞标，不得任意压缩合理工期。不得明示或者暗示设计单位或者施工单位违反工程建设强制性标准，降低建设工程质量。

（5）施工图设计文件未经审查批准的，不得使用。施工图设计文件审查的具体办法，由国务院建设行政主管部门、国务院其他有关部门制定。

（6）实行监理的建设工程，应当委托具有相应资质等级的工程监理单位进行监理，也可以委托具有工程监理相应资质等级并与被监理工程的施工承包单位没有隶属关系或者其他利害关系的该工程的设计单位进行监理。下列建设工程必须实行监理：

1）国家重点建设工程；

2）大中型公用事业工程；

3）成片开发建设的住宅小区工程；

4）利用外国政府或者国际组织贷款、援助资金的工程；

5）国家规定必须实行监理的其他工程。

（7）在建设工程开工前，应当按照国家有关规定办理工程质量监督手续，工程质量监督手续可以与施工许可证或者开工报告合并办理。

（8）按照合同约定采购建筑材料、建筑构配件和设备的，应当保证建筑材料、建筑构配件和设备符合设计文件和合同要求。不得明示或者暗示施工单位使用不合格的建筑材料、建筑构配件和设备。

(9) 涉及建筑主体和承重结构变动的装修工程，应当在施工前委托原设计单位或者具有相应资质等级的设计单位提出设计方案；没有设计方案的，不得施工。房屋建筑使用者在装修过程中，不得擅自变动房屋建筑主体和承重结构。

(10) 收到建设工程竣工报告后，应当组织设计、施工、工程监理等有关单位进行竣工验收。建设工程竣工验收应当具备下列条件：

1) 完成建设工程设计和合同约定的各项内容；

2) 有完整的技术档案和施工管理资料；

3) 有工程使用的主要建筑材料、建筑构配件和设备的进场试验报告；

4) 有勘察、设计、施工、工程监理等单位分别签署的质量合格文件；

5) 有施工单位签署的工程保修书。

建设工程经验收合格的，方可交付使用。

(11) 应当严格按照国家有关档案管理的规定，及时收集、整理建设项目各环节的文件资料，建立、健全建设项目档案，并在建设工程竣工验收后，及时向建设行政主管部门或者其他有关部门移交建设项目档案。

(二) 勘察单位的质量责任和义务

(1) 应当依法取得相应等级的资质证书，并在其资质等级许可的范围内承揽工程。禁止超越其资质等级许可的范围或者以其他勘察单位的名义承揽工程。禁止允许其他单位或者个人以本单位的名义承揽工程。不得转包或者违法分包所承揽的工程。

(2) 必须按照工程建设强制性标准进行勘察，并对其勘察的质量负责。

(3) 提供的地质、测量、水文等勘察成果必须真实、准确。

(4) 应当对勘察后期服务工作负责。

组织相关勘察人员及时解决工程设计和施工中与勘察工作有关的问题；组织参与施工验槽；组织勘察人员参加工程竣工验收，验收合格后在相关验收文件上签字，对城市轨道交通工程，还应参加单位工程、项目工程验收并在验收文件上签字；组织勘察人员参与相关工程质量安全事故分析，并对因勘察原因造成的质量安全事故，提出与勘察工作有关的技术处理措施。

(三) 设计单位的质量责任和义务

(1) 应当依法取得相应等级的资质证书，并在其资质等级许可的范围内承揽工程。禁止超越其资质等级许可的范围或者以其他设计单位的名义承揽工程。禁止允许其他单位或者个人以本单位的名义承揽工程。不得转包或者违法分包所承揽的工程。

(2) 必须按照工程建设强制性标准进行设计，并对其设计的质量负责。注册建筑师、注册结构工程师等注册执业人员应当在设计文件上签字，对设计文件负责。

应当依据有关法律法规、项目批准文件、城乡规划、设计合同（包括设计任务书）组织开展工程设计工作。

(3) 应当根据勘察成果文件进行建设工程设计。设计文件应当符合国家规定的设计深度要求，注明工程合理使用年限。

(4) 在设计文件中选用的建筑材料、建筑构配件和设备，应当注明规格、型号、性能等技术指标，其质量要求必须符合国家规定的标准。除有特殊要求的建筑材料、专用设备、工艺生产线等外，不得指定生产厂、供应商。

（5）应当就审查合格的施工图设计文件向施工单位作出详细说明。

应当在施工前就审查合格的施工图设计文件，组织设计人员向施工及监理单位做出详细说明；组织设计人员解决施工中出现的设计问题。不得在违反强制性标准或不满足设计要求的变更文件上签字。应当组织设计人员参加建筑工程竣工验收，验收合格后在相关验收文件上签字。

（6）应当参与建设工程质量事故分析，并对因设计造成的质量事故，提出相应的技术处理方案。

（四）施工单位的质量责任和义务

（1）应当依法取得相应等级的资质证书，并在其资质等级许可的范围内承揽工程。禁止超越本单位资质等级许可的业务范围或者以其他施工单位的名义承揽工程。禁止允许其他单位或者个人以本单位的名义承揽工程。不得转包或者违法分包工程。

（2）对建设工程的施工质量负责。应当建立质量责任制，确定工程项目的项目经理、技术负责人和施工管理负责人。建设工程实行总承包的，总承包单位应当对全部建设工程质量负责；建设工程勘察、设计、施工、设备采购的一项或者多项实行总承包的，总承包单位应当对其承包的建设工程或者采购的设备的质量负责。

（3）总承包单位依法将建设工程分包给其他单位的，分包单位应当按照分包合同的约定对其分包工程的质量向总承包单位负责，总承包单位与分包单位对分包工程的质量承担连带责任。

（4）必须按照工程设计图纸和施工技术标准施工，不得擅自修改工程设计，不得偷工减料。在施工过程中发现设计文件和图纸有差错的，应当及时提出意见和建议。

（5）必须按照工程设计要求、施工技术标准和合同约定，对建筑材料、建筑构配件、设备和商品混凝土进行检验，检验应当有书面记录和专人签字；未经检验或者检验不合格的，不得使用。

（6）必须建立、健全施工质量的检验制度，严格工序管理，做好隐蔽工程的质量检查和记录。隐蔽工程在隐蔽前，应当通知建设单位和建设工程质量监督机构。

（7）施工人员对涉及结构安全的试块、试件以及有关材料，应当在建设单位或者工程监理单位监督下现场取样，并送具有相应资质等级的质量检测单位进行检测。

（8）对施工中出现质量问题的建设工程或者竣工验收不合格的建设工程，应当负责返修。

（9）应当建立、健全教育培训制度，加强对职工的教育培训；未经教育培训或者考核不合格的人员，不得上岗作业。

（五）工程监理单位的质量责任和义务

（1）应当依法取得相应等级的资质证书，并在其资质等级许可的范围内承担工程监理业务。禁止超越本单位资质等级许可的范围或者以其他工程监理单位的名义承担工程监理业务。禁止允许其他单位或者个人以本单位的名义承担工程监理业务。不得转让工程监理业务。

（2）与被监理工程的施工承包单位以及建筑材料、建筑构配件和设备供应单位有隶属关系或者其他利害关系的，不得承担该项建设工程的监理业务。

（3）应当依照法律、法规以及有关技术标准、设计文件和建设工程承包合同，代表建设单位对施工质量实施监理，并对施工质量承担监理责任。

（4）应当选派具备相应资格的总监理工程师和监理工程师进驻施工现场。未经监理工程师签字，建筑材料、建筑构配件和设备不得在工程上使用或者安装，施工单位不得进行下一道工序的施工。未经总监理工程师签字，建设单位不拨付工程款，不进行竣工验收。

（5）监理工程师应当按照工程监理规范的要求，采取旁站、巡视和平行检验等形式，对建设工程实施监理。

（六）工程质量检测单位的质量责任和义务

工程质量检测单位应履行下列质量责任和义务：

（1）质量检测试样的取样应当严格执行有关工程建设标准和国家有关规定，在建设单位或者工程监理单位监督下现场取样。提供质量检测试样的单位和个人，应当对试样的真实性负责。

（2）完成检测业务后，应当及时出具检测报告。检测报告经检测人员签字、检测机构法定代表人或者其授权的签字人签署，并加盖检测机构公章或者检测专用章后方可生效。检测报告经建设单位或者工程监理单位确认后，由施工单位归档。

见证取样检测的检测报告中应当注明见证人单位及姓名。

（3）任何单位和个人不得明示或者暗示检测机构出具虚假检测报告，不得篡改或者伪造检测报告。

（4）不得转包检测业务。检测人员不得同时受聘于两个或者两个以上的检测机构。

检测机构和检测人员不得推荐或者监制建筑材料、构配件和设备。检测机构不得与行政机关，法律、法规授权的具有管理公共事务职能的组织以及所检测工程项目相关的设计单位、施工单位、监理单位有隶属关系或者其他利害关系。

（5）应当对其检测数据和检测报告的真实性和准确性负责。检测机构违反法律、法规和工程建设强制性标准，给他人造成损失的，应当依法承担相应的赔偿责任。

（6）应当将检测过程中发现的建设单位、监理单位、施工单位违反有关法律、法规和工程建设强制性标准的情况，以及涉及结构安全检测结果的不合格情况，及时报告工程所在地建设主管部门。

（7）应当建立档案管理制度。检测合同、委托单、原始记录、检测报告应当按年度统一编号，编号应当连续，不得随意抽撤、涂改。应当单独建立检测结果不合格项目台账。

十五、施工阶段质量控制

（一）施工质量控制的依据和工作程序

1. 工程施工质量控制的依据

项目监理机构施工质量控制的依据，大体上有以下四类：工程合同文件；工程勘察设计文件；有关质量管理方面的法律法规、部门规章与规范性文件；质量标准与技术规范（规程）。

2. 施工质量控制的工作程序

在工程开始前，施工单位须做好施工准备工作，待开工条件具备时，应向项目监理机构报送工程开工报审表及相关资料。专业监理工程师重点审查施工单位的施工组织设计是否已由总监理工程师签认，是否已建立相应的现场质量、安全生产管理体系，管理及施工人员是否已到位，主要施工机械是否已具备使用条件，主要工程材料是否已落实到位。设计交底和图纸会审是否已完成；进场道路及水、电、通信等是否已满足开工要求。审查合格后，则由总监理工程师签署审核意见，并报建设单位批准后，总监理工程师签发开工令。否则，施工单位应进一步做好施工准备，待条件具备时，再次报送工程开工报审表。

在施工过程中，项目监理机构应督促施工单位加强内部质量管理，严格质量控制。施工作业过程均应按规定工艺和技术要求进行。在每道工序完成后，施工单位应进行自检，只有上一道工序被确认质量合格后，方能准许下道工序施工。当隐蔽工程、检验批、分项工程完成后，施工单位应自检合格，填写相应的隐蔽工程或检验批或分项工程报审、报验表，并附有相应工序和部位的工程质量检查记录，报送项目监理机构。经专业监理工程师现场检查及对相关资料审核后，符合要求予以签认。反之，则指令施工单位进行整改或返工处理。

施工单位按照施工进度计划完成分部工程施工，且分部工程所包含的分项工程全部检验合格后，应填写相应分部工程报验表，并附有分部工程质量控制资料，报送项目监理机构验收。由总监理工程师组织相关人员对分部工程进行验收，并签署验收意见。

（二）施工准备阶段的质量控制

1. 图纸会审与设计交底

（1）图纸会审

监理人员应熟悉工程设计文件，并应参加建设单位主持的图纸会审会议，建设单位应及时主持召开图纸会审会议，组织项目监理机构、施工单位等相关人员进行图纸会审，并整理成会审问题清单，由建设单位在设计交底前约定的时间内提交设计单位。图纸会审由施工单位整理会议纪要，与会各方会签。

（2）设计交底

建设单位应在收到施工图设计文件后1~3个月内组织并主持召开工程施工图设计交底会。除建设单位、设计单位、监理单位、施工单位及相关部门（如质量监督机构）参加外，还可根据需要邀请特殊机械、非标设备和电气仪器制造厂商代表参加。

2. 施工组织设计的审查

项目监理机构应审查施工单位报审的施工组织设计，符合要求时，应由总监理工程师签认后报建设单位。项目监理机构应要求施工单位按已批准的施工组织设计组织施工。施工组织设计需要调整时，项目监理机构应按程序重新审查。

（1）施工组织设计审查的基本内容与程序要求

施工组织设计审查应包括下列内容：

1）编审程序应符合相关规定；

2）施工组织设计的基本内容是否完整，应包括编制依据、工程概况、施工部署、施工进度计划、施工准备与资源配置计划、主要施工方法、施工现场平面布置及主要施工管理计划等；

3）工程进度、质量、安全、环境保护、造价等方面应符合施工合同要求；

4）资金、劳动力、材料、设备等资源供应计划应满足工程施工需要，施工方法及技

术措施应可行与可靠;

5)施工总平面布置应科学合理。

(2)审查的程序要求

施工组织设计的报审应遵循下列程序及要求:

1)施工单位编制的施工组织设计经施工单位技术负责人审核签认后,与施工组织设计报审表一并报送项目监理机构。

2)总监理工程师应及时组织专业监理工程师进行审查,需要修改的,由总监理工程师签发书面意见退回修改;符合要求的,由总监理工程师签认。

3)已签认的施工组织设计由项目监理机构报送建设单位。

4)施工组织设计在实施过程中,施工单位如需做较大的变更,项目监理机构应按程序重新审查。

3. 施工方案审查

总监理工程师应组织专业监理工程师审查施工单位报审的施工方案,符合要求后应予以签认。施工方案审查应包括的基本内容:①编审程序应符合相关规定;②工程质量保证措施应重点审查施工方案是否具有针对性、指导性、可操作性;现场施工管理机构是否建立了完善的质量保证体系,是否明确工程质量要求及标准,是否健全了质量保证体系组织机构及岗位职责,是否配备了相应的质量管理人员;是否建立了各项质量管理制度和质量管理程序等;施工质量保证措施是否符合现行的规范、标准等,特别是与工程建设强制性标准的符合性。

4. 现场施工准备的质量控制

(1)施工现场质量管理检查

工程开工前,项目监理机构应审查施工单位现场的质量管理组织机构、管理制度及专职管理人员和特种作业人员的资格等。

(2)分包单位资质的审核确认

分包工程开工前,项目监理机构应审核施工单位报送的分包单位资格报审表及有关资料,专业监理工程师进行审核并提出审查意见,符合要求后,应由总监理工程师审批并签署意见。分包单位资格审核应包括的基本内容:①营业执照、企业资质等级证书;②安全生产许可文件;③类似工程业绩;④专职管理人员和特种作业人员的资格。

(3)查验施工控制测量成果

专业监理工程师应检查、复核施工单位报送的施工控制测量成果及保护措施,签署意见,并应对施工单位在施工过程中报送的施工测量放线成果进行查验。施工控制测量成果及保护措施的检查、复核,包括:①施工单位测量人员的资格证书及测量设备检定证书;②施工平面控制网、高程控制网和临时水准点的测量成果及控制桩的保护措施。

(4)施工试验室的检查

专业监理工程师应检查施工单位为本工程提供服务的试验室(包括施工单位自有试验室或委托的试验室)。试验室的检查应包括下列内容:①试验室的资质等级及试验范围;②法定计量部门对试验设备出具的计量检定证明;③试验室管理制度;④试验人员资格证书。

(5)工程材料、构配件、设备的质量控制

1) 对用于工程的主要材料，在材料进场时专业监理工程师应核查厂家生产许可证、出厂合格证、材质化验单及性能检测报告，审查不合格者一律不准用于工程。专业监理工程师应参与建设单位组织的对施工单位负责采购的原材料、半成品、构配件的考察，并提出考察意见。对于半成品、构配件和设备，应按经过审批认可的设计文件和图纸要求采购订货，质量应满足有关标准和设计的要求。

2) 在现场配制的材料，施工单位应进行级配设计与配合比试验，经试验合格后才能使用。

（6）工程开工条件审查与开工令的签发

总监理工程师应组织专业监理工程师审查施工单位报送的工程开工报审表及相关资料，同时具备下列条件时，应由总监理工程师签署审查意见，并应报建设单位批准后，总监理工程师签发工程开工令。

（三）施工过程的质量控制

1. 巡视与旁站

（1）巡视

项目监理机构应安排监理人员对工程施工质量进行巡视。巡视应包括下列主要内容：

1) 施工单位是否按工程设计文件、工程建设标准和批准的施工组织设计、（专项）施工方案施工。

2) 使用的工程材料、构配件和设备是否合格。

3) 施工现场管理人员，特别是施工质量管理人员是否到位。

4) 特种作业人员是否持证上岗。

（2）旁站

项目监理机构应根据工程特点和施工单位报送的施工组织设计，将影响工程主体结构安全的、完工后无法检测其质量的或返工会造成较大损失的部位及其施工过程作为旁站的关键部位、关键工序，安排监理人员进行旁站，并应及时记录旁站情况。

2. 见证取样与平行检验

（1）见证取样

1) 工程项目施工前，由施工单位和项目监理机构共同对见证取样的检测机构进行考察确定。

2) 项目监理机构要将选定的试验室报送负责本项目的质量监督机构备案，同时要将项目监理机构中负责见证取样的监理人员在该质量监督机构备案。

3) 施工单位应按照规定制定检测试验计划，配备取样人员，负责施工现场的取样工作，并将检测试验计划报送项目监理机构。

4) 施工单位在对进场材料、试块、试件、钢筋接头等实施见证取样前要通知负责见证取样的监理人员，在该监理人员现场监督下，施工单位按相关规范的要求，完成材料、试块、试件等的取样过程。

5) 完成取样后，施工单位取样人员应在试样或其包装上作出标识、封志。

（2）平行检验

平行检验的项目、数量、频率和费用等应符合建设工程监理合同的约定。对平行检验不合格的施工质量，项目监理机构应签发监理通知单，要求施工单位在指定的时间内整改并重新报验。

3. 工程实体质量控制

根据住房和城乡建设部颁发的《工程质量安全手册（试行）》（建质〔2018〕95号），各分部工程实体质量的控制主要有：地基基础工程、钢筋工程、混凝土工程、钢结构工程、装配式混凝土工程、砌体工程、防水工程、装饰装修工程、给排水及采暖工程、通风与空调工程、建筑电气工程、智能建筑工程、市政工程。

4. 监理通知单、工程暂停令、复工令的签发

（1）监理通知单的签发

在工程质量控制方面，项目监理机构发现施工存在质量问题的，或施工单位采用不适当的施工工艺，或施工不当，造成工程质量不合格的，应及时签发监理通知单，要求施工单位整改。监理通知单由专业监理工程师或总监理工程师签发。

（2）工程暂停令的签发

监理人员发现可能造成质量事故的重大隐患或已发生质量事故的，总监理工程师应签发工程暂停令。

总监理工程师签发工程暂停令，应事先征得建设单位同意。在紧急情况下，未能事先征得建设单位同意的，应在事后及时向建设单位书面报告。施工单位未按要求停工，项目监理机构应及时报告建设单位，必要时应向有关主管部门报送监理报告。

（3）工程复工令的签发

因建设单位原因或非施工单位原因引起工程暂停的，在具备复工条件时，应及时签发工程复工令，指令施工单位复工。

5. 工程变更的控制

工程变更单由提出单位填写，写明工程变更原因、工程变更内容，并附必要的附件，包括：工程变更的依据、详细内容、图纸；对工程造价、工期的影响程度分析，以及对功能、安全影响的分析报告。

6. 质量记录资料的管理

质量资料是施工单位进行工程施工或安装期间，实施质量控制活动的记录，还包括对这些质量控制活动的意见及施工单位对这些意见的答复，它详细地记录了工程施工阶段质量控制活动的全过程。质量记录资料包括：施工现场质量管理检查记录资料、程材料质量记录、施工过程作业活动质量记录资料三个方面的内容。

十六、工程质量缺陷和事故处理

（一）工程质量缺陷

1. 常见工程质量缺陷的成因

常见工程质量缺陷的成因有：

（1）违背基本建设程序；

（2）违反法律法规；

（3）地质勘察数据失真；

（4）设计差错；

（5）施工与管理不到位；

（6）操作工人素质差；

（7）使用不合格的原材料、构配件和设备；

（8）自然环境因素空气温度、湿度、暴雨、大风、洪水、雷电、日晒和浪潮等；

（9）盲目抢工；

（10）使用不当。

2. 工程质量缺陷处理

项目监理机构应按下列程序处理工程质量缺陷：

（1）发生工程质量缺陷，工程监理单位安排监理人员进行检查和记录，并签发监理通知单，责成施工单位进行修复处理；

（2）施工单位进行质量缺陷调查，分析质量缺陷产生的原因，并提出经设计等相关单位认可的处理方案；

（3）工程监理单位审查施工单位报送的质量缺陷处理方案，并签署意见；

（4）施工单位按审查认可的处理方案实施修复处理，并对处理过程进行跟踪检查，对处理结果进行验收；

（5）对非施工单位原因造成的工程质量缺陷，工程监理单位核实施工单位申报的修复工程费用，签认工程款支付证书，并报建设单位；

（6）对处理记录整理归档。

（二）工程质量事故

1. 工程质量事故等级划分

根据工程质量事故造成的人员伤亡或者直接经济损失，工程质量事故分为 4 个等级：

（1）特别重大事故；

（2）重大事故；

（3）较大事故；

（4）一般事故。

2. 工程质量事故处理

（1）工程质量事故处理的依据

进行工程质量事故处理的主要依据有四个方面：一是相关的法律法规；二是具有法律效力的工程承包合同、设计委托合同、材料或设备购销合同以及监理合同或分包合同等合同文件；三是质量事故的实况资料；四是有关的工程技术文件、资料、档案。

（2）工程质量事故处理程序

工程质量事故发生后，项目监理机构可按以下程序进行处理。

1）工程质量事故发生后，总监理工程师应签发《工程暂停令》，要求暂停质量事故部位和与其有关联部位的施工，要求施工单位采取必要的措施，防止事故扩大并保护好现场。同时，要求质量事故发生单位迅速按类别和等级向相应的主管部门上报。

2）项目监理机构要求施工单位进行质量事故调查、分析质量事故产生的原因，并提交质量事故调查报告。

对于由质量事故调查组处理的，项目监理机构应积极配合，客观地提供相应证据。

3）根据施工单位的质量调查报告或质量事故调查组提出的处理意见，项目监理机构要求相关单位完成技术处理方案。质量事故技术处理方案一般由施工单位提出，经原设计单位同意签认，并报建设单位批准。对于涉及结构安全和加固处理等的重大技术处理方案，一般由原设计单位提出。必要时，应要求相关单位组织专家论证，以确保处理方案可靠、可行、保证结构安全和使用功能。

4）技术处理方案经相关各方签认后，项目监理机构应要求施工单位制定详细的施工方案。对处理过程进行跟踪检查，对处理结果进行验收。必要时应组织有关单位对处理结果进行鉴定。

5）质量事故处理完毕后，具备工程复工条件时，施工单位提出复工申请，项目监理机构应审查施工单位报送的工程复工报审表及有关资料，符合要求后，总监理工程师签署审核意见，报建设单位批准后，签发工程复工令。

6）项目监理机构应及时向建设单位提交质量事故书面报告，并应将完整的质量事故处理记录整理归档。

(3) 工程质量事故处理方案类型

1）修补处理；

2）返工处理；

3）不做处理。

十七、工程施工质量验收

(一) 建筑工程施工质量验收基本规定

(1) 施工现场应具有健全的质量管理体系、相应的施工技术标准、施工质量检验制度和综合施工质量水平评定考核制度。

(2) 建筑工程的施工质量控制的规定：

1）建筑工程采用的主要材料、半成品、成品、建筑构配件、器具和设备应进行进场检验。凡涉及安全、节能、环境保护和主要使用功能的重要材料、产品，应按各专业工程施工规范、验收规范和设计文件等规定进行复验，并应经专业监理工程师检查认可。

2）各施工工序应按施工技术标准进行质量控制，每道施工工序完成后，经施工单位自检符合规定后，才能进行下道工序施工。各专业工种之间的相关工序应进行交接检验，并应记录。

3）对于项目监理机构提出检查要求的重要工序，应经专业监理工程师检查认可，才能进行下道工序施工。

(3) 符合下列条件之一时，可按相关专业验收规范的规定适当调整抽样复验、试验数量，调整后的抽样复验、试验方案应由施工单位编制，并报项目监理机构审核确认。

1）同一项目中由相同施工单位施工的多个单位工程，使用同一生产厂家的同品种、同规格、同批次的材料、构配件、设备。

2）同一施工单位在现场加工的成品、半成品、构配件用于同一项目中的多个单位工程。

3）在同一项目中，针对同一抽样对象已有检验成果可以重复利用。

(4) 当专业验收规范对工程中的验收项目未作出相应规定时，应由建设单位组织监理、设计、施工等相关单位制定专项验收要求。涉及安全、节能、环境保护等项目的专项验收要求应由建设单位组织专家论证。专项验收要求应符合设计意图，包括分项工程及检验批的划分、抽样方案、验收方法、判定指标等内容。

（5）建筑工程施工质量验收要求：

1）工程施工质量验收均应在施工单位自检合格的基础上进行。

2）参加工程施工质量验收的各方人员应具备相应的资格。

3）检验批的质量应按主控项目和一般项目验收。

4）对涉及结构安全、节能、环境保护和主要使用功能的试块、试件及材料，应在进场时或施工中按规定进行见证检验。

5）隐蔽工程在隐蔽前应由施工单位通知项目监理机构进行验收，并应形成验收文件，验收合格后方可继续施工。

6）对涉及结构安全、节能、环境保护和使用功能的重要分部工程，应在验收前按规定进行抽样检验。

7）工程的观感质量应由验收人员现场检查，并应共同确认。

（6）建筑工程施工质量验收合格的规定：

1）符合工程勘察、设计文件的要求。

2）符合《建筑工程施工质量验收统一标准》GB 50300—2013 和相关专业验收规范的规定。

（二）建筑工程施工质量验收标准

1. 检验批质量验收

检验批应由专业监理工程师组织施工单位项目专业质量检查员、专业工长等进行验收。检验批验收包括资料检查、主控项目和一般项目的质量检验。

验收前，施工单位应对施工完成的检验批进行自检，对存在的问题自行整改处理，合格后填写检验批报审、报验表及检验批质量验收记录，并将相关资料报送项目监理机构申请验收。

检验批质量验收合格的规定：

（1）主控项目的质量经抽样检验均应合格。

（2）一般项目的质量经抽样检验合格。当采用计数抽样时，合格点率应符合有关专业验收规范的规定，且不得存在严重缺陷。

（3）具有完整的施工操作依据、质量验收记录。

2. 隐蔽工程质量验收

验收前，施工单位应对施工完成的隐蔽工程质量进行自检，对存在的问题自行整改处理，合格后填写隐蔽工程报审、报验表及检验批质量验收记录，并将相关隐蔽工程资料报送项目监理机构申请验收。

专业监理工程师对施工单位所报资料进行审查，并组织相关人员到现场进行实体检查、验收，同时宜留存检查、验收过程的照片、影像等资料。对验收不合格的隐蔽工程，专业监理工程师应要求施工单位进行整改，自检合格后予以复验；对验收合格的隐蔽工程，专业监理工程师应签认隐蔽工程报审、报验表及质量验收记录，准许进行下道工序施工。

3. 分项工程质量验收

分项工程应由专业监理工程师组织施工单位项目专业技术负责人等进行验收。

验收前，施工单位应对施工完成的分项工程进行自检，对存在的问题自行整改处理，合格后填写分项工程报审、报验表及分项工程质量验收记录，并将相关资料报送项目监理机构申请验收。专业监理工程师对施工单位所报资料逐项进行审查，符合要求后签认分项工程报审、报验表及质量验收记录。

分项工程质量验收合格应符合下列规定：

（1）所含检验批的质量均应验收合格。

（2）所含检验批的质量验收记录应完整。

4. 分部工程质量验收

分部工程应由总监理工程师组织施工单位项目负责人和项目技术负责人等进行验收。

勘察、设计单位项目负责人和施工单位技术、质量部门负责人应参加地基与基础分部工程的验收。由于地基与基础分部工程情况复杂，专业性强，且关系到整个工程的安全，为保证工程质量，严格把关，规定勘察、设计单位项目负责人应参加验收，并要求施工单位技术、质量部门负责人也应参加验收。

设计单位项目负责人和施工单位技术、质量部门负责人应参加主体结构、节能分部工程的验收。

参加验收的人员，除指定的人员必须参加验收外，允许其他相关专业人员共同参加验收。

分部工程质量验收合格应符合下列规定：

（1）所含分项工程的质量均应验收合格。

（2）质量控制资料应完整。

（3）有关安全、节能、环境保护和主要使用功能的抽样检验结果应符合相应规定。

（4）观感质量应符合要求。

5. 单位工程质量验收

（1）预验收

总监理工程师应组织各专业监理工程师审查施工单位报送的相关竣工资料，并对工程质量进行竣工预验收。

竣工预验收合格后，由施工单位向建设单位提交工程竣工报告和完整的质量控制资料，申请建设单位组织工程竣工验收。

（2）验收

建设单位收到工程竣工报告后，应由建设单位项目负责人组织监理、施工、设计、勘察等单位项目负责人进行单位工程验收。

单位工程质量验收合格应符合下列规定：

（1）所含分部工程的质量均应验收合格。

（2）质量控制资料应完整。

（3）所含分部工程中有关安全、节能、环境保护和主要使用功能的检验资料应完整。

（4）主要使用功能的抽查结果应符合相关专业质量验收规范的规定。

（5）观感质量应符合要求。

（三）工程施工质量验收时不符合要求的处理

（1）经返工或返修的检验批，应重新进行验收。

（2）经有资质的检测机构检测鉴定能够达到设计要求的检验批，应予以验收。

（3）经有资质的检测机构检测鉴定达不到设计要求，但经原设计单位核算认可能够满足安全和使用功能的检验批，可予以验收。

（4）经返修或加固处理的分项、分部工程，满足安全及使用功能要求时，可按技术处理方案和协商文件的要求予以验收。

（5）经返修或加固处理仍不能满足安全或重要使用要求的分部工程及单位工程，严禁验收。

（6）工程质量控制资料应齐全完整，当部分资料缺失时，应委托有资质的检测机构按有关标准进行相应的实体检验或抽样试验。

十八、工程质量试验检测方法

（一）混凝土结构材料施工试验与检测

1. 钢筋、钢丝及钢绞线

钢材进厂时，应按国家现行标准的规定抽取试件作力学性能和重量偏差检验，检验结果应符合相应钢材试验标准的规定。检验内容及方法：产品出厂合格证、出厂检验报告、进厂复验报告。

2. 混凝土材料

普通混凝土拌合物性能试验主要包括混凝土拌合物稠度和填充性的检验与评定、泌水性试验、抗离析性试验、间隙通过性试验、凝结时间试验、均匀性实验、泌水试验、压力泌水试验、表观密度试验、含气量试验、抗离析性能试验、温度试验、绝热温升试验等。

普通混凝土的主要物理力学性能包括抗压强度、劈裂抗拉强度、抗折强度、疲劳强度、静力受压弹性模量、收缩、徐变等。

（二）钢结构工程材料

钢材材料检验符合下列要求：

（1）钢结构工程所用的材料应符合设计文件和国家现行有关标准的规定，应具有质量合格证明文件，并应经进场检验合格后使用。

（2）钢材订货合同应对材料牌号、规格尺寸、化学成分、力学性能、工艺性能、检验要求、尺寸偏差等有明确约定。定尺钢材应留有复验取样的余量；钢材的交货状态，按设计对钢材的性能要求与供货厂家商定。

（三）地基基础工程施工试验

1. 地基土的物理性质试验

主要对地基土的含水率、密度、压实度及各种力学性能进行试验测定其物理性质。

2. 地基土承载力试验

地基土承载力试验用承压板现场试验确定地基土的承载力。

3. 桩基承载力试验

桩的静承载力试验包括单桩静承载力试验和单桩动测试验。

（四）混凝土结构实体检测

1. 混凝土强度

结构或构件混凝土抗压强度的检测，可采用回弹法、超声回弹综合法、钻芯法或后装拔出法等方法。

2. 混凝土结构或构件变形

混凝土结构或构件变形的检测可分为构件的挠度、结构的倾斜和基础不均匀沉降等项目。

3. 钢筋配置

钢筋配置的检测可分为钢筋位置、保护层厚度、直径、数量等项目。钢筋位置、保护层厚度和钢筋数量，宜采用非破损的雷达法或电磁感应法进行检测，必要时可凿开混凝土验证钢筋直径或保护层厚度。

4. 现浇混凝土板厚度

现浇混凝土板厚度检测常用超声波对测法。

（五）钢结构实体检测

钢结构的连接质量与性能的检测可分为焊接连接、焊钉（栓钉）连接、螺栓连接、高强度螺栓连接等项目。

（六）砌体结构实体检测

1. 强度检测

砌体结构的强度检测可分为砌筑块材强度、砌筑砂浆强度、砌体强度等项目，各项目的检测方法操作应遵守相关检测技术标准。

2. 变形检测

砌体结构的变形可分为倾斜和基础不均匀沉降。

3. 构造连接

砌体结构的构造检测可分为砌筑构件的高厚比、梁垫、壁柱、预制构件的搁置长度、大型构件端部的锚固措施、圈梁、构造柱或芯柱、砌体局部尺寸及钢筋网片和拉结筋等项目。

十九、工程质量统计分析方法应用

（1）排列图的绘制、分析与判断及其应用。
（2）因果分析图的绘制、分析与判断及其应用。
（3）直方图法的概念及其作用、直方图的观察与分析。
（4）控制图的基本形式及其用途、控制图的观察与分析。

二十、建筑安装工程费用项目组成和计算

（一）按费用构成要素划分的建筑安装工程费用项目组成

按照费用构成要素划分，建筑安装工程费由人工费、材料（包含工程设备）费、施工机具使用费、企业管理费、利润、规费和税金组成。其中人工费、材料费、施工机具使用

费、企业管理费和利润包含在分部分项工程费、措施项目费和其他项目费中（见图 1-1）。

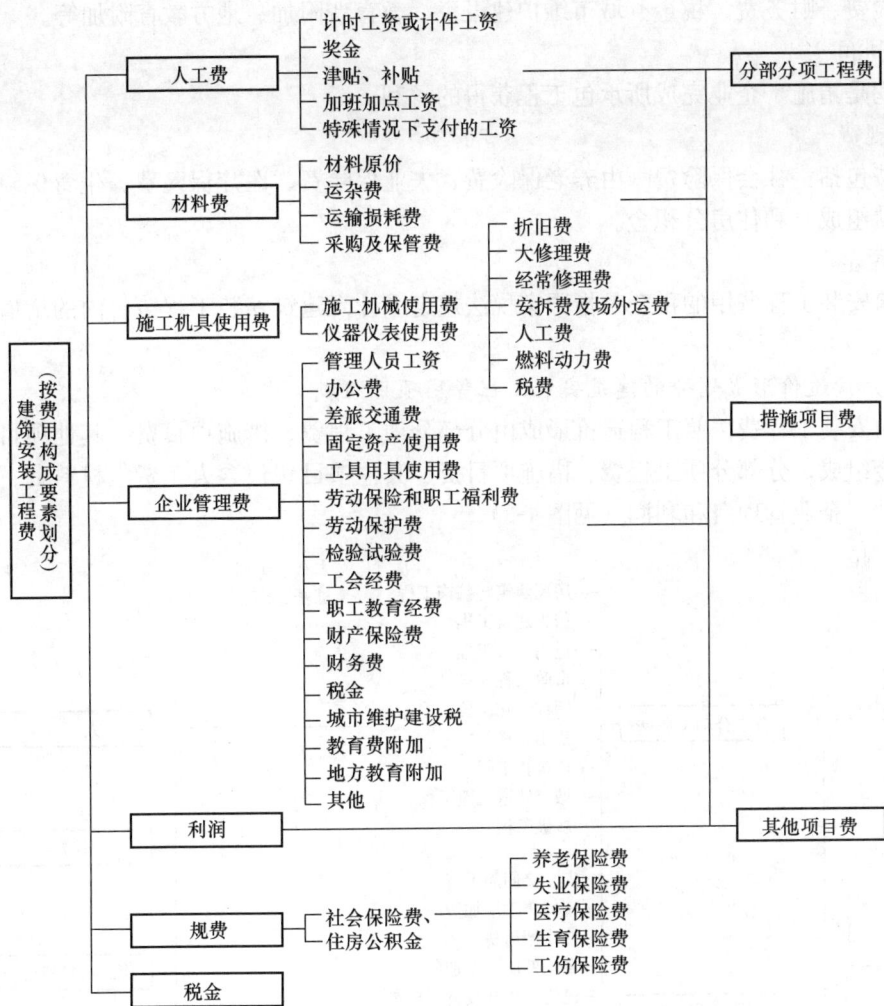

图 1-1 按费用构成要素划分的建筑安装工程费用项目组成

1. 人工费

人工费包括：计时工资或计件工资、奖金、津贴补贴、加班加点工资和特殊情况下支付的工资。

2. 材料费

材料费包括：材料原价、运杂费、运输损耗费和采购及保管费。

工程设备是指构成或计划构成永久工程一部分的机电设备、金属结构设备、仪器装置及其他类似的设备和装置。

3. 施工机具使用费

施工机具使用费包括：施工机械使用费（由折旧费、大修理费、经常修理费、安拆费及场外运费、人工费、燃料动力费和税费组成）与仪器仪表使用费。

4. 企业管理费

企业管理费包括：管理人员工资、办公费、差旅交通费、固定资产使用费、工具用具使用费、劳动保险和职工福利费、劳动保护费、检验试验费、工会经费、职工教育经费、财产保险费、财务费、税金、城市维护建设税、教育费附加、地方教育附加等。

5. 利润

利润是指施工企业完成所承包工程获得的盈利。

6. 规费

规费包括：社会保险费（由养老保险费、失业保险费、医疗保险费、生育保险费和工伤保险费组成）和住房公积金。

7. 税金

建筑安装工程费用的税金是指国家税法规定应计入建筑安装工程造价内的增值税销项税额。

（二）按造价形成划分的建筑安装工程费用项目组成

建筑安装工程费按照工程造价形成由分部分项工程费、措施项目费、其他项目费、规费、税金组成，分部分项工程费、措施项目费、其他项目费包含人工费、材料费、施工机具使用费、企业管理费和利润（见图 1-2）。

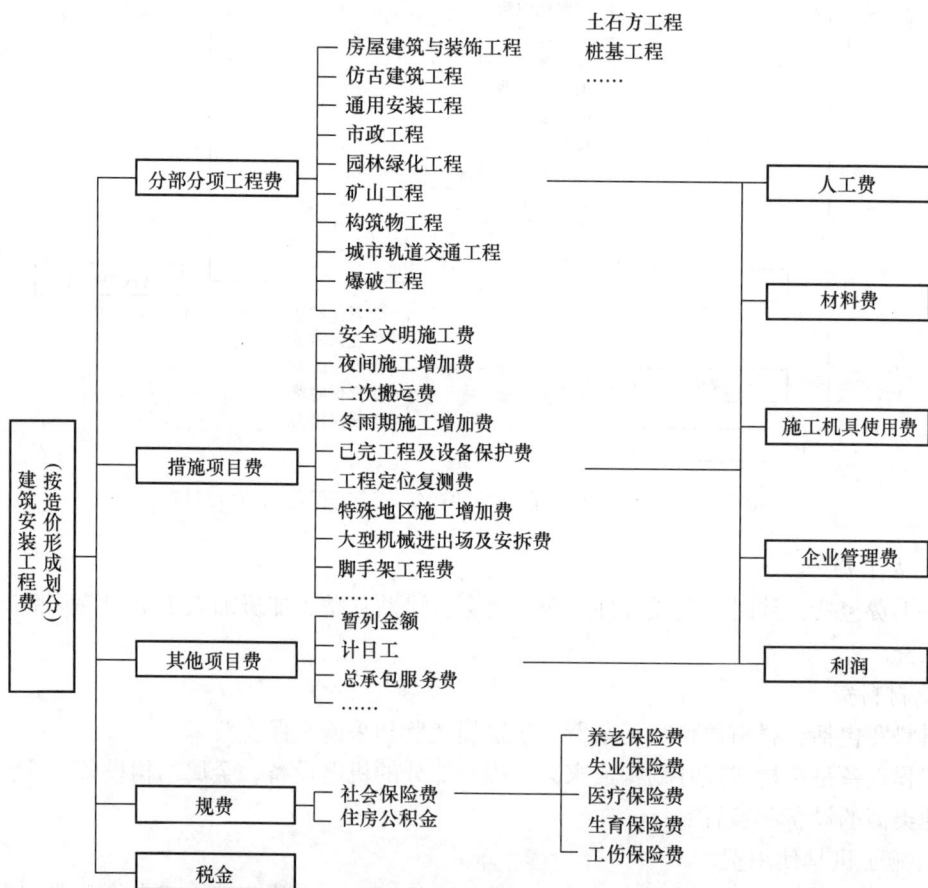

图 1-2 按造价形成划分的建筑安装工程费用项目组成

（三）建筑安装工程费用计算方法

1. 各费用构成要素计算方法

（1）人工费

公式1：人工费＝Σ（工日消耗量×日工资单价）

主要适用于施工企业投标报价时自主确定人工费，也是工程造价管理机构编制计价定额确定定额人工单价或发布人工成本信息的参考依据。

公式2：人工费＝Σ（工程工日消耗量×日工资单价）

适用于工程造价管理机构编制计价定额时确定定额人工费，是施工企业投标报价的参考依据。

（2）材料费和工程设备费

1）材料费

材料费＝Σ（材料消耗量×材料单价）

材料单价＝{（材料原价＋运杂费）×[1＋运输损耗率(%)]}×[1＋采购保管费率(%)]

2）工程设备费

工程设备费＝Σ（工程设备量×工程设备单价）

工程设备单价＝（设备原价＋运杂费）×[1＋采购保管费率(%)]

（3）施工机具使用费和仪器仪表使用费

1）施工机械使用费

施工机械使用费＝Σ（施工机械台班消耗量×机械台班单价）

机械台班单价＝台班折旧费＋台班大修费＋台班经常修理费＋台班安拆费及场外运费＋

台班人工费＋台班燃料动力费＋台班车船税费

租赁施工机械使用费＝Σ（施工机械台班消耗量×机械台班租赁单价）

2）仪器仪表使用费

仪器仪表使用费＝工程使用的仪器仪表摊销费＋维修费

（4）企业管理费

以分部分项工程费或（人工费和机械费合计）或人工费为计算基础，乘以企业管理费费率。

施工企业投标报价时自主确定管理费费率；工程造价管理机构在确定计价定额中企业管理费时，应以定额人工费或（定额人工费＋定额机械费）作为计算基数，其费率根据历年工程造价积累的资料，辅以调查数据确定，列入分部分项工程和措施项目中。

（5）利润

1）施工企业根据企业自身需求并结合建筑市场实际自主确定，列入报价中。

2）工程造价管理机构在确定计价定额中利润时，应以定额人工费或定额人工费与定额机械费之和作为计算基数，其费率根据历年工程造价积累的资料，并结合建筑市场实际确定。

（6）规费

规费包括社会保险费和住房公积金。

（7）税金

建筑安装工程费用的税金是指国家税法规定应计入建筑安装工程造价的增值税销项税额。

增值税的计税方法，包括一般计税方法和简易计税方法。一般纳税人发生应税行为适用一般计税方法计税。小规模纳税人发生应税行为适用简易计税方法计税。

① 一般计税方法

当采用一般计税方法时，建筑业增值税税率为9%。计算公式为：

$$增值税销项税额＝税前造价×9\%$$

税前造价为人工费、材料费、施工机具使用费、企业管理费、利润和规费之和，各费用项目均不包含增值税可抵扣进项税额的价格计算。

② 简易计税方法

简易计税方法的应纳税额，是指按照销售额和增值税征收率计算的增值税额，不得抵扣进项税额。

当采用简易计税方法时，建筑业增值税征收率为3%。计算公式为：

$$增值税＝税前造价×3\%$$

税前造价为人工费、材料费、施工机具使用费、企业管理费、利润和规费之和，各费用项目均以包含增值税进项税额的含税价格计算。

2. 建筑安装工程计价

(1) 分部分项工程费＝Σ（分部分项工程量×综合单价）

式中：综合单价包括人工费、材料费、施工机具使用费、企业管理费和利润以及一定范围的风险费用。

(2) 措施项目费

1) 国家计量规范规定应予计量的措施项目，其中：措施项目费＝Σ（措施项目工程量×综合单价）

2) 国家计量规范规定不宜计量的措施项目

① 安全文明施工费＝计算基数×安全文明施工费费率（%）

计算基数应为定额基价或定额人工费或（定额人工费＋定额机械费）

② 夜间施工增加费＝计算基数×夜间施工增加费费率（%）

③ 二次搬运费＝计算基数×二次搬运费费率（%）

④ 冬雨期施工增加费＝计算基数×冬雨期施工增加费费率（%）

⑤ 已完工程及设备保护费＝计算基数×已完工程及设备保护费费率（%）

上述②～⑤项措施项目的计费基数应为定额人工费或（定额人工费＋定额机械费），①～⑤的费率由工程造价管理机构确定并发布。

(3) 其他项目费

1) 暂列金额由建设单位根据工程特点，按有关计价规定估算，施工过程中由建设单位掌握使用。

2) 计日工由建设单位和施工企业按施工过程中的签证计价。

3) 总承包服务费由建设单位在招标控制价中根据总包服务范围和有关计价规定编制，施工企业投标时自主报价。

(4) 规费和税金

建设单位和施工企业均应按照省、自治区、直辖市或行业建设主管部门发布的标准计算规费和税金，不得作为竞争性费用。

（四）建筑安装工程计价程序

（1）建设单位工程招标控制价计价程序：①分部分项工程费→②措施项目费→③其他项目费→④规费→⑤税金＝（①＋②＋③＋④－不列入计税范围的工程设备金额）×综合税率→⑥招标控制价＝①＋②＋③＋④＋⑤，各项费用计算方法按计价规定或规定标准执行。

（2）施工企业工程投标报价计价程序与（1）相同，在费用计算方法中有如下不同做法：

1）分部分项工程费，自主报价。

2）除安全文明施工费按规定标准计算外，其他措施项目费自主报价。

3）其他项目费中，暂列金额和专业工程暂估价和按招标文件提供金额计列，计日工和总承包服务费自主报价。

（3）竣工结算计价程序与（1）相同，其中，分部分项工程费按合同约定计算；除安全文明施工费按规定标准计算外，其他措施项目费按合同约定计算；其他项目费中，专业工程结算价按合同约定计算，计日工费按计日工签证计算，总承包服务费按合同约定计算，索赔与现场签证按承发包双方确认数额计算。

二十一、合同价款确定和调整

（一）合同价款应当调整的事项及调整程序

1. 合同价款应当调整的事项

承发包双方应当按照合同约定调整合同价款的事项主要包括：（1）法律法规变化；（2）工程变更；（3）项目特征不符；（4）工程量清单缺项；（5）工程量偏差；（6）计日工；（7）物价变化；（8）暂估价；（9）不可抗力；（10）提前竣工（赶工补偿）；（11）误期赔偿；（12）索赔；（13）现场签证；（14）暂列金额；（15）承发包双方约定的其他调整事项。

2. 合同价款调整的程序

合同价款调整应按照以下程序进行：

出现合同价款调增事项后的14天内，承包人向发包人提交合同价款调增报告并附上相关资料；承包人在14天内未提交合同价款调增报告的，视为承包人对该事项不存在调整价款请求。

出现合同价款调减事项后的14天内，发包人向承包人提交合同价款调减报告并附相关资料；发包人在14天内未提交合同价款调减报告的，视为发包人对该事项不存在调整价款请求。

发（承）包人应在收到承（发）包人合同价款调增（减）报告及相关资料之日起14天内对其核实，予以确认的应书面通知承（发）包人。当有疑问时，应向承（发）包人提出协商意见。发（承）包人在收到合同价款调增（减）报告之日起14天内未确认也未提出协商意见的，视为承（发）包人提交的合同价款调增（减）报告已被发（承）包人认可。发（承）包人提出协商意见的，承（发）包人应在收到协商意见后的 14 天内对其核实，予以确认的应书面通知发（承）包人。承（发）包人在收到发（承）包人的协商意见后 14 天内既不确认也未提出不同意见的，视为发（承）包人提出的意见已被承（发）包人认可。

如果发包人与承包人对合同价款调整的意见不能达成一致的，只要对承发包双方履约不产生实质影响，双方应继续履行合同义务，直到其按照合同约定的争议解决方式得到处理。

（二）法律法规变化引起的合同价格调整

招标工程以投标截止日前 28 天，非招标工程以合同签订前 28 天为基准日，其后因国家的法律、法规、规章和政策发生变化引起工程造价增减变化的，发承包双方应当按照省级或行业建设主管部门或其授权的工程造价管理机构据此发布的规定调整合同价款。

因承包人原因导致工期延误的，按上述规定的调整时间，在合同工程原定竣工时间之后，合同价款调增的不予调整，合同价款调减的予以调整。

如果承发包双方在商议有关合同价格和工期调整时无法达成一致时，可以在合同中约定由总监理工程师承担商定与确定的组织和实施责任。

（三）项目特征不符引起的合同价格调整

（1）发包人在招标工程量清单中对项目特征的描述，应被认为是准确的和全面的，并且与实际施工要求相符合。

（2）承包人应按照发包人提供的设计图纸实施工程合同，若在合同履行期间出现设计图纸与招标工程量清单任一项目的特征描述不符，且该变化引起项目的工程造价增减变化，应按照实际施工的项目特征，按规范中工程变更相关条款的规定重新确定相应工程量清单项目的综合单价，并调整合同价款。

（四）工程量清单缺项引起的合同价格调整

合同履行期间，由于招标工程量清单中缺项，新增分部分项工程量清单项目的，应按照规范中工程变更相关条款确定单价，并调整合同价款。

新增分部分项工程量清单项目后，引起措施项目发生变化的，应按照规范中工程变更相关规定，在承包人提交的实施方案被发包人批准后调整合同价款。

由于招标工程量清单中措施项目缺项，承包人应将新增措施项目实施方案提交发包人批准后，按照规范相关规定调整合同价款。

（五）工程量偏差引起的合同价格调整

合同履行期间，当应予计算的实际工程量与招标工程量清单出现偏差，且符合下述两条规定的，应调整合同价款。

对于任一招标工程量清单项目，如果因工程量偏差和工程变更等原因导致工程量偏差超过 15% 时，可进行调整。当工程量增加 15% 以上时，增加部分的工程量的综合单价应予调低；当工程量减少 15% 以上时，减少后剩余部分的工程量的综合单价应予调高。

如果工程量出现超过 15% 的变化，且该变化引起相关措施项目相应发生变化时，按系数或单一总价方式计价的，工程量增加的措施项目费调增，工程量减少的措施项目费调减。

（六）计日工数量变化引起的合同价格调整

采用计日工计价的任何一项变更工作，在该项变更的实施过程中，承包人应按合同约定提交报表和有关凭证送发包人复核。

任一计日工项目持续进行时，承包人应在该项工作实施结束后的 24 小时内向发包人提交有计日工记录汇总的现场签证报告一式三份。发包人在收到承包人提交现场签证报告后的 2 天内予以确认并将其中一份返还给承包人，作为计日工计价和支付的依据。发包人逾期未确认也未提出修改意见的，应视为承包人提交的现场签证报告已被发包人认可。

（七）市场价格波动引起的调整

（1）确定合同履行期应予调整的价格规定

合同履行期间，因人工、材料、工程设备、机械台班价格波动影响合同价款时应根据合同约定的方法（如价格指数调整法或造价信息差额调整法）计算调整合同价款。承包人采购材料和工程设备的，应在合同中约定主要材料、工程设备价格变化的范围或幅度，如没有约定，则材料、工程设备单价变化超过 5%，超过部分的价格应按照价格指数调整法或造价信息差额调整法计算调整材料、工程设备费。

发生合同工程工期延误的，确定合同履行期应予调整的价格应按照下列规定：

1）因非承包人原因导致工期延误的，计划进度日期后续工程的价格，应采用计划进度日期与实际进度日期两者的较高者；

2）因承包人原因导致工期延误的，则计划进度日期后续工程的价格，采用计划进度日期与实际进度日期两者的较低者。

3）施工机械台班单价或施工机械使用费发生变化超过省级或行业建设主管部门或其授权的工程造价管理机构规定的范围时，按其规定调整合同价款。

（2）市场价格波动引起的合同价款调整方法有价格指数调整法和造价信息差额调整法，对此，《建设工程工程量清单计价规范》GB 50500—2013 中有如下规定：

1）采用价格指数进行价格调整

① 价格调整公式

因人工、材料和工程设备等价格波动影响合同价格时，根据投标函附录中的价格指数和权重表约定的数据，按以下公式计算差额并调整合同价款：

$$\Delta P = P_0\Big[A + \Big(B_1 \times \frac{F_{t1}}{F_{01}} + B_2 \times \frac{F_{t2}}{F_{02}} + B_3 \times \frac{F_{t3}}{F_{03}} + \cdots + B_n \times \frac{F_{tn}}{F_{0n}}\Big) - 1\Big]$$

② 暂时确定调整差额

在计算调整差额时得不到现行价格指数的，可暂用上一次价格指数计算，并在以后的付款中再按实际价格指数进行调整。

③ 权重的调整

约定的变更导致原定合同中的权重不合理时，由承包人和发包人协商后进行调整。

④ 因承包人原因工期延误后的价格调整

由于承包人原因未在约定的工期内竣工的，则对原约定竣工日期后继续施工的工程，在使用价格调整公式时，应采用原约定竣工日期与实际竣工日期的两个价格指数中较低的一个作为现行价格指数。

2）采用造价信息进行价格调整

合同履行期间，因人工、材料、工程设备和机械台班价格波动影响合同价格时，人工、机械使用费按照国家或省、自治区、直辖市建设行政管理部门、行业建设管理部门或其授权的工程造价管理机构发布的人工、机械使用费系数进行调整；需要进行价格调整的材料，其单价和采购数量应由发包人审批，发包人确认需调整的材料单价及数量，作为调整合同价格的依据。

（八）暂估价变化引起的合同价格调整

发包人在招标工程量清单中给定暂估价的材料、工程设备属于依法必须招标的，由发承包双方以招标的方式选择供应商，确定价格，并以此为依据取代暂估价，调整合同价款。发包人在招标工程量清单中给定暂估价的材料、工程设备不属于依法必须招标的，由承包人按照合同约定采购，经发包人确认后以此为依据取代暂估价，调整合同价款。

发包人在工程量清单中给定暂估价的专业工程不属于依法必须招标的，应按照工程变更价款的确定方法确定专业工程价款。并以此为依据取代专业工程暂估价，调整合同价款。

发包人在招标工程量清单中给定暂估价的专业工程，依法必须招标的，应当由发承包双方依法组织招标选择专业分包人，并接受有管辖权的建设工程招标投标管理机构的监督。并以专业工程发包中标价为依据取代专业工程暂估价，调整合同价款。

暂估材料或工程设备的单价确定后，在综合单价中只应取代原暂估单价，不应再在综合单价中涉及企业管理费或利润等其他费的变动。

（九）不可抗力引起的合同价格调整

因不可抗力事件导致的人员伤亡、财产损失及其费用增加，发承包双方应按以下原则分别承担并调整合同价款和工期：

（1）合同工程本身的损害、因工程损害导致第三方人员伤亡和财产损失以及运至施工场地用于施工的材料和待安装的设备的损害，由发包人承担；

（2）发包人、承包人人员伤亡由其所在单位负责，并承担相应费用；

（3）承包人的施工机械设备损坏及停工损失，应由承包人承担；

（4）停工期间，承包人应发包人要求留在施工场地的必要的管理人员及保卫人员的费用应由发包人承担；

（5）工程所需清理、修复费用，应由发包人承担。

不可抗力解除后复工的，若不能按期竣工，应合理延长工期。发包人要求赶工的，赶工费用应由发包人承担。

（十）提前竣工（赶工补偿）引起的合同价格调整

（1）工程发包时，招标人应当依据相关工程的工期定额合理计算工期，压缩的工期天数不得超过定额工期的20%，将其量化。超过者，应在招标文件中明示增加赶工费用。

（2）工程实施过程中，发包人要求合同工程提前竣工的，应征得承包人同意后与承包人商定采取加快工程进度的措施，并应修订合同工程进度计划。发包人应承担承包人由此增加的提前竣工（赶工补偿）费用。

（3）发承包双方应在合同中约定提前竣工每日历天应补偿额度，此项费用应作为增加合同价款列入竣工结算文件中，应与结算款一并支付。

赶工费用主要包括：①人工费的增加，例如新增加投入人工的报酬，不经济使用人工的补贴等；②材料费的增加；③机械费的增加。

（十一）暂列金额变化引起的合同价格调整

暂列金额是指招标人在工程量清单中暂定并包括在合同价款中的一笔款项。用于工程合同签订时尚未确定或者不可预见的所需材料、工程设备、服务的采购，施工中可能发生的工程变更、合同约定调整因素出现时的合同价款调整以及发生的索赔、现场签证确认等的费用。

已签约合同价中的暂列金额由发包人掌握使用。发包人按照合同的规定支付后，如有剩余，则暂列金额余额归发包人所有。

二十二、合同价款支付、竣工结算

（一）预付款

工程预付款是建设工程施工合同订立后由发包人按照合同约定，在正式开工前预先支付给承包人的工程款。工程实行预付款的，发包人应按照合同约定支付工程预付款，承包人应将预付款专用于合同工程。支付的工程预付款，按照合同约定在工程进度款中抵扣。

1. 预付款的支付

（1）预付款的额度：包工包料工程的预付款的支付比例不得低于签约合同价（扣除暂列金额）的 10％，不宜高于签约合同价（扣除暂列金额）的 30％。对重大工程项目，按年度工程计划逐年预付。

（2）预付款的支付时间：承包人应在签订合同或向发包人提供与预付款等额的预付款保函后向发包人提交预付款支付申请。发包人应在收到支付申请的 7 天内进行核实后向承包人发出预付款支付证书，并在签发支付证书后的 7 天内向承包人支付预付款。

2. 预付款的扣回

预付款应从每一个支付期应支付给承包人的工程进度款中扣回，直到扣回的金额达到合同约定的预付款金额为止。承包人的预付款保函的担保金额根据预付款扣回的数额相应递减，但在预付款全部扣回之前一直保持有效。发包人应在预付款扣完后的 14 天内将预付款保函退还给承包人。

常用的预付款扣回方式有：

（1）在承包人完成金额累计达到合同总价一定比例（双方合同约定）后，采用等比率或等额扣款的方式分期抵扣。

（2）从未完施工工程尚需的主要材料及构件的价值相当于工程预付款数额时起扣，从每次中间结算工程价款中，按材料及构件比重抵扣工程预付款，至竣工之前全部扣清。

（二）安全文明施工费

发包人应在工程开工后的 28 天内预付不低于当年施工进度计划的安全文明施工费总额的 60％，其余部分按照提前安排的原则进行分解，与进度款同期支付。发包人没有按时支付安全文明施工费的，承包人可催告发包人支付；发包人在付款期满后的 7 天内仍未支付的，若发生安全事故，发包人应承担相应责任。

承包人对安全文明施工费应专款专用，在财务账目中单独列项备查。

（三）进度款

承发包双方应按照合同约定的时间、程序和方法，根据工程计量结果，办理期中价款结算，支付进度款。进度款支付周期，应与合同约定的工程计量周期一致。计量和付款周期可采用分段或按月结算的方式：

（1）按月结算与支付。即实行按月支付进度款，竣工后结算的办法。

（2）分段结算与支付。即当年开工、当年不能竣工的工程按照工程形象进度，划分不同阶段，支付工程进度款。

进度款的支付比例按照合同约定，按期中结算价款总额计，不低于 60%，不高于 90%。

发包人应在收到承包人进度款支付申请后的 14 天内根据计量结果和合同约定对申请内容予以核实，确认后向承包人出具进度款支付证书。若承发包双方对有的清单项目的计量结果出现争议，发包人应对无争议部分的工程计量结果向承包人出具进度款支付证书。发包人应在签发进度款支付证书后的 14 天内，按照支付证书列明的金额向承包人支付进度款。

（四）编制与复核

工程完工后，发承包双方必须在合同约定时间内办理工程竣工结算。工程竣工结算由承包人或受其委托具有相应资质的工程造价咨询人编制，由发包人或受其委托具有相应资质的工程造价咨询人核对。项目监理机构应按有关工程结算规定及施工合同约定对竣工结算进行审核，程序如下：专业监理工程师审查施工单位提交的工程结算款支付申请，提出审查意见；总监理工程师对专业监理工程师的审查意见进行审核，签认后报建设单位审批，同时抄送施工单位，并就工程竣工结算事宜与建设单位、施工单位协商；达成一致意见的，根据建设单位审批意见向施工单位签发竣工结算款支付证书；不能达成一致意见的，应按施工合同约定处理。

1. 竣工结算的复核内容

竣工结算的复核内容，一般包括：（1）核对合同条款；（2）检查隐蔽验收记录；（3）落实设计变更签证；（4）按图核实工程数量；（5）执行定额单价；（6）防止各种计算误差。

2. 质量保证金

发包人应按照合同约定的质量保证金比例从结算款中扣留质量保证金。承包人未按照合同约定履行属于自身责任的工程缺陷修复义务的，发包人有权从质量保证金中扣留用于缺陷修复的各项支出。经查验，工程缺陷属于发包人原因造成的，应由发包人承担查验和缺陷修复的费用。在合同约定的缺陷责任期终止后，发包人应按照合同中最终结清的相关规定，将剩余的质量保证金返还给承包人。

二十三、投 资 偏 差 分 析

（一）赢得值法

1. 赢得值法基本参数

赢得值法是投资偏差分析方法的一种。用赢得值法进行投资、进度综合分析，基本参数有三项，即已完工作预算投资、计划工作预算投资和已完工作实际投资。

（1）已完工作预算投资（BCWP）＝已完工作量×预算单价

（2）计划工作预算投资（BCWS）＝计划工作量×预算单价

（3）已完工作实际投资（ACWP）＝已完工作量×实际单价

2. 赢得值法评价指标

在三个基本参数的基础上，可以确定赢得值法的四个评价指标，它们都是时间的函数。

（1）投资偏差（CV）＝已完工作预算投资（BCWP）－已完工作实际投资（ACWP）

当投资偏差为负值时，表示项目实际投资超出预算投资；当投资偏差为正值时，表示项目实际投资未超出预算投资。

（2）进度偏差（SV）＝已完工作预算投资（BCWP）－计划工作预算投资（BCWS）

当进度偏差为负值时，表示进度延误，实际进度落后于计划进度；当进度偏差为正值时，表示进度提前，实际进度快于计划进度。

（3）投资绩效指数（CPI）＝已完工作预算投资（BCWP）/已完工作实际投资（ACWP）

当投资绩效指数（CPI）<1时，表示投资超支，即实际投资高于预算投资；

当投资绩效指数（CPI）>1时，表示投资节支，即实际投资低于预算投资。

（4）进度绩效指数（SPI）＝已完工作预算投资（BCWP）/计划工作预算投资（BCWS）

当进度绩效指数（SPI）<1时，表示进度延误，即实际进度比计划进度拖后；

当进度绩效指数（SPI）>1时，表示进度提前，即实际进度比计划进度快。

3. 偏差分析的表达方法

在项目实施过程中，可以形成三条曲线：计划工作预算投资（BCWS）、已完工作预算投资（BCWP）、已完工作实际投资（ACWP）曲线。

投资（进度）偏差反映的是绝对偏差，结果很直观，有助于投资管理人员了解项目投资出现偏差的绝对数额，并依此采取一定措施，制定或调整投资支出计划和资金筹措计划。投资（进度）绩效指数反映的是相对偏差，它不受项目层次的限制，也不受项目实施时间的限制，因而在同一项目和不同项目比较中均可采用。

采用赢得值法进行投资、进度综合控制，还可以根据当前的进度、投资偏差情况，通过原因分析，对趋势进行预测，预测项目结束时的进度、投资情况。

（二）偏差原因分析

在进行偏差原因分析时，首先应当将已经导致和可能导致偏差的各种原因逐一列举出来。导致不同建设工程产生投资偏差的原因具有一定共性，因而，可以通过对已建项目的投资偏差原因进行归纳、总结，为该项目采用预防措施提供依据。

一般来说，产生投资偏差的原因可以归纳为物价上涨原因、设计原因、业主原因、施工原因和客观原因等。

（三）纠偏措施

1. 修改投资计划

对用于管理项目的投资文件进行修正，比如调整设计概算，变更合同价格等。

2. 采取纠偏措施

首先确定纠偏的主要对象，采取有针对性的纠偏措施。纠偏可采用组织措施、经济措施、技术措施和合同措施等。

3. 按照完成情况估计完成项目所需的总投资

按照完成情况估计目前实施情况下完成项目所需的总投资（EAC），有以下三种情况：

（1）EAC＝实际支出＋按照实施情况对剩余预算所做的修改。这种方法通常用于当前的情况变化可以反映未来时。

（2）EAC＝实际支出＋对未来所有剩余工作的新的估计。这种方法通常用于由于条件的改变原有的假设不再适用时。

（3）EAC＝实际支出＋剩余的预算。这种方法适用于现在的变化仅是一种特殊情况，而未来的实施不会发生类似的变化时。

二十四、流水施工进度计划

（一）流水施工参数

流水施工参数是表达各施工过程在时间和空间上的开展情况及相互依存关系的参数，包括工艺参数、空间参数和时间参数。

1. 工艺参数

工艺参数主要是用以表达流水施工在施工工艺方面进展状态的参数，通常包括施工过程和流水强度两个参数。

2. 空间参数

空间参数是表达流水施工在空间布置上开展状态的参数。通常包括工作面和施工段。

3. 时间参数

时间参数是表达流水施工在时间安排上所处状态的参数，主要包括流水节拍、流水步距和流水施工工期等。

（二）流水施工的基本组织方式和特点

在流水施工中，由于流水节拍的规律不同，决定了流水步距、流水施工工期的计算方法等也不同，甚至影响到各个施工过程的专业工作队数目。

1. 固定节拍流水施工

固定节拍流水施工是一种最理想的流水施工方式，其特点如下：

（1）所有施工过程在各个施工段上的流水节拍均相等；

（2）相邻施工过程的流水步距相等，且等于流水节拍；

（3）专业工作队数等于施工过程数，即每一个施工过程成立一个专业工作队，由该队完成相应施工过程所有施工段上的任务；

（4）各个专业工作队在各施工段上能够连续作业，施工段之间没有空闲时间。

2. 成倍节拍流水施工

成倍节拍流水施工包括一般的成倍节拍流水施工和加快的成倍节拍流水施工。为了缩短流水施工工期，一般均采用加快的成倍节拍流水施工方式。

加快的成倍节拍流水施工的特点如下：

（1）同一施工过程在其各个施工段上的流水节拍均相等；不同施工过程的流水节拍不等，但其值为倍数关系；

（2）相邻专业工作队的流水步距相等，且等于流水节拍的最大公约数（K）；

（3）专业工作队数大于施工过程数，即有的施工过程只成立一个专业工作队，而对于流水节拍大的施工过程，可按其倍数增加相应专业工作队数目；

（4）各个专业工作队在施工段上能够连续作业，施工段之间没有空闲时间。

3. 非节奏流水施工

非节奏流水施工方式是建设工程流水施工的普遍方式。非节奏流水施工具有以下特点：

（1）各施工过程在各施工段的流水节拍不全相等；

（2）相邻施工过程的流水步距不尽相等；

（3）专业工作队数等于施工过程数；

（4）各专业工作队能够在施工段上连续作业，但有的施工段之间可能有空闲时间。

在非节奏流水施工中，通常采用累加数列错位相减取大差法计算流水步距。由于这种方法是由潘特考夫斯基（译音）首先提出的，故又称为潘特考夫斯基法。这种方法简捷、准确，便于掌握。累加数列错位相减取大差法的基本步骤如下：

（1）对每一个施工过程在各施工段上的流水节拍依次累加，求得各施工过程流水节拍的累加数列；

（2）将相邻施工过程流水节拍累加数列中的后者错后一位，相减后求得一个差数列；

（3）在差数列中取最大值，即为这两个相邻施工过程的流水步距。

二十五、关键线路和关键工作确定

（一）根据工作的总时差确定

总时差最小的工作为关键工作。特别地，当网络计划的计划工期等于计算工期时，总时差为零的工作就是关键工作。找出关键工作之后，将这些关键工作首尾相连，便构成从起点节点到终点节点的通路，位于该通路上各项工作的持续时间总和最大，这条通路就是关键线路。

（二）根据关键节点确定

在双代号网络计划中，最早时间与最迟时间差值最小的节点为关键节点。特别地，当网络计划的计划工期等于计算工期时，最早时间与最迟时间相等的节点为关键节点。关键工作两端的节点必为关键节点，但两端为关键节点的工作不一定是关键工作。关键节点必然处在关键线路上，但由关键节点组成的线路不一定是关键线路。

（三）利用标号法确定

标号法是一种快速寻求双代号网络计划计算工期和关键线路的方法。标号法利用按节点计算法的基本原理，对网络计划中的每一个节点进行标号，然后利用标号值确定网络计划的计算工期和关键线路。

（四）根据时间间隔确定

在单代号网络计划中，从网络计划的终点节点开始，逆着箭线方向依次找出相邻两项工作之间时间间隔为零的线路就是关键线路。在时标网络计划中，逆着箭线方向自始至终不出现波形线的线路即为关键线路。因为不出现波形线，就说明在这条线路上相邻两项工作之间的时间间隔全部为零。

二十六、网络计划中时差分析和利用

（一）总时差和自由时差的分析

（1）根据工作的最早开始时间、最迟开始时间或最早完成时间、最迟完成时间进行判定。

1）工作的总时差是指在不影响总工期的前提下，本工作可以利用的机动时间。工作的总时差等于该工作最迟完成时间与最早完成时间之差，或该工作最迟开始时间与最早开始时间之差。

2）工作的自由时差是指在不影响其紧后工作最早开始时间的前提下，本工作可以利用的机动时间。工作自由时差的计算应按以下两种情况分别考虑：

①对于有紧后工作的工作，其自由时差等于本工作之紧后工作最早开始时间减本工作最早完成时间所得之差的最小值。

②对于无紧后工作的工作，也就是以网络计划终点节点为完成节点的工作，其自由时差等于计划工期与本工作最早完成时间之差。

（2）直接利用时标网络计划判定。首先，凡自始至终不出现波形线的线路即为关键线路。在计算工期等于计划工期的前提下，这些工作的总时差和自由时差全部为零。其他工作的总时差和自由时差按以下方法判定：

1）以终点节点为完成节点的工作，其总时差和自由时差均应等于计划工期与本工作最早完成时间之差。

2）其他工作的总时差等于其紧后工作的总时差加本工作与该紧后工作之间的时间间隔所得之和的最小值；其他工作的自由时差就是该工作箭线中波形线的水平投影长度。但当工作之后只紧接虚工作时，则该工作箭线上一定不存在波形线，而其紧接的虚箭线中波形线水平投影长度的最短者为该工作的自由时差。

（二）总时差和自由时差的利用

（1）在不影响总工期或紧后工作最早开始时间的前提下，利用工作的总时差或自由时差合理安排施工机械、材料计划。

（2）利用工作的总时差和自由时差判定施工机械在现场的闲置时间。

二十七、网络计划工期优化及计划调整

（一）网络计划工期优化

工期优化是指网络计划的计算工期不满足要求工期时，通过压缩关键工作的持续时间以满足要求工期目标的过程。

网络计划工期优化的基本方法是在不改变网络计划中各项工作之间逻辑关系的前提下，通过压缩关键工作的持续时间来达到优化目标。在工期优化过程中，按照经济合理的原则，不能将关键工作压缩成非关键工作。此外，当工期优化过程中出现多条关键线路时，必须将各条关键线路的总持续时间压缩相同数值，否则，不能有效地缩短工期。

网络计划的工期优化可按下列步骤进行：

（1）确定初始网络计划的计算工期和关键线路。

（2）按要求工期计算应缩短的时间 ΔT：

$$\Delta T = T_c - T_r$$

式中 T_c——网络计划的计算工期；

T_r——要求工期。

（3）选择应缩短持续时间的关键工作。选择压缩对象时宜在关键工作中考虑下列因素：

1）缩短持续时间对质量和安全影响不大的工作；

2）有充足备用资源的工作；

3）缩短持续时间所需增加的费用最少的工作。

（4）将所选定的关键工作的持续时间压缩至最短，并重新确定计算工期和关键线路。若被压缩的工作变成非关键工作，则应延长其持续时间，使之仍为关键工作。

（5）当计算工期仍超过要求工期时，则重复上述（2）～（4），直至计算工期满足要求工期或计算工期已不能再缩短为止。

（6）当所有关键工作的持续时间都已达到其能缩短的极限而寻求不到继续缩短工期的方案，但网络计划的计算工期仍不能满足要求工期时，应对网络计划的原技术方案、组织方案进行调整，或对要求工期重新审定。

（二）网络计划调整

1.改变某些工作间的逻辑关系

当工程项目实施中产生的进度偏差影响到总工期，且有关工作的逻辑关系允许改变时，可以改变关键线路和超过计划工期的非关键线路上的有关工作之间的逻辑关系，达到缩短工期的目的。例如，将顺序进行的工作改为平行作业、搭接作业以及分段组织流水作业等，都可以有效地缩短工期。

2.缩短某些工作的持续时间

这种方法是不改变工程项目中各项工作之间的逻辑关系，而通过采取增加资源投入、提高劳动效率等措施来缩短某些工作的持续时间，使工程进度加快，以保证按计划工期完成该工程项目。这些被压缩持续时间的工作是位于关键线路和超过计划工期的非关键线路上的工作。同时，这些工作又是其持续时间可被压缩的工作。这种调整方法通常可以在网络图上直接进行。

二十八、双代号时标网络计划应用

主要是指时标网络计划中时间参数的判定。

（一）关键线路和计算工期的判定

1.关键线路的判定

时标网络计划中的关键线路可从网络计划的终点节点开始，逆着箭线方向进行判定。

凡自始至终不出现波形线的线路即为关键线路。

2. 计算工期的判定

网络计划的计算工期应等于终点节点所对应的时标值与起点节点所对应的时标值之差。

（二）相邻两项工作之间时间间隔的判定

除以终点节点为完成节点的工作外，工作箭线中波形线的水平投影长度表示工作与其紧后工作之间的时间间隔。

（三）工作六个时间参数的判定

1. 工作最早开始时间和最早完成时间的判定

工作箭线左端节点中心所对应的时标值为该工作的最早开始时间。当工作箭线中不存在波形线时，其右端节点中心所对应的时标值为该工作的最早完成时间；当工作箭线中存在波形线时，工作箭线实线部分右端点所对应的时标值为该工作的最早完成时间。

2. 工作总时差的判定

工作总时差的判定应从网络计划的终点节点开始，逆着箭线方向依次进行。以终点节点为完成节点的工作，其总时差应等于计划工期与本工作最早完成时间之差；其他工作的总时差等于其紧后工作的总时差加本工作与该紧后工作之间的时间间隔所得之和的最小值。

3. 工作自由时差的判定

以终点节点为完成节点的工作，其自由时差应等于计划工期与本工作最早完成时间之差；其他工作的自由时差就是该工作箭线中波形线的水平投影长度。但当工作之后只紧接虚工作时，则该工作箭线上一定不存在波形线，而其紧接的虚箭线中波形线水平投影长度的最短者为该工作的自由时差。

4. 工作最迟开始时间和最迟完成时间的判定

工作的最迟开始时间等于本工作的最早开始时间与其总时差之和；工作的最迟完成时间等于本工作的最早完成时间与其总时差之和。

二十九、实际进度与计划进度比较方法

（一）横道图比较法

横道图比较法是指将工程项目实施过程中检查实际进度收集到的数据，经加工整理后直接用横道线平行绘于原计划的横道线处，进行实际进度与计划进度的比较方法。采用横道图比较法，可以形象、直观地反映实际进度与计划进度的比较情况。

横道图比较法虽有记录和比较简单、形象直观、易于掌握、使用方便等优点，但由于其以横道计划为基础，因而带有不可克服的局限性。在横道计划中，各项工作之间的逻辑关系表达不明确，关键工作和关键线路无法确定。一旦某些工作实际进度出现偏差时，难以预测其对后续工作和工程总工期的影响，也就难以确定相应的进度计划调整方法。因此，横道图比较法主要用于工程项目中某些工作实际进度与计划进度的局部比较。

（二）S曲线比较法

S曲线比较法是以横坐标表示时间，纵坐标表示累计完成任务量，绘制一条按计划时间累计完成任务量的 S 曲线；然后将工程项目实施过程中各检查时间实际累计完成任务量的 S 曲线也绘制在同一坐标系中，进行实际进度与计划进度比较的一种方法。

从整个工程项目实际进展全过程看，单位时间投入的资源量一般是开始和结束时较少，中间阶段较多。与其相对应，单位时间完成的任务量也呈同样的变化规律，而随工程进展累计完成的任务量则应呈 S 形变化，由于其形似英文字母"S"，S 曲线因此而得名。

通过比较实际进度 S 曲线和计划进度 S 曲线，可以获得如下信息：

（1）工程项目实际进展状况。如果工程实际进展点落在计划 S 曲线左侧，表明此时实际进度比计划进度超前；如果工程实际进展点落在 S 计划曲线右侧，表明此时实际进度拖后；如果工程实际进展点正好落在计划 S 曲线上，则表示此时实际进度与计划进度一致。

（2）工程项目实际进度超前或拖后的时间。在 S 曲线比较图中可以直接读出实际进度比计划进度超前或拖后的时间。

（3）工程项目实际超额或拖欠的任务量。在 S 曲线比较图中也可直接读出实际进度比计划进度超额或拖欠的任务量。

（4）后期工程进度预测。如果后期工程按原计划速度进行，则可做出后期工程计划 S 曲线，从而可以确定工期拖延预测值。

三十、工程延期时间确定

（一）申报工程延期的条件

由于以下原因导致工程拖期，施工单位有权提出延长工期的申请，项目监理机构应按合同规定，批准工程延期时间：

（1）监理工程师发出工程变更指令而导致工程量增加；

（2）合同所涉及的任何可能造成工程延期的原因，如延期交图、工程暂停、对合格工程的剥离检查及不利的外界条件等；

（3）异常恶劣的气候条件；

（4）由业主造成的任何延误、干扰或障碍，如未及时提供施工场地、未及时付款等；

（5）除施工单位自身以外的其他任何原因。

（二）工程延期的审批原则

项目监理机构在审批工程延期时应遵循下列原则：

（1）合同条件。项目监理机构批准的工程延期必须符合合同条件。也就是说，导致工期拖延的原因确实属于施工单位自身以外的，否则不能批准为工程延期。这是项目监理机构审批工程延期的一条根本原则。

（2）影响工期。延期事件的工程部位，无论其是否处在施工进度计划的关键线路上，只有当所延长的时间超过其相应的总时差而影响到工期时，才能批准工程延期。如果延期事件发生在非关键线路上，且延长的时间并未超过总时差时，即使符合批准为工程延期的合同条件，也不能批准工程延期。

应当说明，施工进度计划中的关键线路并非固定不变，它会随着工程的进展和情况的变化而转移。项目监理机构应以施工单位提交的、经自己审核后的施工进度计划（不断调整后）为依据来决定是否批准工程延期。

（3）实际情况。批准的工程延期必须符合实际情况。为此，施工单位应对延期事件发生后的各类有关细节进行详细记载，并及时向项目监理机构提交详细报告。与此同时，项目监理机构也应对施工现场进行详细考察和分析，并做好有关记录，以便为合理确定工程延期时间提供可靠依据。

三十一、建设工程监理相关法律、行政法规及规范等

（1）《建筑法》《合同法》《招标投标法》相关内容。

（2）《建设工程质量管理条例》《建设工程安全生产管理条例》《生产安全事故报告和调查处理条例》《招标投标法实施条例》相关内容。

（3）《危险性较大的分部分项工程安全管理规定》相关内容。

（4）《建设工程监理规范》相关内容。

（5）《建设工程监理合同（示范文本）》《建设工程施工合同（示范文本）》相关内容。

第二部分　例题分析

案　例　一

背景：

某实施监理的市政工程，分成 A、B 两个施工标段。工程监理合同签订后，监理单位将项目监理机构组织形式、人员构成和对总监理工程师的任命书面通知建设单位。该总监理工程师担任总监理工程师的另一工程项目尚有一年方可竣工。根据工程专业特点，市政工程 A、B 两个标段分别设置了总监理工程师代表甲和乙。甲、乙均不是注册监理工程师，但甲具有高级专业技术职称，在监理岗位任职 15 年；乙具有中级专业技术职称，已取得了建造师执业资格证书尚未注册，有 5 年施工管理经验，1 年前经培训开始在监理岗位就职。工程实施中发生以下事件：

事件 1：建设单位同意对总监理工程师的任命，但认为甲、乙二人均不是注册监理工程师，不同意二人担任总监理工程师代表。

事件 2：工程质量监督机构以同时担任另一项目的总监理工程师，有可能"监理不到位"为由，要求更换总监理工程师。

事件 3：监理单位对项目监理机构人员进行了调整，安排乙担任专业监理工程师。

事件 4：总监理工程师考虑到身兼两项工程比较忙，委托总监理工程师代表开展若干项工作，其中有：组织召开监理例会、组织审查施工组织设计、签发工程款支付证书、组织审查和处理工程变更、组织分部工程验收。

事件 5：总监理工程师在安排工程计量工作时，要求监理员进行具体计量，由专业监理工程师进行复核检查。

问题：

1. 事件 1 中，建设单位不同意甲、乙担任总监理工程师代表的理由是否正确？甲和乙是否可以担任总监理工程师？分别说明理由。

2. 事件 2 中，工程质量监督机构的要求是否妥当？说明理由。

3. 事件 3 中，监理单位安排乙担任专业监理工程师是否妥当？说明理由。

4. 指出事件 4 中总监理工程师对所列工作的委托，哪些是正确的？哪些不正确？

5. 事件 5 中，总监理工程师的做法是否妥当？说明理由。

问题解析： 本案例依据《建设工程监理规范》GB/T 50319—2013 作答。主要考核监理人员的任职资格、主要职责等内容。

答题要点：

1. 根据《建设工程监理规范》GB/T 50319—2013 规定，总监理工程师代表可由具有工程类注册执业资格的人员担任，也可由具有中级及以上专业技术职称、3 年及以上工程监理经验的人员担任，所以，建设单位不同意的理由不正确。甲符合任职条件，可担任总监理工程师代表；乙的建造师资格证书未注册，且仅有 1 年工程监理经验，不符合任职条件,不能担任总监理工程师代表。

2.工程质量监督机构的要求不妥。理由:根据《建设工程监理规范》GB/T 50319—2013规定,经建设单位同意,一名注册监理工程师可同时担任不超过三个项目的总监理工程师。

3.监理单位安排乙担任专业监理工程师妥当。因为《建设工程监理规范》GB/T 50319—2013规定,专业监理工程师可由具有中级及以上专业技术职称、2年及以上工程经验并经监理业务培训的人员担任。乙符合该条件。

4.根据《建设工程监理规范》GB/T 50319—2013规定,总监理工程师委托其代表组织召开监理例会、组织审查和处理工程变更、组织分部工程验收正确;委托组织审查施工组织设计、签发工程款支付证书不正确。

5.根据《建设工程监理规范》GB/T 50319—2013规定,由专业监理工程师进行工程计量,监理员复核工程计量有关数据。故总监理工程师的做法不妥。

案 例 二

背景:

某住宅工程,在施工图设计阶段招标委托监理,按《建设工程监理合同(示范文本)》GF-2012-0202签订了工程监理合同,该合同未委托相关服务工作,实施中发生以下事件:

事件1:建设单位要求监理单位参与项目设计管理和施工招标工作,提出要监理单位尽早编制监理规划,与施工图设计同时进行,要求在施工招标前向建设单位报送监理规划。

事件2:总监理工程师委托总监理工程师代表组织编制监理规划,要求项目监理机构中专业监理工程师和监理员全员参与编制,并要求由总监理工程师代表审核批准后尽快报送建设单位。

事件3:编制的监理规划中提出"四控制"的基本工作任务,分别设有"工程质量控制""工程造价控制""工程进度控制"和"安全生产控制"的章节内容;并提出对危险性较大的分部分项工程,应按照当地工程安全生产监督机构的要求,编制《安全监理专项方案》。

事件4:在深基坑开挖工程准备会议上,建设单位要求项目监理机构尽早提交《深基坑工程监理实施细则》,并要求施工单位根据该细则尽快编制《深基坑工程施工方案》。

事件5:工程某部位大体积混凝土工程施工前,土建专业监理工程师编制了《大体积混凝土工程监理实施细则》,经总监理工程师审批后实施。实施中由于外部条件变化,土建专业监理工程师对监理实施细则进行了补充,考虑到总监理工程师比较繁忙,拟报总监理工程师代表审批后继续实施。

问题:

1.事件1中,建设单位的要求有何不妥?说明理由。

2.事件2中,总监理工程师的做法有何不妥?说明理由。

3.指出事件3中监理规划的不正确之处,写出正确做法。

4. 事件 4 中，建设单位的做法是否妥当？说明理由。

5. 指出事件 5 中项目监理机构做法的不妥之处？说明理由。

问题解析： 本案例依据《建设工程监理规范》GB/T 50319—2013 作答。主要考核监理工作的主要内容、监理规划的编制与审核要求、监理实施细则的编制等内容。

答题要点：

1. 建设单位要求监理单位参与项目设计管理和施工招标工作不妥，因为该工作内容属于相关服务范围，而工程监理合同未委托相关服务工作；建设单位提出编制监理规划与施工图设计同时进行不妥，因监理规划应针对建设工程实际情况编制，故应在收到工程设计文件后开始编制监理规划。

2. 总监理工程师委托总监理工程师代表组织编制监理规划不妥，因为违反《建设工程监理规范》GB/T 50319—2013 对总监理工程师职责的规定；由总监理工程师代表审核批准监理规划不妥，根据《建设工程监理规范》GB/T 50319—2013，监理规划应在总监理工程师签字后由监理单位技术负责人审核批准，方可报送建设单位。

3. 监理规划中"四控制"的提法不妥，"安全生产控制"的章节名称不正确，应为"安全生产管理的监理工作"；监理规划中"安全监理"的提法不妥，针对危险性较大的分部分项工程，编制《安全监理专项方案》的做法不正确，应按《建设工程监理规范》GB/T 50319—2013 的要求，编制监理实施细则。

4. 建设单位要求项目监理机构先于施工单位专项施工方案编制监理实施细则的做法不妥，因为专项施工方案是监理实施细则的编制依据之一。

5. 项目监理机构对监理实施细则进行了补充后，拟报总监理工程师代表审批后继续实施的考虑不妥。根据《建设工程监理规范》GB/T 50319—2013，总监理工程师不得将审批监理实施细则的职责委托给总监理工程师代表，监理实施细则补充、修改后，仍应由总监理工程师审批后方可实施。

案 例 三

背景：

某建设工程，建设单位将某工程的监理任务委托给一家监理单位。该监理单位在履行其监理合同时，在施工现场建立了项目监理机构，并根据工程监理合同规定的服务内容、服务期限、工程类别、规模、技术复杂程度、工程环境等因素确定了项目监理机构的组织形式和规模。

问题：

1. 项目监理机构的监理人员包括哪些？应当由具备什么条件的人员担任？

2. 总监理工程师不能委托总监理工程师代表完成的工作有哪些？

3. 监理员职责有哪些？

问题解析：

本案例主要考查监理工程师对《建设工程监理规范》GB/T 50319—2013 有关项目监理机构、监理人员的职责的相关规定的掌握程度。

答题要点:

1. 监理人员应包括总监理工程师、专业监理工程师和监理员,必要时可配备总监理工程师代表。

总监理工程师应由注册监理工程师担任。

总监理工程师代表应由具有工程类注册执业资格或具有中级及以上专业技术职称、3年及以上工程实践经验并经监理业务培训的人员担任。

专业监理工程师应由具有工程类注册执业资格或具有中级及以上专业技术职称、2年及以上工程实践经验并经监理业务培训的人员担任。

2. 总监理工程师不得将下列工作委托给总监理工程师代表:

(1) 组织编制监理规划,审批监理实施细则;

(2) 根据工程进展及监理工作情况调配监理人员;

(3) 组织审查施工组织设计、(专项)施工方案;

(4) 签发工程开工令、暂停令和复工令;

(5) 签发工程款支付证书,组织审核竣工结算;

(6) 调解建设单位与施工单位的合同争议,处理工程索赔;

(7) 审查施工单位的竣工申请,组织工程竣工预验收,组织编写工程质量评估报告,参与工程竣工验收;

(8) 参与或配合工程质量安全事故的调查和处理。

3. 监理员应履行以下职责:

(1) 检查施工单位投入工程的人力、主要设备的使用及运行状况。

(2) 进行见证取样。

(3) 复核工程量计量有关数据。

(4) 检查工序施工结果。

(5) 发现施工作业中的问题,及时指出并向专业监理工程师报告。

案 例 四

背景:

某工程,建设单位委托监理单位承担施工阶段的监理任务,总承包单位按照施工合同约定选择了设备安装分包单位。在合同履行过程中发生如下事件:

事件1:专业监理工程师检查主体结构施工时,发现总承包单位在未向项目监理机构报审危险性较大的预制构件吊装起重专项方案的情况下已自行施工,且现场没有管理人员。于是,总监理工程师下达了《监理通知单》。

事件2:专业监理工程师在现场巡视时,发现设备安装分包单位违章作业,有可能导致发生重大质量事故。总监理工程师口头要求总承包单位暂停分包单位施工,但总承包单位未予执行。总监理工程师随即向总承包单位下达了《工程暂停令》,总承包单位在向设备安装分包单位转发《工程暂停令》前,发生了设备安装质量事故。

问题:

1. 根据《建设工程安全生产管理条例》规定,事件1中起重吊装专项方案需经哪些人签字后方可实施？

2. 指出事件 1 中总监理工程师的做法是否妥当，说明理由。

3. 事件 2 中总监理工程师是否可以口头要求暂停施工？为什么？

4. 就事件 2 中所发生的质量事故，指出建设单位、监理单位、总承包单位和设备安装分包单位各自应承担的责任，说明理由。

问题解析：

1. 主要考核考生对专项施工方案编制和报审程序的掌握程度。

2. 主要考核考生对专项施工方案的管理规定及专职安全生产管理人员要求的掌握程度。

3. 主要考核考生对紧急事件发生时是否可口头要求暂停施工的掌握程度。

4. 主要考核考生对工程建设各参与方（建设单位、施工单位、勘察设计单位、监理单位）质量责任的掌握程度。

答题要点：

1. 根据《建设工程安全生产管理条例》规定，事件 1 中起重吊装专项方案需经总承包单位技术负责人、总监理工程师签字后方可实施。

2. 事件 1 中，总监理工程师的做法不妥。理由：危险性较大的预制构件起重吊装专项方案没有报审、签认，没有专职安全生产管理人员，总监理工程师应下达《工程暂停令》。

3. 事件 2 中，总监理工程师可以口头要求暂停施工。理由：在紧急事件发生或确有必要时，总监理工程师有权口头下达暂停施工指令，但在规定的时间内要书面确认。

4. 事件 2 中，建设单位、监理单位、总承包单位和设备安装分包单位各自应承担的责任及理由如下：

（1）建设单位没有责任。理由：因质量事故是由于分包单位违章作业造成的，与建设单位无关。

（2）监理单位没有责任。理由：因质量事故是由于分包单位违章作业造成的，且监理单位已尽责。

（3）总承包单位承担连带责任。理由：工程分包不能解除总承包单位的任何责任和义务。

（4）分包单位应承担责任。理由：因质量事故是由于其违反工程建设强制性标准而直接造成的。

案 例 五

背景：

某工程，建设单位将土建工程、安装工程分别发包给甲、乙两家施工单位。在合同履行过程中发生了如下事件：

事件 1：项目监理机构在审查土建工程施工组织设计时，认为脚手架工程危险性较大，要求甲施工单位编制脚手架工程专项施工方案。甲施工单位项目经理部编制了专项施工方案，凭以往经验进行了安全估算，认为方案可行，并安排质量检查员兼任施工现场安全员工作，遂将方案报送总监理工程师签认。

事件 2：乙施工单位进场后，首先进行塔吊安装。施工单位为赶工期，采用了未经项目监理机构审批的塔吊安装方案。总监理工程师发现后及时签发了《工程暂停令》，施工单位未执行总监理工程师的指令继续施工，造成塔吊倒塌，导致现场施工人员 1 死 2 伤的安全事故。

问题：

1. 指出事件 1 中脚手架工程专项施工方案编制和报审过程中的不妥之处，写出正确做法。

2. 按《建设工程安全生产管理条例》的规定，分析事件 2 中监理单位、施工单位的法律责任。

问题解析：

1. 主要考核考生对《建设工程安全生产管理条例》关于专项施工方案编制和报审程序、专职安全生产管理人员的掌握程度。《建设工程安全生产管理条例》第二十三条规定："施工单位应当设立安全生产管理机构，配备专职安全生产管理人员。"第二十六条规定，施工单位应当在施工组织设计中对达到一定规模的危险性较大的分部分项工程编制专项施工方案，并附具安全验算结果，经施工单位技术负责人、总监理工程师签字后实施，由专职安全生产管理人员进行现场监督。

2. 主要考核考生对《建设工程安全生产管理条例》中所规定的各方责任的掌握程度。

答题要点：

1. 事件 1 中：

（1）甲施工单位项目经理部凭以往经验进行安全估算不妥。正确做法：应进行安全验算。

（2）甲施工单位项目经理部安排质量检查员兼任施工现场安全员工作不妥。正确做法：应有专职安全生产管理人员进行现场安全监督工作。

（3）甲施工单位项目经理部直接将专项施工方案报送总监理工程师签认不妥。正确做法：专项施工方案应先经甲单位技术负责人签认后报送总监理工程师。

2. 事件 2 中：

（1）监理单位的责任是当施工单位未执行《工程暂停令》时，没有及时向有关主管部门报告。

（2）乙施工单位的责任是未报审安装方案，且未按指令停止施工，造成重大安全事故。

案 例 六

背景：

某实行监理的工程，实施过程中发生下列事件：

事件 1：由于吊装作业危险性较大，施工项目部编制了专项施工方案，并送现场监理员签收。吊装作业前，吊车司机使用风速仪检测到风力过大，拒绝进行吊装作业。施工项目经理便安排另一名吊车司机进行吊装作业，监理员发现后立即向专业监理工程师汇报，该专业监理工程师回答说：这是施工单位内部的事情。

事件2：监理员将施工项目部编制的专项施工方案交给总监理工程师后，发现现场吊装作业吊车发生故障。为了不影响进度，施工项目经理调来另一台吊车，该吊车比施工方案确定的吊车吨位稍小，但经安全检测可以使用。监理员立即将此事向总监理工程师汇报，总监理工程师以专项施工方案未经审查批准就实施为由，签发了停止吊装作业的指令。施工项目经理签收暂停令后，仍要求施工人员继续进行吊装。总监理工程师报告了建设单位，建设单位负责人称工期紧迫，要求总监理工程师收回吊装作业暂停令。

问题：

1. 指出事件1中专业监理工程师的不妥之处，写出正确做法。

2. 分别指出事件1和事件2中施工项目经理在吊装作业中的不妥之处，写出正确做法。

3. 分别指出事件2中建设单位、总监理工程师工作中的不妥之处，写出正确做法。

问题解析：

1. 主要考核考生对《建设工程安全生产管理条例》中有关监理单位安全生产管理职责的掌握程度。《建设工程安全生产管理条例》规定："工程监理单位在实施监理过程中，发现存在安全事故隐患的，应当要求施工单位整改"；监理单位"发现安全事故隐患未及时要求施工单位整改或者暂时停止施工的"，需承担法律责任。

2. 主要考核考生对《建设工程安全生产管理条例》中有关施工单位安全生产管理职责的掌握程度，包括：①发现安全事故隐患应及时停止作业，不得违章指挥和强令冒险作业；②专项施工方案需经施工单位技术负责人、总监理工程师签字后实施；③工程监理单位在实施监理过程中，发现存在安全事故隐患而要求施工单位暂停施工的，施工单位应服从要求。

3. 主要考核考生对《建设工程安全生产管理条例》中有关事故隐患处理规定的掌握程度。《建设工程安全生产管理条例》规定，工程监理单位在实施监理过程中，发现存在安全事故隐患的，应当要求施工单位整改；情况严重的，应当要求施工单位暂时停止施工，并及时报告建设单位。施工单位拒不整改或者不停止施工的，工程监理单位应当及时向有关主管部门报告。

答题要点：

1. 事件1中，专业监理工程师回答"这是施工单位内部的事情"不妥，应及时制止并向总监理工程师汇报。

2. 事件1、事件2中，施工项目经理的不妥之处如下：

（1）安排另一名司机进行吊装作业不妥，应停止吊装作业。

（2）专项施工方案未经总监理工程师批准便实施不妥，应经总监理工程师批准后实施。

（3）签收工程暂停令后仍要求继续吊装作业不妥，应停止吊装作业。

3. 事件2中，建设单位、总监理工程师工作中的不妥之处如下：

（1）建设单位要求总监理工程师收回吊装作业暂停令不妥，应支持总监理工程师的决定。

（2）总监理工程师未报告政府主管部门不妥，应及时报告政府主管部门。

案 例 七

背景:

某实施监理的工程,甲施工单位选择乙施工单位分包基坑支护及土方开挖工程。

施工过程中发生如下事件:

事件1:为赶工期,甲施工单位调整了土方开挖方案,并按规定程序进行了报批。总监理工程师在现场发现乙施工单位未按调整后的土方开挖方案施工并造成围护结构变形超限,立即向甲施工单位签发《工程暂停令》,同时报告了建设单位。乙施工单位未执行指令仍继续施工,总监理工程师及时报告了有关主管部门。后因围护结构变形过大引发了基坑局部坍塌事故。

事件2:甲施工单位凭施工经验,未经安全验算就编制了高大模板工程专项施工方案,经项目经理签字后报总监理工程师审批的同时,就开始搭设高大模板,施工现场安全生产管理人员则由项目总工程师兼任。

事件3:甲施工单位为便于管理,将施工人员的集体宿舍安排在本工程尚未竣工验收的地下车库内。

问题:

1. 根据《建设工程安全生产管理条例》,分析事件1中甲、乙施工单位和监理单位对基坑局部坍塌事故应承担的责任,说明理由。

2. 指出事件2中甲施工单位的做法有哪些不妥,写出正确做法。

3. 指出事件3中甲施工单位的做法是否妥当,说明理由。

问题解析:

1. 主要考核考生对施工合同履行过程中,对分包管理和安全管理责任的规定,包括:①安全事故的主要责任;②安全事故的连带责任;③监理单位的责任。

2. 主要考核考生对施工安全管理责任的规定,包括:①危险性较大工程专项施工方案的编制;②专项施工方案的提交;③监理机构对专项施工方案的审查;④施工单位专职安全员的配置。

3. 主要考核考生对安全生产管理规定的了解,主要为"未经过竣工验收的工程或部位不得使用"。

答题要点:

1. 事件1中:

(1) 乙施工单位未按批准的施工方案施工是本次生产安全事故的主要责任方。

(2) 按照总、分包的合同的规定,甲施工单位直接对建设单位承担分包工程的质量和安全责任,负责协调、监督、管理分包工程的施工。因此,甲施工单位应承担本次事故的连带责任。

(3) 监理单位在现场对乙施工单位未按调整后的土方开挖方案施工的行为及时向甲施工单位签发《工程暂停令》,同时报告了建设单位,已履行了应尽的职责。按照《建设工程安全生产管理条例》和合同约定,对本次安全生产事故不承担责任。

2. 事件2中:

（1）高大模板工程施工属于危险性较大的工程，需要在施工组织设计中编制专项施工方案。因此，甲施工单位凭施工经验未经安全验算不妥，应经安全验算并附验算结果。

（2）专项施工方案应经甲施工单位技术负责人审查签字后报总监理工程师审批，仅经项目经理签字后即报总监理工程师审批不妥。

（3）按照《建设工程安全生产管理条例》的规定，六类危险性较大工程的专项施工方案编制后，需经5人以上专家论证后才可以实施。因此，高大模板工程施工方案未经专家论证、评审不妥，应由甲施工单位组织专家进行论证和评审。

（4）按照合同规定的管理程序，施工组织设计和专项施工方案应经总监理工程师签字后才可以实施，因此，甲施工单位在专项施工方案报批的同时开始搭设高大模板不妥。

（5）在施工单位项目部的组织中，应安排专职安全生产管理人员，因此，安全生产管理人员由项目总工程师兼任不妥。

3. 事件3中：

《建设工程安全生产管理条例》明确规定，不得在尚未竣工的建筑物内设置员工集体宿舍。因此，甲施工单位将施工人员的集体宿舍安排在尚未竣工验收的地下车库内不妥。

案　例　八

背景：

某实施监理的工程，工程监理合同履行过程中发生以下事件：

事件1：为确保深基坑开挖工程的施工安全，施工项目经理亲自兼任施工现场的安全生产管理员。为赶工期，施工单位在报审深基坑开挖工程专项施工方案的同时即开始该基坑开挖。

事件2：项目监理机构履行安全生产管理的监理职责，审查了施工单位报送的安全生产相关资料。

事件3：专业监理工程师发现，施工单位使用的起重机械没有现场安装后的验收合格证明，随即向施工单位发出《监理通知单》。

问题：

1. 指出事件1中施工单位做法的不妥之处，写出正确做法。

2. 事件2中，根据《建设工程安全生产管理条例》，项目监理机构应审查施工单位报送资料中的哪些内容？

3. 事件3中，《监理通知单》应对施工单位提出哪些要求？

问题解析：

1. 主要考核考生对《建设工程安全生产管理条例》的掌握程度。《建设工程安全生产管理条例》第二十三条规定，施工单位应当设立安全生产管理机构，配备专职安全生产管理人员。第二十六条规定，土方开挖工程专项施工方案，应经施工单位技术负责人、总监理工程师签字后实施，由专职安全生产管理人员进行现场监督。

2. 主要考核考生是否掌握《建设工程安全生产管理条例》中明确的监理职责。《建设工程安全生产管理条例》第十四条明确规定："工程监理单位应当审查施工组织设计中的安全技术措施或者专项施工方案是否符合工程建设强制性标准。"

3. 主要考核考生对工程监理实施过程中发现施工单位使用的起重机械没有现场安装后的验收合格证时如何签发《监理通知单》，以确保施工安全。

答题要点：

1. 事件1中：

（1）施工项目经理兼任施工现场安全生产管理员不妥。正确做法：应安排专职安全生产管理员。

（2）施工单位在报审深基坑开挖工程专项施工方案的同时即开始深基坑开挖不妥。正确做法：应待专项施工方案报审批准后才能进行深基坑开挖。

2. 事件2中：

项目监理机构应审查施工单位报送的施工组织设计中的安全技术措施、专项施工方案是否符合工程建设强制性标准。

3. 事件3中：

专业监理工程师在《监理通知单》中应对施工单位提出下列要求：

（1）立即停止使用起重机械。

（2）由施工单位组织相关单位共同验收。

案　例　九

背景：

某工程，监理单位承担其中A、B二个施工标段的监理任务。A标段施工由甲施工单位承担，B标段施工由乙施工单位承担。

工程实施过程中发生以下事件：

事件1：A标段基础工程完工并经验收后，基础局部出现开裂。总监理工程师立即向甲施工单位下达《工程暂停令》，经调查分析，该质量缺陷是由于设计不当所致。

事件2：B标段5、6、7三个月混凝土试块抗压强度统计数据的直方图如图2-1所示。

事件3：专业监理工程师巡视时发现，甲施工单位的专职安全生产管理人员离岗，临时由乙施工单位的安全生产管理人员兼管A标段现场安全。

事件4：A标段工程设计中采用隔震抗震新技术，为此，项目监理机构组织了设计技术交底会。针对该项新技术，甲施工单位拟在施工中采用相应的新工艺。

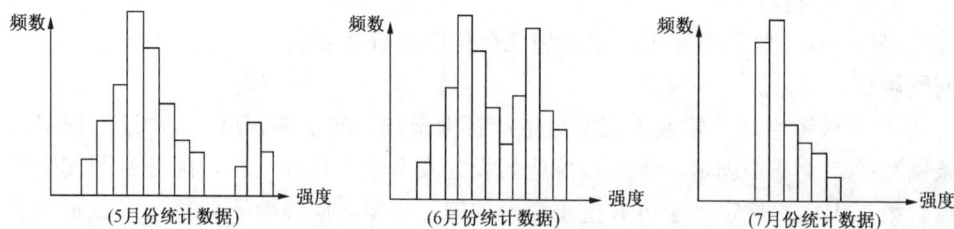

图2-1　混凝土强度统计直方图

问题：

1. 针对事件1写出项目监理机构处理基础工程质量缺陷的程序。

2. 针对事件 2 指出 5、6、7 三个月的直方图分别属于哪种类型,并分别说明其形成原因。

3. 事件 3 中,专业监理工程师应如何处理所发现的情况?

4. 事件 4 中,项目监理机构组织设计技术交底会是否妥当?针对甲施工单位拟采用的新工艺,写出项目监理机构的处理程序。

问题解析:

本案例主要考核监理机构处理质量缺陷的程序、直方图相关分析、工程参建各方质量责任等相关内容。常见的异常型直方图包括:孤岛型、双峰型、折齿型、陡壁型、偏态型、平顶型。异常型直方图种类则比较多,所以如果是异常型,要进一步判断它属于哪类异常型,以便分析原因、加以处理。解答本题,需熟练掌握《建设工程监理规范》GB/T 50319—2013 中总监理工程师处理质量缺陷的程序以及针对施工单位在施工中采用新工艺,项目监理机构的处理程序等内容。

答题要点:

1. 事件 1 中,当 A 标段基础工程完工并经验收后发现局部开裂,总监理工程师已向甲施工单位下达《工程暂停令》后,处理该质量缺陷的程序如下:

(1) 报告建设单位;

(2) 审查事故处理技术方案;

(3) 监督管理基础工程处理过程;

(4) 验收基础工程处理结果;

(5) 经建设单位同意后签发复工令。

2. 事件 2 中 5、6、7 三个月的直方图分属类型及形成原因如下:

(1) 5 月份的直方图属孤岛型,因原材料发生变化或者他人临时顶班作业而形成。

(2) 6 月份的直方图属双峰型,因两组数据相混而形成。

(3) 7 月份的直方图属绝壁型,因数据收集不正常而形成。

3. 事件 3 中,专业监理工程师巡视时发现,乙施工单位的专职安全生产管理人员离岗,应报告总监理工程师,同时签发《监理通知单》,要求乙施工单位安排专职安全生产管理人员上岗。

4.(1) 项目监理机构组织设计技术交底会不妥,应由建设单位组织召开设计技术交底会,设计单位、施工单位、监理单位参加。

(2) 针对甲施工单位在施工中采用新工艺,项目监理机构的处理程序如下:要求甲施工单位报送相应的施工工艺措施和证明材料,组织专题论证,经审定后予以签认。

案 例 十

背景:

某工程项目,在钢筋混凝土施工过程中监理人员发现:(1) 按合同约定由建设单位负责采购的一批钢筋虽供货方提供了质量合格证,但在使用前的抽检试验中材质检验不合格;(2) 在钢筋绑扎完毕后,施工总承包单位未通知监理人员检查就准备浇筑混凝土;(3) 该部位施工完毕后,混凝土浇筑时留置的混凝土试块试验结果没有达到设计要求的强度。

问题:

1. 试用因果分析图法对影响质量的大小因素进行分析。

2. 对施工过程中出现的问题,监理人员应如何处理?

3. 简述工程施工阶段隐蔽工程验收的主要项目及内容。

问题解析:

本案例主要考核运用因果分析图法分析影响质量的大小因素、监理人员对于质量问题的处理、隐蔽工程验收相关内容。因果分析法运用于项目管理中,就是以结果作为特性,以原因作为因素,逐步深入研究和讨论项目目前存在问题的方法。隐蔽工程验收的主要项目包括:基础工程、钢筋混凝土工程、防水工程、其他完工后无法检查的工程、主要部位和有特殊要求的隐蔽工程等。

答题要点:

1.（1）给出主干,在主干右端注明所要分析的质量问题——混凝土强度不足。(应将主干用粗或空箭杆表达,箭头向右)。

（2）绘出大枝,应按人、机械、材料、工艺、环境五大因素绘制,要求五大因素必须全部标出,因素名称应标于箭尾,大枝可绘成无箭头的枝状,也可绘成箭状(有箭头),但其箭头应指向主干。

（3）绘出主要的中枝,即对大枝的因素进一步分析其主要原因(例如对人的因素中,可再分为:有情绪、责任心差等)。答题时可重点分析其中重要的因素,若无特别说明应尽可能将各大枝因素绘出中枝,并标明中枝的内容。用箭杆表示的中枝,箭头要指向大枝。

（4）绘出必要的小枝,即对某个中枝分析出的问题进一步分析其产生的原因(例如对中枝"有情绪"再分为:分工不当、福利差等)。用箭杆表示的小枝,箭头要指向中枝。

（5）分析更深入的原因,完成因果分析图。

2. 对施工过程中出现的问题,监理人员应:

（1）指令承包单位禁止使用该批钢筋,通知建设单位、总承包单位共同研究处理方案。如该批钢筋不能用于工程即指令退场;如可降级使用,应与建设、设计、总承包单位共同确定处理方案。

（2）指令施工单位不得进行混凝土的浇筑。监理人员收到施工单位报验单后按验收标准检查验收,合格后签署钢筋隐蔽工程报验申请表。如钢筋隐蔽检查不合格,应禁止混凝土的浇筑并通知承包单位对钢筋工程返修或返工。

（3）混凝土试块强度不够,指令停止相关部位继续施工;请具有资质的法定检测单位进行该部分混凝土结构的检测;检测结果如能达到设计要求,监理工程师予以验收;经检验达不到设计要求,但经原设计单位核算认为能够满足结构安全和使用功能要求的予以验收;否则进行返修或加固处理,经返修或加固处理仍不能满足安全使用要求的,不予验收。

3. 隐蔽工程验收的主要项目及内容如表 2-1 所示。

隐蔽工程验收的主要项目及内容 表 2-1

序号	项 目	内 容
1	基础工程	基础标高尺寸、基础断面尺寸，桩的位置、数量
2	钢筋混凝土工程	钢筋品种、规格、数量、位置、焊接、接头、预埋件，材料代用
3	防水工程	屋面、地下室、水下结构的防水做法、防水措施质量
4	其他完工后无法检查的工程、主要部位和有特殊要求的隐蔽工程	

案 例 十 一

背景：

某高速公路工程施工中，项目监理机构收集了一个月的混凝土试块强度资料，画出直方图 2-2，已知 $T_u=31MPa$；$T_L=23MPa$，确定的试配强度为 26.5MPa。

混凝土拌制工序的施工采用两班制。

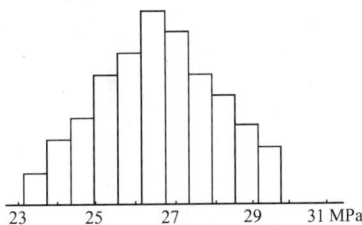

图 2-2　混凝土试块强度直方图

问题：

1. 通过混凝土拌制工序直方图的分析，监理工程师对工序所处的状态可得出哪些结论？

2. 若直方图呈双峰型，可能是什么原因造成的？

3. 若直方图呈孤岛型，可能是什么原因造成的？

4. 直方图有什么特点？绘制、分析和应用直方图时应注意哪些事项？

5. 直方图有何用途？

6. 常用的基本工具和方法中，除直方图外还有哪些？

问题解析：

本案例主要考核对直方图的分析、绘制和分析直方图时应注意的事项、直方图的用途等相关内容。直方图的作用包括：观察分析和掌握质量分布规律；判断生产过程是否正常；制定质量标准，确定公差范围；估计工序不合格品率的高低；评价施工管理水平。

答题要点：

1. 通过该混凝土拌制工序直方图的分析，监理工程师对工序所处的状态可得出如下结论：

（1）混凝土拌制工序状态稳定；

（2）试配强度不当，应适当提高试配强度使其处于公差带中心；混凝土强度向下限波动时，会出现不合格品。

2. 若直方图呈双峰型，是由于两种不同的分布（两个班组数据形成的分布不同）造成的。

3. 若直方图呈孤岛型，是由于不熟练工人临时替班所造成的。

4.（1）直方图属于静态的，不能反映质量特性动态的变化。

（2）绘制和分析直方图时应注意 n 取值应大于 50；注意分层，避免直方图出现异常，特别是出现双峰分布时；直方图是正态分布时，为了得到更多信息，可进一步求解 X、S 等值。

5. 直方图用途如下：

（1）观察分析和掌握质量分布规律；

（2）判断生产过程是否正常；

（3）制定质量标准，确定公差范围；

（4）估计工序不合格品率的高低；

（5）评价施工管理水平。

6. 除直方图外的常用基本工具和方法：

（1）分层法；

（2）调查表法；

（3）因果分析图法；

（4）排列图法；

（5）相关图法；

（6）控制图法。

案 例 十 二

背景：

某实施监理的工程，工程实施过程中发生以下事件：

事件1：专业监理工程师在熟悉图纸时发现，基础工程部分设计内容不符合国家有关工程质量标准和规范。总监理工程师随即致函设计单位要求改正并提出更改建议方案。设计单位研究后，口头同意了总监理工程师的更改方案，总监理工程师随即将更改的内容写入监理通知单，通知甲施工单位执行。

事件2：甲施工单位组织工程竣工预验收后，向项目监理机构提交了工程竣工报验单。项目监理机构组织工程竣工验收后，向建设单位提交了工程质量评估报告。

问题：

1. 请指出事件1中总监理工程师上述行为的不妥之处并说明理由。总监理工程师应如何正确处理？

2. 指出事件2中的不妥之处，写出正确做法。

问题解析：

本案例主要考核监理工程师对设计文件中存在质量问题的处理程序，以及《建设工程质量管理条例》、《建设工程监理规范》GB/T 50319—2013 中有关竣工验收的相关规定。

答题要点：

1. 事件 1 中总监理工程师的行为有下列不妥之处：

（1）总监理工程师直接致函设计单位不妥。

理由：违反《建设工程质量管理条例》第二十八条规定。

正确做法：发现问题应向建设单位报告，由建设单位向设计单位提出更改要求。

（2）总监理工程师在取得设计变更前签发变更指令不妥。

理由：违反了《建设工程监理规范》GB/T 50319—2013 中工程变更处理程序。

正确做法：取得设计变更文件后，总监理工程师应结合实际情况对变更费用和工期进行评估，并就评估情况和建设单位、施工单位协调后签发变更指令。

（3）总监理工程师进行设计变更不妥。

理由：违反了《建设工程质量管理条例》第二十八条规定。

正确做法：总监理工程师应组织专业监理工程师对变更要求进行审查、通过后报建设单位转交设计单位，当变更涉及安全、环保等内容时，应经有关部门审定。

2.（1）甲施工单位组织工程竣工预验收不妥。工程竣工预验收应由项目监理机构组织。

（2）项目监理机构组织工程竣工验收不妥。工程竣工验收应由建设单位（或验收委员会）组织。

（3）项目监理机构在工程竣工验收后向建设单位提交工程质量评估报告不妥。项目监理机构应在工程竣工验收前向建设单位提交工程质量评估报告。

案 例 十 三

背景：

某工程，建设单位与甲施工单位按照《建设工程施工合同（示范文本）》签订了施工合同。经建设单位同意，施工单位选择了乙施工单位作为分包单位。在合同履行中，发生了如下事件：甲施工单位向建设单位提交了工程竣工验收报告后，建设单位于 2012 年 9 月 20 日组织勘察、设计、施工、监理等单位竣工验收，工程竣工验收通过，各单位分别签署了质量合格文件。因使用需要，建设单位于 2012 年 10 月初要求乙施工单位按其示意图在已验收合格的承重墙上开车库门洞，并于 2012 年 10 月底正式将该工程投入使用。2013 年 2 月该工程给排水管道大量漏水，经监理单位组织检查，确认是因开车库门洞施工时破坏了承重结构所致。建设单位认为工程还在保修期，要求甲施工单位无偿修理。建设行政主管部门对责任单位进行了处罚。

问题：

1. 根据《建设工程质量管理条例》，指出事件中建设单位做法的不妥之处，说明理由。

2. 根据《建设工程质量管理条例》，事件中建设行政主管部门是否应对建设单位、监理单位、甲施工单位、乙施工单位进行处罚？说明理由。

问题解析：

本案例主要考核《建设工程质量管理条例》中工程质量问题和质量事故处理的相关内容。依法批准开工报告的建设工程，建设单位应当自开工报告批准之日起15日内，将保证安全施工的措施报送建设工程所在地的县级以上地方人民政府建设行政主管部门或者其他有关部门备案。

答题要点：

1. 根据《建设工程质量管理条例》第四十九条、第十五条和第三十二条，事件中：

（1）不妥之处：未按条例要求时限备案。理由：按条例规定于验收合格后15日备案。

（2）不妥之处：要求乙施工单位在承重墙上按示意图开洞。理由：应通过设计单位同意。

（3）不妥之处：要求甲施工单位无偿修理。理由：不属于保修范围，在已验收合格的承重墙开门洞而造成的管道破坏，由乙施工单位修理。

2. 根据《建设工程质量管理条例》第五十六条和第六十九条，事件中：

（1）对建设单位应予处罚。理由：未按时备案、未通过设计开门洞。

（2）对监理单位不应处罚。理由：工程已验收合格。

（3）对甲施工单位不应处罚。理由：工程已验收完成，分包合同已解除。

（4）对乙施工单位应予处罚。理由：对涉及承重墙的改造，无设计图纸施工。

案 例 十 四

背景：

某工程项目，建设单位与施工总承包单位按《建设工程施工合同（示范文本）》GF-2013-0201签订了施工承包合同，并委托某监理公司承担施工阶段的监理任务。施工总承包单位将桩基工程分包给一家专业施工单位。竣工验收时，总承包单位完成了自查、自评工作，填写了工程竣工报验单，并将全部竣工资料报送项目监理机构，申请竣工验收。总监理工程师认为施工过程中均按要求进行了验收，即签署了竣工报验单，并向建设单位提交了质量评估报告。建设单位收到监理单位提交的工程质量评估报告后，即将该工程正式投入使用。

问题：

1. 指出工程竣工验收时，总监理工程师在执行验收程序方面的不妥之处，写出正确做法。

2. 建设单位收到监理单位提交的工程质量评估报告，即将该工程正式投入使用的做法是否正确？说明理由。

问题解析：

本案例主要考核对工程竣工预验收程序和组织的掌握程度，以及对竣工正式验收程序和组织的掌握程度。总监理工程师在收到工程竣工验收申请后，应组织工程预验收。经对竣工资料和现场实物验收后，总监理工程师签署工程竣工报验单，并向建设单位提交工程质量评估报告。建设单位在收到工程验收报告后，应组织设计、施工、监理等单位进行工程验收。对需要整改的问题由监理单位督促施工承包单位整改，直至验收合格并由各方签署竣工验收报告，并在建设行政主管部门备案后方可使用。

答题要点：

1. 工程竣工验收时，总监理工程师在执行验收程序方面的不妥之处为总监理工程师未组织工程竣工预验收。

正确做法：总监理工程师在收到工程竣工验收申请后，应组织工程预验收。即应组织专业监理工程师对竣工资料及各专业工程的质量情况全面检查，对检查出的问题，应督促承包单位及时整改，对需要进行功能试验的项目应督促承包单位及时进行试验，并对重点项目进行监督检查，必要时请建设单位和设计单位参加，并应认真审查试验报告单，督促承包单位搞好成品保护和现场清理。经对竣工资料和现场实物验收后，总监理工程师签署工程竣工报验单，并向建设单位提交质量评估报告。

2. 建设单位收到监理单位提交的工程质量评估报告，即将该工程正式投入使用的做法不正确。

理由：建设单位在收到工程验收报告后，应组织设计、施工、监理等单位进行工程验收。对需要整改的问题由监理单位督促施工承包单位整改，直至验收合格并由各方签署竣工验收报告，并在建设行政主管部门备案后方可使用。

案 例 十 五

背景：

某工程，建设单位委托监理单位承担施工阶段监理任务。在施工过程中，发生如下事件：

事件1：专业监理工程师检查钢筋电焊接头时，发现存在质量问题（表2-2），随即向施工单位签发了《监理通知单》要求整改。施工单位提出，是否整改应视常规批量抽检结果而定。在专业监理工程师见证下，施工单位选择有质量问题的钢筋电焊接头作为送检样品，经施工单位技术负责人封样后，由专业监理工程师送往预先确定的试验室，经检测，结果合格。于是，总监理工程师同意施工单位不再对该批电焊接头进行整改。在随后的月度工程款支付申请时，施工单位将该检测费用列入工程进度款中，要求一并支付。

钢筋电焊接头质量问题统计 表2-2

序号	质量问题	数 量	序号	质量问题	数 量
1	裂纹	8	4	咬边	104
2	气孔	20	5	焊瘤	14
3	夹渣	54			

事件2：专业监理工程师在检查混凝土试块强度报告时，发现下部结构有一个检验批内的混凝土试块强度不合格，经法定检测单位对相应部位实体进行测定，强度未达到设计要求。经设计单位验算，实体强度不能满足结构安全的要求。

问题：

1. 根据表 2-2，采用排列图法列表计算质量问题累计频率，并分别指出哪些是主要质量问题、次要质量问题和一般质量问题。

2. 指出事件 1 中施工单位的提法及施工单位与项目监理机构做法的不妥之处，写出正确做法并说明理由。

3. 按《建设工程监理规范》GB/T 50319—2013 的规定，写出项目监理机构对事件 2 的处理程序。

问题解析：

本案例主要考核对排列图法的掌握程度，对发现质量问题后试件的抽样、封样、送样和对抽检结果的判别及试验费用的支付的掌握程度，以及对《建设工程监理规范》GB/T 50319—2013 的掌握程度。

答题要点：

1. 事件 1 中，质量问题的累计频率如表 2-3 所示：

质量问题的累计频率　　　　　　　表 2-3

序号	存在的问题	数　量	频　率	累计频率（%）
1	咬边	104	52.0	52.0
2	夹渣	54	27.0	79.0
3	气孔	20	10.0	89.0
4	焊瘤	14	7.0	96.0
5	裂纹	8	4.0	100.0
合计		200	100	

根据上述分析，钢筋电焊接头的主要质量问题：咬边和夹渣；次要质量问题：气孔；一般质量问题：焊瘤和裂纹。

2. 事件 1 中：施工单位提出是否整改应视钢筋接头焊接质量批量抽检结果而定不妥，因质量缺陷超出规范允许值，对发现的质量问题均应进行整改，与抽检结果无关。施工单位选择有质量问题的电焊接头作为送检样品不妥，应随机抽样。施工单位的技术负责人对送检样品封样不妥，应由负责见证取样的专业监理工程师对送检样品封样。试件由专业监理工程师送往试验室不妥，应由施工单位送往试验室。总监理工程师根据试件检测合格的结果同意施工单位不再对该批电焊接头进行整改不妥，应要求施工单位对质量问题进行整改。最后，施工单位将该试验费用列入工程进度款中要求一并支付不妥，因为，钢筋接头抽检属常规检验，不应另行计费。

3. 事件 2 中，由于混凝土试块经检测强度不合格，经法定检测单位对相应部位实体进行测定，强度未达到设计要求。经设计单位验算，实体强度不能满足结构安全的要求，属重大质量隐患，因此，总监理工程师应签发《工程暂停令》，责令施工单位报送质量事故调查报告和经设计单位等相关单位认可的处理方案，项目监理机构应对质量事故的处理过程和处理结果进行跟踪检查和验收，验收合格后由总监理工程师签发《工程复工令》，总监理工程师应及时向建设单位及本监理单位提交有关质量事故的书面报告，并应将完整的质量事故处理记录整理归档。

案 例 十 六

背景：

某工程，建设单位委托监理单位实施施工阶段监理。按照施工总承包合同约定，建设单位负责空调设备和部分工程材料的采购，施工总承包单位选择桩基施工和设备安装两家分包单位。

在施工过程中，发生如下事件：

事件1：专业监理工程师对使用商品混凝土的现浇结构验收时，发现施工现场混凝土试块的强度不合格，拒绝签字。施工单位认为，建设单位提供的商品混凝土质量存在问题；建设单位认为，商品混凝土质量证明资料表明混凝土质量没有问题。经法定检测机构对现浇结构的实体进行检测，结果为商品混凝土质量不合格。

事件2：在给水管道验收时，专业监理工程师发现部分管道渗漏。经查，是由于设备安装单位使用的密封材料存在质量缺陷所致。

问题：

1. 针对事件1中现浇结构的质量问题，建设单位、监理单位和施工总承包单位是否应承担责任？说明理由。

2. 写出专业监理工程师对事件2中质量缺陷的处理程序。

问题解析：

本案例主要考核对《建设工程质量管理条例》中各方责任的理解和掌握程度，以及对《建设工程监理规范》GB/T 50319—2013的掌握程度。

答题要点：

问题1：

答：事件1中，建设单位应当承担责任，因为，根据《建设工程质量管理条例》第十四条，建设单位未提供合格的商品混凝土；监理单位不承担责任，因为《建设工程质量管理条例》第三十七条，监理工程师拒绝签认不合格的商品混凝土，使施工单位不能进行下一道工序施工；施工总承包单位不承担责任，因为建设单位提供的商品混凝土的质量与证明材料不符。

问题2：

答：事件2中，专业监理工程师应向施工总包单位签发《监理通知单》，由施工总包单位落实设备安装分包单位整改。专业监理工程师应检查和督促整改过程，并验收整改结果，合格后予以签认。

案 例 十 七

背景：

某实施监理的工程，建设单位分别与甲、乙施工单位签订了土建工程施工合同和设备安装工程施工合同，与丙单位签订了设备采购合同。

工程实施过程中发生下列事件：

事件1：项目监理机构检查甲施工单位的某分项工程质量时，发现试验检测数据异常，便再次对甲施工单位试验室的资质等级及其试验范围、本工程试验项目及要求等内容进行了全面考核。

事件2：为了解设备性能，有效控制设备制造质量，项目监理机构指令乙施工单位指派专人进驻丙单位，与专业监理工程师共同对丙单位的设备制造过程进行质量控制。

问题：

1. 事件1中，项目监理机构还应从哪些方面考核甲施工单位的试验室？

2. 事件2中，项目监理机构指令乙施工单位派专人进驻丙单位的做法是否正确？说明理由。

问题解析：

本案例主要考查监理机构考核施工单位试验室要点、工程参建各方质量责任等。监理机构应从试验室的管理制度、试验人员的资格证书、试验设备有效的计量检定证等3方面考查施工单位的试验室。对于设备制造由建设单位单独发包的工程，设备制造质量控制不属于安装单位的职责。

答题要点：

1. 事件1中项目监理机构还应从以下3个方面考核甲施工单位的试验室：试验室的管理制度、试验人员的资格证书、试验设备有效的计量检定证。

2. 事件2中该做法不正确。理由：因为设备制造由建设单位单独发包，设备制造质量控制不属于安装单位的职责。

案 例 十 八

背景：

某实施监理的工程，施工单位按合同约定将打桩工程分包。施工过程中发生如下事件：

事件1：主体工程施工过程中，专业监理工程师发现已浇筑的钢筋混凝土工程出现质量问题。经分析，有下列原因：①现场施工人员未经培训；②混凝土浇筑顺序不当；③振捣器性能不稳定；④雨天进行钢筋焊接；⑤施工场地狭窄；⑥钢筋锈蚀严重。

事件2：施工单位因违规作业发生一起质量事故，该事故发生后，总监理工程师签发《工程暂停令》。事故调查组进行调查后，出具了事故调查报告。项目监理机构接到事故调查报告后，按程序对该质量事故进行了处理。

问题:

1. 针对事件 1 将项目监理机构分析的①～⑥项原因分别归入影响工程质量的五大要因（人员、机械、材料、方法、环境）之中，并绘制因果分析图。

2. 写出项目监理机构接到事故调查报告后对该事故的处理程序。

问题解析:

本案例考查工程质量事故划分等级和项目监理机构对于质量事故的处理程序。我国现行对工程质量通常采用按造成损失严重程度进行分类，其基本分类如下：（1）特别重大事故，是指造成 30 人以上死亡，或者 100 人以上重伤（包括急性工业中毒，下同），或者 1 亿元以上直接经济损失的事故；（2）重大事故，是指造成 10 人以上 30 人以下死亡，或者 50 人以上 100 人以下重伤，或者 5000 万元以上 1 亿元以下直接经济损失的事故；（3）较大事故，是指造成 3 人以上 10 人以下死亡，或者 10 人以上 50 人以下重伤，或者 1000 万元以上 5000 万元以下直接经济损失的事故；（4）一般事故，是指造成 3 人以下死亡，或者 10 人以下重伤，或者 1000 万元以下直接经济损失的事故。项目监理机构接到事故调查报告后首先要求施工单位提出事故处理方案，经建设、设计、监理单位审查同意并共同签认后由施工单位执行；监督检查施工单位按签认的处理方案进行返修、加固处理；检查验收事故处理后的工程质量；工程质量满足要求后，签发《工程复工令》。

答题要点:

1. 事件 1 中，钢筋混凝土质量问题因果分析图如图 2-3 所示：

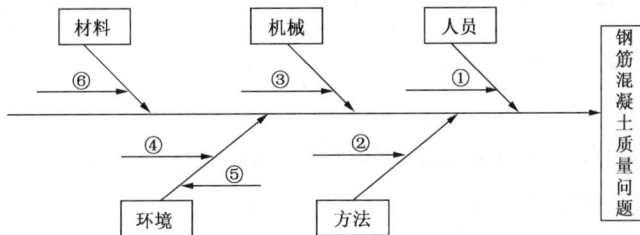

图 2-3　钢筋混凝土质量问题因果分析图

2. 项目监理机构接到事故调查报告后对该事故的处理程序应为：

①首先要求施工单位提出事故处理方案，经建设、设计、监理单位审查同意并共同签认后，由施工单位执行；

②监督检查施工单位按签认的处理方案进行返修、加固处理；

③检查验收事故处理后的工程质量；

④工程质量满足要求后，签发《工程复工令》。

案 例 十 九

背景:

某建筑公司承接了一项综合楼任务，建筑面积 100828m²，地下 3 层，地上 26 层，箱形基础，主体为框架剪力墙结构。该项目地处城市主要街道交叉路口，是该地区的标志性建筑物。因此，施工单位在施工过程中加强了对工序质量的控制。

在第5层楼板钢筋隐蔽工程验收时，监理工程师发现整个楼板受力钢筋型号不对、位置放置错误，施工单位非常重视，及时进行了返工处理。

在第10层混凝土部分试块检测时，监理工程师发现强度达不到设计要求，但实体经有资质的检测单位检测鉴定，强度达到了设计要求。由于加强了预防和检查，没有再发生类似情况。

该楼最终顺利完工，达到验收条件后，建设单位组织了竣工验收。

问题：

1. 指出第5层钢筋隐蔽工程验收要点。

2. 第10层的质量问题是否需要处理？说明理由。

3. 如果第10层实体混凝土强度经检测达不到要求，施工单位应如何处理？

问题解析：

本案例主要考查钢筋隐蔽工程验收的要点、混凝土试块检测要点、施工单位处理质量问题的措施。钢筋隐蔽工程验收内容包括：钢筋的连接方式、接头位置、接头数量、接头面积百分率等；纵向受力钢筋的品种、数量、规格、位置等；箍筋、横向钢筋的品种、数量、规格、间距等；预埋件的品种、规格、数量、位置等。实体混凝土强度经检测达不到要求，施工单位应请设计单位核算，如果能够满足结构安全，可以予以验收；如果不能满足结构安全，请设计单位编制技术处理方案，经监理工程师审核确认后，由施工单位进行处理。经加固补强后能够满足结构安全，可以予以验收；经加固补强后仍不能满足结构安全的，应返工重做。

答题要点：

1. 验收要点为：

(1) 钢筋的连接方式、接头位置、接头数量、接头面积百分率等；

(2) 纵向受力钢筋的品种、数量、规格、位置等；

(3) 箍筋、横向钢筋的品种、数量、规格、间距等；

(4) 预埋件的品种、规格、数量、位置等。

2. 第10层的质量问题不需要处理。理由：经有资质的检测单位鉴定强度达到了设计要求，可以予以验收。

3. 处理程序为：

(1) 请设计单位核算，如果能够满足结构安全，可以予以验收；

(2) 如果不能满足结构安全，请设计单位编制技术处理方案，经监理工程师审核确认后，由施工单位进行处理；

(3) 经加固补强后能够满足结构安全，可以予以验收；

(4) 经加固补强后仍不能满足结构安全的，应返工重做。

案 例 二 十

背景：

某办公楼工程，基坑开挖完成后，经施工总承包单位申请，总监理工程师组织勘察、设计单位的项目负责人和施工总承包单位的相关人员等进行验槽。首先，验收小组经检验确认了该基础不存在空穴、古墓、古井及其他地下埋设物；其次，根据勘察单位项目负责人的建议，验收小组仅核对基坑的位置之后就结束了验收工作。

问题：

1. 验槽的组织方式是否妥当？

2. 基坑验槽还包括哪些内容？

3. 该综合楼达到什么条件后方可竣工验收？

问题解析：

本案例主要考查验槽的组织方式、验槽内容、单位工程竣工验收标准。基坑挖至基底设计标高并清理后，施工单位必须会同勘察、设计、建设（或监理）等单位共同进行验槽，合格后方能进行基础工程施工。验槽的主要内容包括核对基坑的位置、平面尺寸、坑底标高；核对基坑土质和地下水情况；检查空穴、古墓、古井的位置、深度；检查基槽边坡外缘与附近建筑物的距离；检查核实分析钎探资料，对存在的异常点位进行复核检查。单位工程竣工验收应当具备的条件：完成设计和合同约定的各项内容；有完整的技术档案和施工管理资料；有工程使用的主要建筑材料、建筑构配件和设备的进场试验报告；有勘察、设计、施工、工程监理等单位分别签署的质量合格文件；有施工单位签署的工程保修书。

答题要点：

1. 验槽的组织方式不妥，因建设单位项目负责人也应参加基坑验槽。

2. 基坑验槽还应包括：

（1）检查基槽的开挖平面位置、尺寸、槽底深度是否符合设计要求；

（2）检查坑底坑壁土质、地下水情况是否与勘察报告相符合；

（3）检查基坑边坡外缘与邻近建筑物的距离，对邻近建筑物稳定性的影响；

（4）审查分析钎探资料，对存在的异常点进行复核检查。

3. 单位工程竣工验收应当具备下列条件：

（1）完成设计和合同约定的各项内容；

（2）有完整的技术档案和施工管理资料；

（3）有工程使用的主要建筑材料、建筑构配件和设备的进场试验报告；

（4）有勘察、设计、施工、工程监理等单位分别签署的质量合格文件；

（5）有施工单位签署的工程保修书。

案例二十一

背景：

某工程项目合同工期为 20 个月，建设单位委托某监理公司承担施工阶段监理任务。经总监理工程师审核批准的施工进度计划如图 2-4 所示（时间单位：月），各项工作均匀速施工。

问题 1：如果工作 B、C、H 要由一个专业施工队顺序施工，在不改变原施工进度计划总工期和工作工艺关系的前提下，如何安排该三项工作最合理？此时该专业施工队最少的工作间断时间为多少？

第二部分

由于建设单位负责的施工现场拆迁工作未能按时完成，总监理工程师口头指令承包单位开工日期推迟4个月，工期相应顺延4个月，鉴于工程未开工，因延期开工给承包单位造成的损失不予补偿。

问题2： 指出总监理工程师做法的不妥之处，并写出相应的正确做法。

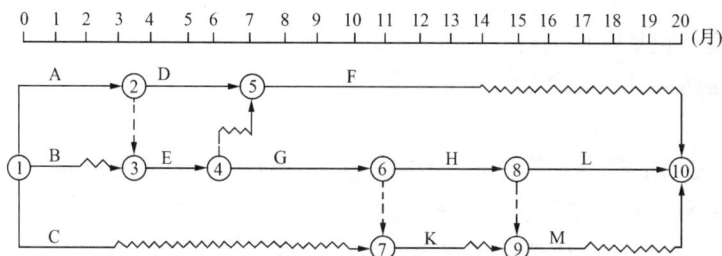

图2-4　施工进度计划

推迟4个月开工后，当工作G开始时检查实际进度，发现此前施工进度正常。此时，建设单位要求仍按原竣工日期完成工程，承包单位提出如下赶工方案，得到总监理工程师的同意。

该方案将G、H、L三项工作均分成两个施工段组织流水施工，数据见表2-4。

施工段及流水节拍　　　　　　　　　　　　　　　　表2-4

流水节拍（月）　　　　　施工段 工　作	①	②
G	2	3
H	2	2
L	2	3

问题3： G、H、L三项工作流水施工的工期为多少？此时工程总工期能否满足原竣工日期的要求？为什么？

问题解析：

1. 考核考生是否掌握时标网络计划中时间参数的判定方法。

2. 考核考生是否掌握工程延期的申报与审批。

3. 考核考生是否掌握非节奏流水施工中流水步距及流水施工工期的计算方法。

答题要点：

1. （1）如果不改变原施工进度计划总工期和工作工艺关系，工作B在第2月初开始，第3月底结束；工作C在第4月初开始，第6月底结束（或安排在4~6、5~7、6~8、7~9、8~10、9~11月均可）；工作H开始时间不变。这样安排B、C、H三项工作最合理。

（2）此时B、C、H三项工作的专业施工队最少的工作间断时间为5个月。

2. （1）由于建设单位负责的施工现场拆迁工作未能按时完成，总监理工程师口头指令承包单位开工日期推迟不妥。正确做法：总监理工程师应以书面形式通知承包单位，推迟开工日期并相应顺延工期。

（2）由于建设单位负责的施工现场拆迁工作未能按时完成，工期顺延后，鉴于工程未开工，因延期开工给承包单位造成的损失不予补偿不妥。正确做法：应补偿承包单位因延期开工造成的损失。

3.（1）G、H、L 三项工作流水施工的工期计算如下：

1）错位相减求得差数列：

G 与 H 间   H 与 L 间
　　2，5　　　　　　2，4
　－　　2，4　　　－　　2，5
　──────────　　　──────────
　　2，3，−4　　　　2，2，−5

2）在差数列中取最大值求得流水步距：

G 与 H 间的流水步距：$K_{G,H} = \max(2,3,-4) = 3$（月）；

H 与 L 间的流水步距：$K_{H,L} = \max(2,2,-5) = 2$（月）；

G、H、L 三项工作的流水施工工期为：$(3+2)+(2+3) = 10$（月）。

注：此题也可直接应用图 2-5 分析得出流水施工工期：

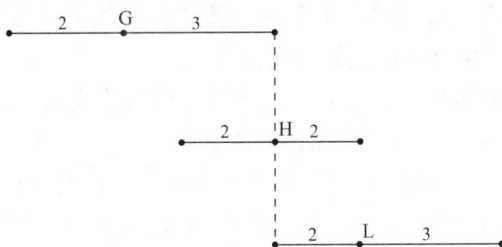

图 2-5　流水工期分析过程

流水工期＝3 ＋2 ＋2 ＋3 ＝10（月）

（2）此时工程总工期为：4 ＋6 ＋10 ＝ 20（月），可以满足原竣工日期要求。

案例二十二

背景：

某工程项目的施工招标文件中表明该工程采用综合单价计价方式，工期为 15 个月。承包单位投标所报工期为 13 个月。合同总价确定为 8000 万元。合同约定：实际完成工程量超过估计工程量 25％以上时允许调整单价；拖延工期每天赔偿金为合同总价的 1‰，最高拖延工期赔偿限额为合同总价的 10％；若能提前竣工，每提前 1 天的奖金按合同总价的 1‰计算。

承包单位开工前编制并经总监理工程师认可的施工进度计划如图 2-6 所示。施工过程中发生了以下 4 个事件，致使承包单位完成该项目的施工实际用了 15 个月。

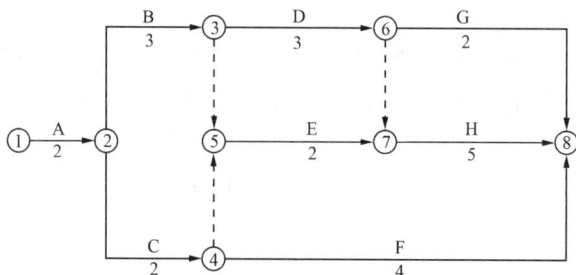

图 2-6   施工进度计划

事件 1：A、C 两项工作为土方工程，工程量均为 16 万 m^3，土方工程的合同单价为 16 元/m^3。实际工程量与估计工程量相等。施工按计划进行 4 个月后，总监理工程师以设计变更通知发布新增土方工程 N 的指示。该工作的性质和施工难度与 A、C 工作相同，工程量为 32 万 m^3。N 工作在 B 和 C 工作完成后开始施工，且为 H 和 G 的紧前工作。总监理工程师与承包单位依据合同约定协商后，确定的土方变更单价为 14 元/m^3。承包单位计划用 4 个月完成。3 项土方工程均租用 1 台机械开挖，机械租赁费为 1 万元/月·台。

事件 2：F 工作，因设计变更等待新图纸延误 1 个月。

事件 3：G 工作由于连续降雨累计 1 个月导致实际施工 3 个月完成，其中 0.5 个月的日降雨量超过当地 30 年气象资料记载的最大强度。

事件 4：H 工作由于分包单位施工的工程质量不合格造成返工，实际 5.5 个月完成。

由于以上事件，承包单位提出以下索赔要求：

(1) 顺延工期 6.5 个月。理由是：完成 N 工作 4 个月；变更设计图纸延误 1 个月；连续降雨属于不利的条件和障碍影响 1 个月；监理工程师未能很好地控制分包单位的施工质量应补偿工期 0.5 个月。

(2) N 工作的费用补偿＝16 元/m^3×32 万 m^3＝512（万元）。

(3) 由于第 5 个月后才能开始 N 工作的施工，要求补偿 5 个月的机械闲置费 5 月×1 万元/月·台×1 台＝5（万元）。

问题：

1. 请对以上施工过程中发生的 4 个事件进行合同责任分析。

2. 根据总监理工程师认可的施工进度计划，应给承包单位顺延的工期是多少？说明理由。

3. 确定应补偿承包单位的费用，并说明理由。

4. 分析承包单位应获得工期提前奖励还是承担拖延工期违约赔偿责任，并计算其金额。

问题解析：

1. 考核考生是否掌握合同管理中的责任划分原则。

2. 考核考生是否掌握网络计划中时间参数的计算方法及工期索赔的处理原则。

3. 考核考生是否掌握费用索赔的计算。

4. 考核考生是否掌握工期延误的确定及拖延工期赔偿费的计算。

答题要点：

1.（1）对于事件1，新增工作 N 属变更事项，为建设单位责任，应延长总工期和补偿费用。

（2）对于事件2，F 工作等待变更图纸属建设单位责任。

（3）对于事件3，G 工作施工过程中因降雨而停止 1 个月，其中 0.5 个月属于有经验承包单位不能合理预见的，另外 0.5 个月属承包单位应承担的风险。

（4）对于事件4，分包商施工应由总承包单位负责管理，因此，分包商施工质量导致的损害按合同约定属于承包单位承担责任的范围。

2.（1）由于工作 N、F、G 进度拖后属于可顺延工期的情况，因此，考虑事件 1～3 后形成的网络计划如图 2-7 所示。

（2）从分析结果可以看出，总工期为 14 个月。而合同工期应为承包单位投标书中承诺的 13 个月。因此，应给承包单位顺延工期 1 个月。

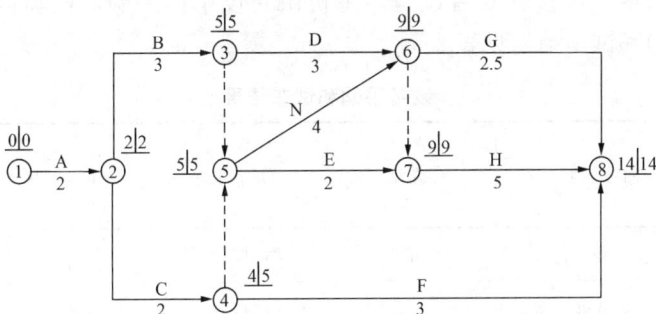

图 2-7　基于事件 1～3 的网络计划

3. 应补偿承包单位的费用计算如下：

（1）工程量清单中计划土方＝16 ＋16 ＝ 32（万 m³）；

（2）新增土方工程量＝32（万 m³）；

（3）应由原单价计算的新增工程量＝32×25％ ＝8（万 m³）；

（4）追加土方工程款＝8 万 m³×16 元/m³＋(32 −8)万 m³×14 元/ m³＝464(万元)；

（5）由于是租用机械开挖，A、C 两项土方工程按计划完成，N 工作可另行租用机械，不存在机械闲置问题，因此，机械闲置费不予补偿。

4. 顺延工期 1 个月后，合同工期应为 14 个月。由于实际工期为 15 个月，故承包单位应承担 1 个月的拖延工期违约赔偿责任。

拖延工期赔偿费＝ 8000 万元×0.001×30 天＝ 240（万元）＜最高赔偿限额＝ 8000 万元×10％ ＝ 800（万元），故拖延工期赔偿费为 240 万元。

案例二十三

背景：

某实施监理的工程项目，在基础施工时，施工人员发现了有研究价值的古墓，监理机构及时采取措施并按有关程序处理了该事件。

设备安装工程开始前，施工单位依据总进度计划的要求编制了如图 2-8 所示的设备安装双代号网络进度计划（时间单位：天），并得到了总监理工程师批准。

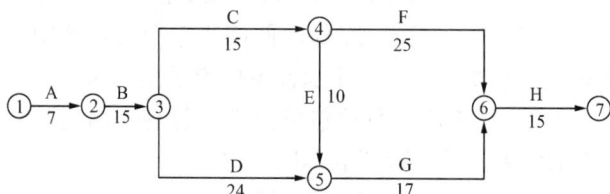

图 2-8　设备安装双代号网络进度计划

依据施工合同的约定，设备安装完成后应进行所有单机无负荷试车和整个设备系统的无负荷联动试车。本工程共有 6 台设备，主机由建设单位采购，配套辅机由施工单位采购，各台设备采购和试车结果见表 2-5。

设备采购和试车结果　　　　　　　　　　　　　　　　　　表 2-5

工作	工作内容	采购者	设备安装及第一次试车结果	第二次试车结果
A	设备安装工程准备工作	建设单位	正常，按计划进行	通过
B	1 号设备安装及单机无负荷试车	施工单位	安装质量事故初次试车没通过，费用增加 1 万元，时间增加 1 天	通过
C	2 号设备安装及单机无负荷试车	施工单位	安装工艺原因初次试车没通过，费用增加 3 万元，时间增加 1 天	通过
D	3 号设备安装及单机无负荷试车	施工单位	设计原因初次试车没通过，费用增加 2 万元，时间增加 4 天	通过
E	4 号设备安装及单机无负荷试车	施工单位	设备原材料原因初次试车没通过，费用增加 4 万元，时间增加 1 天	通过
F	5 号设备安装及单机无负荷试车	施工单位	设备制造原因初次试车没通过，费用增加 5 万元，时间增加 3 天	通过
G	6 号设备安装及单机无负荷试车	施工单位	一次试车通过	
H	整个设备安装及单机无负荷试车		建设单位指令错误初次试车没通过，费用增加 6 万元，时间增加 1 天	通过

问题：

1. 简述项目监理机构处理古墓事件的程序，并分析由此事件导致的费用增加由谁承担？工期可否顺延？

2. 请对 B、C、D、E、F、H 六项工作的设备安装及试车结果没通过的责任进行界定。

3. 设备安装工程的计划工期和应批准顺延工期各是多少？

问题解析：

1. 主要考核考生对《建设工程施工合同（示范文本）》GF-2013-0201 中文物和地下障碍物处理、工程试车、工程索赔和工程监理规范相关内容的掌握程度。

2. 主要考核考生对设备安装及未能通过试车的责任界定的掌握程度。

3. 主要考核考生对网络计划工期计算方法及处理顺延工期的掌握程度。

答题要点：

1.（1）项目监理机构处理古墓事件程序如下：

1）现场监理人员要求施工单位保护好现场并立即以书面形式通知项目监理机构；

2）总监理工程师签发《工程暂停令》；

3）总监理工程师以《监理工作联系单》（24h 内）报告建设单位，由建设单位报告当地文物管理部门；

4）建设单位、施工单位按文物管理部门要求制定妥善的保护措施方案；

5）总监理工程师就本事件引起的工期、费用的补偿等问题依据施工合同并按监理规范规定的程序使建设单位和施工单位达成一致意见；

6）督促文物保护措施方案的落实。

（2）如发生施工单位索赔费用，根据《建设工程施工合同（示范文本）》GF-2013-0201 约定，费用应该由建设单位承担。

（3）根据《建设工程施工合同（示范文本）》GF-2013-0201 约定，工期可以顺延。

2. 对 B、C、D、E、F、H 六项工作的设备安装及未通过试车的责任界定如下：

（1）B 工作属于施工单位责任；

（2）C 工作属于施工单位责任；

（3）D 工作属于建设单位责任；

（4）E 工作属于施工单位责任；

（5）F 工作属于建设单位责任；

（6）H 工作属于建设单位责任。

3. 设备安装工程的计划工期为：7 + 15 + 15 + 10 + 17 + 15 = 79（天）；

由于建设单位原因造成进度拖后的工作有：D、F、H；此时关键线路为：①→②→③→⑤→⑥→⑦，总工期为 83 天。因此，项目监理机构应批准顺延工期：83 − 79 = 4（天）。

案 例 二 十 四

背景：

某市政工程，项目的合同工期为 38 周。经总监理工程师批准的施工总进度计划如图 2-9 所示（时间单位：周），各工作可以缩短的时间及其增加的赶工费见表 2-6，其中 H、L 分别为道路的路基、路面工程。

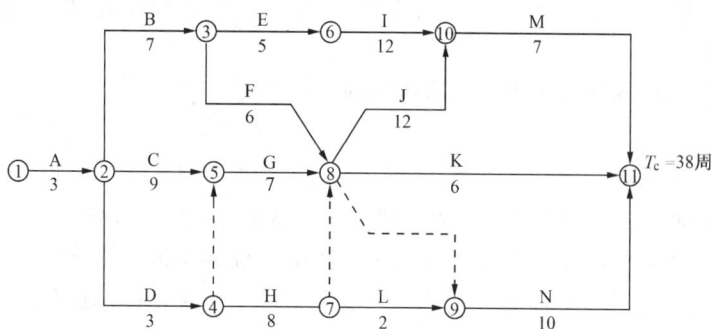

图 2-9 施工总进度计划

各工作可以缩短的时间及其增加的赶工费　　　　　表 2-6

分部工程名称	A	B	C	D	E	F	G	H	I	J	K	L	M	N
可缩短的时间（周）	0	1	1	1	2	1	1	0	2	1	1	0	1	3
增加的赶工费（万元/周）	—	0.7	1.2	1.1	1.8	0.5	0.4	—	3.0	2.0	1.0	—	0.8	1.5

问题：

1. 开工 1 周后，建设单位要求将总工期缩短 2 周，故请监理单位帮助拟定一个合理赶工方案以便与施工单位洽商，请问如何调整计划才能既实现建设单位的要求又能使支付施工单位的赶工费用最少？说明步骤和理由。

2. 建设单位依据调整后的方案与施工单位协商，并按此方案签订了补充协议，施工单位修改了施工总进度计划。在 H、L 工作施工前，建设单位通过设计单位将此 400m 的道路延长至 600m。请问该道路延长后 H、L 工作的持续时间为多少周（设工程量按单位时间均值增加）？对修改后的施工总进度计划的工期是否有影响？为什么？

3. H 工作施工的第一周，监理人员检查发现路基工程分层填土厚度超过规范规定，为保证工程质量，总监理工程师签发了工程暂停令，停止了该部位工程施工。总监理工程师的作法是否正确？总监理工程师在什么情况下可签发工程暂停令？

4. 施工中由于建设单位提供的施工条件发生变化，导致 I、J、K、N 四项工作分别拖延 1 周，为确保工程按期完成，须支出赶工费。如果该项目投入使用后，每周净收益 5.6 万元，从建设单位角度出发，是让施工单位赶工合理还是延期完工合理？为什么？

问题解析：

1. 主要考核考生对工程进度计划优化方法的掌握程度。

2. 主要考核考生对网络计划的计算和调整的掌握程度。

3. 主要考核考生对《建设工程监理规范》GB/T 50319—2013 中规定的总监理工程师签发工程暂停令适用条件的掌握程度。

4. 主要考核考生对赶工费用计算的掌握程度。

答题要点：

1. 根据计算，网络计划的关键线路为 A→C→G→J→M（或关键工作为 A、C、G、J、

M)。

由于缩短 G 工作的持续时间增加的赶工费（0.4 万元/周）最少，故将 G 工作的持续时间缩短 1 周，增加赶工费 0.4 万元/周。

此时，关键线路仍为 A→C→G→J→M（或关键工作仍为 A、C、G、J、M）。

除 A、G 工作的持续时间不能缩短外，缩短 M 工作的持续时间增加的赶工费（0.8 万元）最少，故将 M 工作的持续时间缩短 1 周，增加赶工费 0.8 万元。

因此，最优赶工方案是将 G 工作和 M 工作各持续时间各缩短 1 周，增加的赶工费为 0.4＋0.8＝1.2（万元）。

2.（1）道路延长后，H、L 工作的持续时间分别为：H 的持续时间为 600/400×8＝12（周）；L 的持续时间为 600/400×2＝3（周）。

（2）对修改后的施工总进度计划的工期没有影响，因为总工期仍为 36 周（原关键线路未变，只是增加一条新的关键线路，即增加 H、L 的持续时间只是利用 H、L 的时差）。

3. 监理人员检查发现路基工程分层填土厚度超过规范规定，为保证工程质量，总监理工程师签发工程暂停令停止该部位工程施工的处理方法正确，根据《建设工程监理规范》GB/T 50319—2013 的规定，在下列情况下，总监理工程师应签发工程暂停令：

（1）建设单位要求暂停施工且工程需要暂停施工的；

（2）施工单位未经批准擅自施工或拒绝项目监理机构管理的；

（3）施工单位未按审查通过的工程设计文件施工的；

（4）施工单位违反工程建设强制性标准的；

（5）施工存在重大质量、安全事故隐患或发生质量、安全事故的。

4. 由于在 I、J、K、N 四项工作中，只有工作 J 为关键工作，将该工作的持续时间缩短 1 周，只需增加赶工费 2 万元，而拖延 1 周工期将损失净收益 5.6 万元，故应赶工。

案例二十五

背景：

某工程，施工单位向项目监理机构提交了项目施工总进度计划（图 2-10）和各分部工程的施工进度计划。项目监理机构建立了各分部工程的持续时间延长的风险等级划分图（图 2-11）和风险分析表（表 2-7），要求施工单位对风险等级在"大"和"很大"范围内的分部工程均要制定相应的风险预防措施。

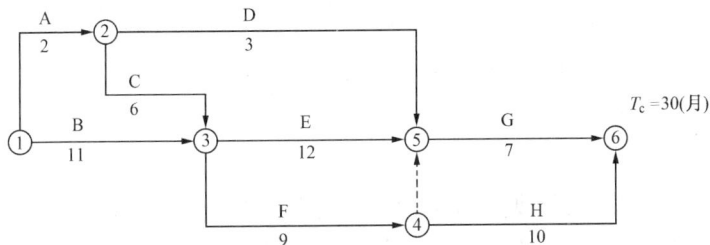

图 2-10　项目施工总进度计划

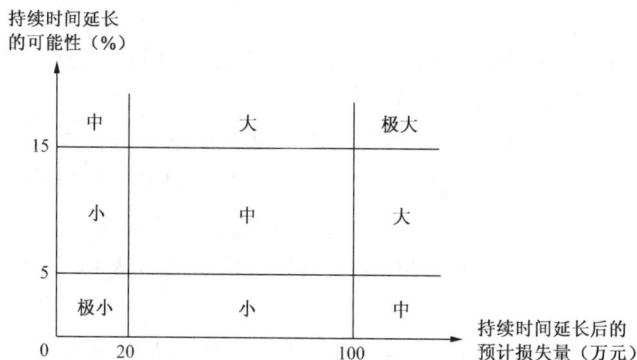

图 2-11 风险等级划分

风险分析表   表 2-7

分部工程名称	A	B	C	D	E	F	G	H
持续时间预计延长值（月）	0.5	1	0.5	1	1	1	1	0.5
持续时间延长的可能性（％）	10	8	3	20	2	12	18	4
持续时间延长后的损失量（万元）	5	110	25	120	150	40	30	50

施工单位为了保证工期，决定对 B 分部工程施工进度计划横道图（图 2-12）进行调整，组织加快的成倍节拍流水施工。

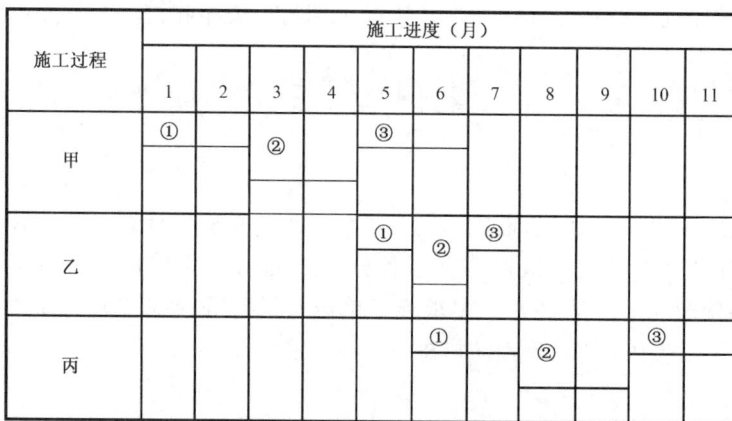

图 2-12 B 分部工程施工进度计划横道图

问题：

1. 找出项目施工总进度计划（图 2-10）的关键线路。

2. 风险等级为"大"和"很大"的分部工程有哪些？

3. 如果只有风险等级为"大"和"很大"的风险事件同时发生，此时的工期为多少个月（写出或在图上标明计算过程）？关键线路上有哪些分部工程？

4. B 分部工程组织加快的成倍节拍流水施工后，流水步距为多少个月？各施工过程应分别安排几个工作队？B 分部工程的流水施工工期为多少个月？绘制 B 分部工程调整后的流水施工进度计划横道图。

5. 对图 2-10 项目施工总进度计划而言，B 分部工程组织加快成倍节拍流水施工后，该项目工期为多少个月？可缩短工期多少个月？

问题解析：

1. 主要考核考生对关键线路和关键工作确定方法的掌握程度。

2. 主要考核考生对工程风险等级计算方法的掌握程度。

3. 主要考核考生对工程网络进度计划中工期及关键工作确定方法的掌握程度。

4. 主要考核考生对流水施工特点和流水施工工期计算方法的熟悉程度。

5. 主要考核考生对工程网络计划中工作持续时间调整后工期确定方法的掌握程度。

答题要点：

1. 项目施工总进度计划中，关键线路如下：

（1）B—E—G；

（2）B—F—H。

2. 根据图 2-11 和表 2-7 的参数判断，风险等级为"大"和"很大"的分部工程有：B、D、G。

3. 项目进度计划如图 2-13 所示：

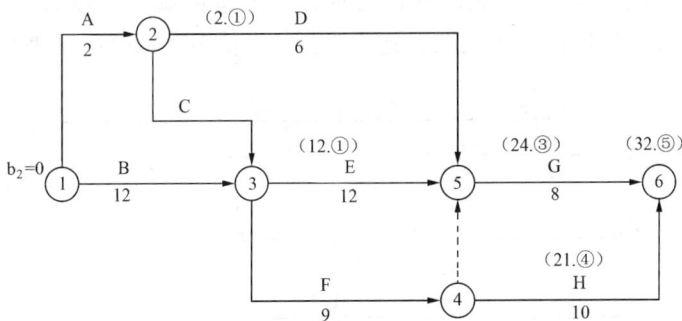

图 2-13　项目进度计划

通过图上计算（标号法等方法）可知，工期为 32 个月，关键路上的分部工程有 B、E、G。

4. B 分部工程组织加快的成倍节拍流水施工后，相应的参数计算如下：

（1）B 分部工三个施工过程的流水节拍的最大公约数为 1，流水步距为 1 个月；甲施工过程的工作队数为 2，乙施工过程的工作队数为 1，丙施工过程的工作队数为 2；流水施工工期为 7 个月。

（2）B 分部工程调整后流水施工进度计划横道图如图 2-14 所示。

5. B 分部工程组织加快的成倍节拍流水施工后，流水施工工期由 11 个月调整为 7 个月，将图 2-10 中 B 工作的持续时间调整为 7，重新计算该工程网络计划的工期，项目工期为 27 个月，可缩短项目工期 3 个月。

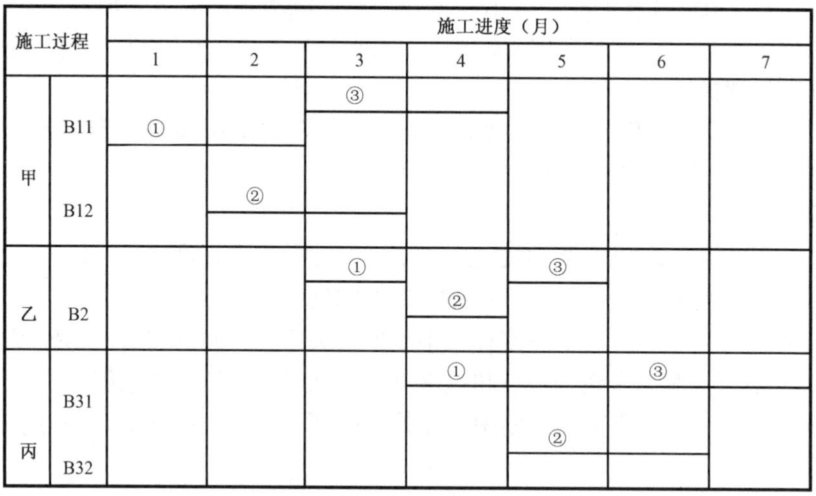

施工过程		施工进度（月）						
		1	2	3	4	5	6	7
甲	B11	①		③				
	B12		②					
乙	B2			①	②	③		
丙	B31				①		③	
	B32				②			

图 2-14　横道图

案例二十六

背景:

某工程的施工合同工期为 16 周，项目监理机构批准的施工进度计划如图 2-15 所示（时间单位：周）。各工作均按匀速施工。施工单位的报价单（部分）见表 2-8。

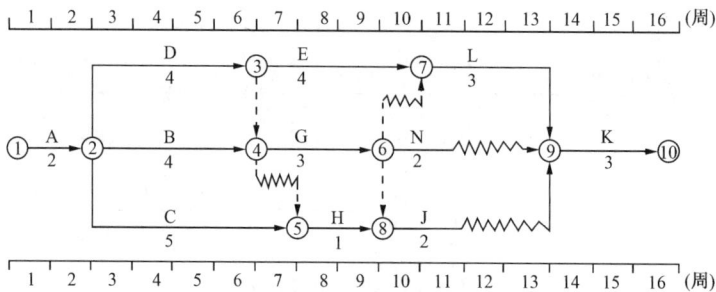

图 2-15　施工进度计划

施工单位报价单　　　　　　　　　　　　　　表 2-8

序号	工作名称	估算工程量	综合单价（元/m³）	合价（万元）
1	A	800m³	300	24
2	B	1200m³	320	38.4
3	C	20 次	—	—
4	D	1600m³	280	44.8

工程施工到第 4 周时进行进度检查，发生如下事件：

事件 1：A 工作已经完成，但由于设计图纸局部修改，实际完成的工程量为 840m³，工作持续时间未变。

事件 2：B 工作施工时，遇到异常恶劣的气候，造成施工单位的施工机械损坏和施工人员窝工，实际只完成估算工程量的 25%。

事件 3：C 工作为检验检测配合工作，只完成了估算工程量的 20%；施工中发现地下文物，导致 D 工作尚未开始。

问题：

1. 根据第 4 周末的检查结果，在图 2-15 上绘制实际进度前锋线，逐项分析 B、C、D 三项工作的实际进度对工期的影响，并说明理由。

2. 若施工单位在第 4 周末就 B、C、D 出现的进度偏差提出工程延期的要求，项目监理机构应批准工程延期多长时间？为什么？

问题解析：

1. 主要考核考生对时标网络计划中实际进度前锋线绘制方法及根据某项工作的实际进度判断对总工期影响的掌握程度。

2. 主要考核考生对工程延期事件处理原则的掌握程度。

答题要点：

1. 根据第 4 周末的检查结果，绘制的实际进度前锋线如图 2-16 所示。

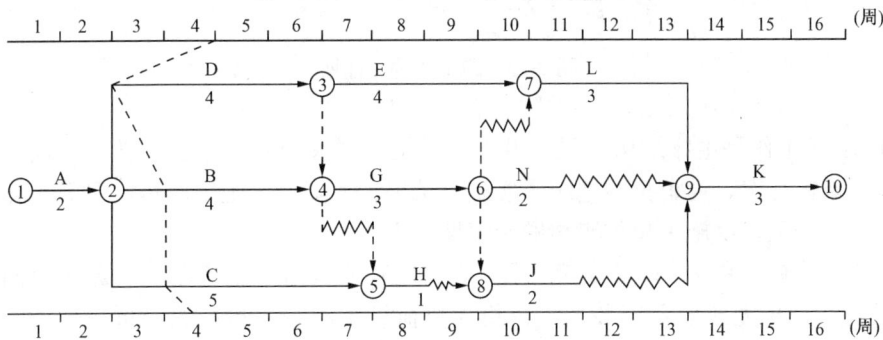

图 2-16 实际进度前锋线

根据上图中实际进度前锋线，分析如下：

(1) 工作 B 拖后 1 周，因工作 B 总时差为 1 周，所以不影响工期。

(2) 工作 C 拖后 1 周，因工作 C 总时差为 3 周，所以不影响工期。

(3) 工作 D 拖后 2 周，因工作 D 总时差为 0(或 D 为关键工作)，所以影响工期 2 周。

2. 第 4 周末就 B、C、D 出现的进度偏差可知，B、C 两项工作不影响工期，而工作 D 拖后 2 周，影响工期 2 周。故批准工程延期 2 周。

案例二十七

背景：

某实施施工监理的工程，建设单位根据《建设工程施工合同（示范文本）》GF-2013-

0201 与甲施工单位签订了施工总承包合同。合同约定：开工日期为 20×× 年 3 月 1 日。工期为 302 天。建设单位负责施工现场外道路开通及设备采购；设备安装工程可以分包。经总监理工程师批准的施工总进度计划如图 2-17 所示（时间单位：天）。

工程实施中发生了下列事件：

事件 1：由于施工现场外道路未按约定时间开通，致使甲施工单位无法按期开工。20×× 年 2 月 21 日，甲施工单位向项目监理机构提出申请，要求开工日期推迟 3 天，补偿延期开工造成的实际损失 3 万元。经专业监理工程师审查，情况属实。

事件 2：C 工作是土方开挖工程。土方开挖时遇到了难以预料的暴雨天气，工程出现重大安全事故隐患，可能危及作业人员安全，甲施工单位及时报告了项目监理机构。为处理安全事故隐患，C 工作实际持续时间延长了 12 天。甲施工单位申请顺延工期 12 天、补偿直接经济损失 10 万元。

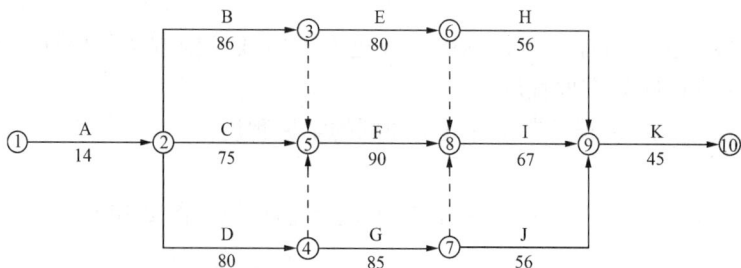

图 2-17　施工总进度计划

事件 3：F 工作是主体结构工程，甲施工单位计划采用新的施工工艺，并向项目监理机构报送了具体方案，经审批后组织了实施。结果大大降低了施工成本，但 F 工作实际持续时间延长了 5 天，甲施工单位申请顺延工期 5 天。

事件 4：甲施工单位将设备安装工程（J 工作）分包给乙施工单位，分包合同工期为 56 天。乙施工单位完成设备安装后，单机无负荷试车没有通过，经分析是设备本身出现问题。经设备制造单位修理，第二次试车合格。由此发生的设备拆除、修理、重新安装和重新试车的各项费用分别为 2 万元、5 万元、3 万元和 1 万元，J 工作实际持续时间延长了 24 天。乙施工单位向甲施工单位提出索赔后，甲施工单位遂向项目监理机构提出顺延工期和补偿费用的要求。

问题：

1. 事件 1 中，项目监理机构应如何答复甲施工单位的要求？说明理由。

2. 事件 2 中，收到甲施工单位报告后，项目监理机构应采取什么措施？应要求甲施工单位采取什么措施？对于甲施工单位顺延工期及补偿经济损失的申请如何答复？说明理由。

3. 事件 3 中，项目监理机构应按什么程序审批甲施工单位报送的方案？对甲施工单位的顺延工期申请如何答复？说明理由。

4. 事件 4 中，单机无负荷试车应由谁组织？项目监理机构对于甲施工单位顺延工期和补偿费用的要求如何答复？说明理由。根据分包合同，乙施工单位实际可获得的顺延工期和补偿费用分别是多少？说明理由。

问题解析：

1. 主要考核考生是否掌握工程开工时间推迟的处理方法。

2. 主要考核考生是否掌握重大安全事故隐患的处理及因不可抗力而引起的工程延期和费用补偿的处理。

3. 主要考核考生对施工方案报审程序及处理工程延期的掌握程度。

4. 主要考核考生对试车及工程延期和费用补偿处理的掌握程度。

答题要点：

1. 事件 1 中，项目监理机构的答复：同意推迟 3 天开工（或：同意 20××年 3 月 4 日开工），同意赔偿损失 3 万元。理由：场外道路没有开通属建设单位责任，且甲施工单位在合同规定的有效期内提出了申请。

2. 事件 2 中，由于工程出现重大安全事故隐患，可能危及作业人员安全，项目监理机构收到甲施工单位报告后，应下达工程暂停令；并要求甲施工单位撤出危险区域作业人员，制订消除隐患的措施或方案，报项目监理机构审批后实施。

对于甲施工单位顺延工期及补偿经济损失的申请，项目监理机构应作出如下答复：

（1）由于难以预料的暴雨天气属不可抗力，施工单位的经济损失不予补偿；

（2）从网络计划中可看出，C 工作延长 12 天，只影响工期 1 天，故只批顺延工期 1 天。

3. 事件 3 中，项目监理机构审批施工方案的程序如下：初步审查报送的施工方案，组织专题论证会，经专题论证会审定后签认经确认的施工方案。

对甲施工单位顺延工期的申请，项目监理机构的答复：不同意延期申请。理由：改进施工工艺属甲施工单位自身原因。

4. 事件 4 中：

（1）单机无负荷试车应由甲施工单位组织。

（2）项目监理机构对于甲施工单位顺延工期和补偿费用要求的答复：同意补偿设备拆除、重新安装和试车费用合计 6 万元。C 工作持续时间延长 12 天后，J 工作持续时间延长 24 天，只影响工期 1 天，故同意顺延工期 1 天。理由：因设备由建设单位采购，设备本身出现问题，不属于甲施工单位的责任。

（3）根据分包合同，乙施工单位实际可获得的顺延工期和补偿费用分别是：

可顺延工期 24 天，可获得费用补偿 6 万元。理由：因为第一次试车不合格不属于乙施工单位责任。

案例二十八

背景：

某工程，施工合同中约定：工期 19 周；钢筋混凝土基础工程量增加超出 15% 时，结算时对超出部分按原价的 90% 调整单价。经总监理工程师批准的施工总进度计划如图 2-18 所示，其中 A、C 工作为钢筋混凝土基础工程，B、G 工作为片石混凝土基础工程，D、E、F、H、I 工作为设备安装工程，K、L、J、N 工作为设备调试工作。

施工过程中，发生如下事件：

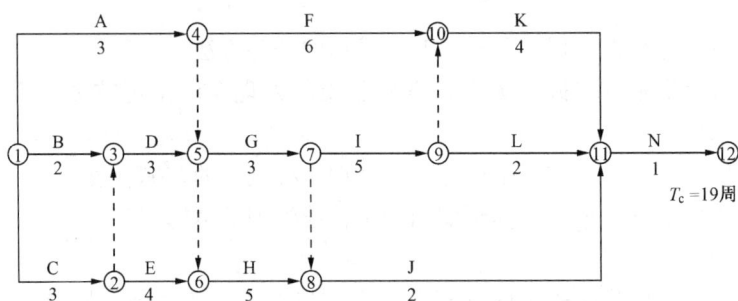

图 2-18　施工总进度计划

事件 1：合同约定 A、C 工作的综合单价为 700 元/m³ 在 A、C 工作开始前，设计单位修改了设备基础尺寸，A 工作的工程量由原来的 4200m³ 增加到 7000m³，C 工作的工程量由原来的 3600m³ 减少到 2400m³。

事件 2：A、D 工作完成后，建设单位拟将后续工程的总工期缩短 2 周，要求项目监理机构帮助拟定一个合理的赶工方案以便与施工单位洽商，项目监理机构提出的后续工作可以缩短的时间及其赶工费率见表 2-9。

表 2-9

后续工作可缩短的时间与赶工费率

工作名称	F	G	H	I	J	K	L	N
可缩短的时间（周）	2	1	0	1	2	2	1	0
赶工费率（万元/周）	0.5	0.4	—	3.0	2.0	1.0	1.5	—

问题：

1. 事件 1 中，设计修改后，在单位时间完成工程量不变的前提下，A、C 工作的持续时间分别为多少周？对合同总工期是否有影响？为什么？A、C 工作的费用共增加了多少？

2. 事件 2 中，项目监理机构如何调整计划才能既实现建设单位的要求又能使赶工费用最少？说明理由。增加的最少赶工费用是多少？

问题解析：

1. 主要考核考生是否掌握工作持续时间的计算方法、工作进度对工期影响的判别方法及工程量增加引起造价变化的计算方法。

2. 主要考核考生对工程网络计划工期优化的掌握程度。工期优化的基本思路：判别关键线路；缩短直接费用率最小的关键工作或关键工作组合；如此循环，直至达到工期优化目标为止。

答题要点：

1. 事件 1 中：

（1）A 工作的施工速度＝4200/3＝1400（m³/周），A 工作的持续时间＝7000/1400＝5.0（周）。而 C 工作的施工速度＝3600/3＝1200（m³/周），C 工作的持续时间＝2400/1200＝2（周）。

（2）因 A 工作原有总时差 2 周，因此，A 工作的持续时间变为 5 周对合同总工期没有影响；C 工作原为关键工作，故 C 工作的持续时间变为 2 周将会使合同总工期减少1 周。

（3）A、C 工作增加的费用计算如下：

1）基础增加的工程量＝7000＋2400－4200－3600＝1600（m³）；

2）增加的工程量占原工程量的比例＝1600/(4200＋3600)×100％＝20.51％＞15％；

3）需调价的工程量＝1600－(4200＋3600)×15％＝430(m³)；

4）新结算价＝(4200＋3600)×(1＋15％)×700＋430×700×90％＝654.99(万元)；

5）原结算价＝(4200＋3600)×700＝546(万元)；

6）增加的费用＝654.99－546＝108.99(万元)。

2. 事件 2 中：

（1）A、D 工作完成后的关键路线为 G—I—K—N。由于 G 工作的赶工费率最低，故第 1 次调整应缩短关键工作 G 的持续时间 1 周，增加赶工费 0.4 万元，压缩总工期 1 周。

（2）调整后的关键线路仍然为 G—I—K—N，在可压缩的关键工作中，由于 K 工作的赶工费率最低，故第 2 次调整应缩短关键工作 K 的持续时间 1 周，增加赶工费 1.0 万元，压缩总工期 1 周。

（3）经过以上两次优化调整，已达到缩短总工期 2 周的目的，增加赶工费为：0.4＋1.0＝1.4（万元）。

案例二十九

背景：

某实行监理的工程，施工合同采用《建设工程施工合同（示范文本）》GF-2013-0201，合同约定，吊装机械闲置补偿费 600 元/台班，单独计算，不进入直接费。经项目监理机构审核批准的施工总进度计划如图 2-19 所示（时间单位：月）。

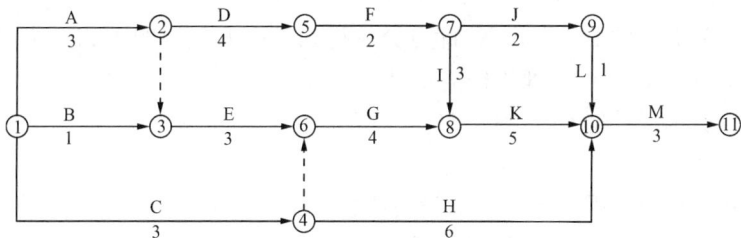

图 2-19 施工总进度计划（初始计划）

施工过程中发生下列事件：

事件 1：开工后，建设单位提出工程变更，致使工作 E 的持续时间延长 2 个月，吊装机械闲置 30 台班。

事件 2：工作 G 开始后，受当地百年一遇洪水影响，该工作停工 1 个月，吊装机械闲置 15 台班、其他机械设备损坏及停工损失合计 25 万元。

事件 3：工作 I 所安装的设备由建设单位采购。建设单位在没有通知施工单位共同清点的情况下,就将该设备存放在施工现场。施工单位安装前,发现该设备的部分部件损坏,调换损坏的部件使工作 I 的持续时间延长 1 个月,发生费用 1.6 万元。对此,建设单位要求施工单位承担部件损坏的责任。

事件 4:工作 K 开始之前,建设单位又提出工程变更,致使该工作提前 2 个月完成,因此,建设单位提出要将原合同工期缩短 2 个月,项目监理机构认为不妥。

问题:

1. 确定初始计划的总工期,并确定关键线路及工作 E 的总时差。

2. 事件 1 发生后,吊装机械闲置补偿费为多少?工程延期为多少?说明理由。

3. 事件 2 发生后,项目监理机构应批准的费用补偿为多少?应批准的工程延期为多少?说明理由。

4. 指出事件 3 中建设单位的不妥之处,说明理由。项目监理机构应如何批复所发生的费用和工程延期问题?说明理由。

5. 事件 4 发生后,预计工程实际工期为多少?项目监理机构认为建设单位要求缩短合同工期不妥是否正确?说明理由。

问题解析:

1. 主要考核考生对工程网络计划总工期、关键线路及工作总时差判别方法的掌握程度。对双代号网络计划,可用标号法快速确定总工期及关键线路。

2. 考核考生是否掌握工程延期及费用补偿审批的原则和计算方法。

3. 考核考生是否掌握不可抗力出现后费用索赔和工期索赔的处理原则和计算方法。

4. 考核考生是否掌握施工现场建设单位供应设备的移交和保管责任,以及由此造成费用索赔和工期索赔的处理原则及计算方法。

5. 考核考生对实际工期及工程进度计划调整方法的掌握程度。

答题要点:

1. (1) 对于初始计划,总工期为 20 个月;

(2) 关键线路为 A—D—F—I—K—M (或:①—②—⑤—⑦—⑧—⑩—⑪);

(3) 借助于关键工作 D、F 和 I,即可分析得到工作 E 的总时差为 2 个月。

2. 事件 1 发生后,项目监理机构应批准:

(1) 吊装机械闲置补偿费:$600 \times 30 = 18000$(元);

(2) 工程延期为零。

理由:因建设单位原因造成承包商设备闲置和工程延期,应给予施工单位费用和工期补偿,但由于工作 E 不是关键工作且持续时间延长不影响总工期,因此,工期延期审批为零。

3. 事件 2 发生后,项目监理机构应批准:

(1) 补偿费用为零;

(2) 工程延期 1 个月。

理由:因不可抗力原因造成承包商损失时,损失费用不补偿;又由于工作 G 为关键工作,影响工期 1 个月,因此,工期可顺延 1 个月。

4. 事件 3 中:

(1) 建设单位未通知施工单位共同清点并移交设备不妥,要求施工单位承担部件损坏的责任不妥。因建设单位未将设备移交施工单位保管，由此造成的损失由建设单位负责。

（2）项目监理机构应批复补偿费用 1.6 万元，工程不予延期，因损失是由于建设单位责任造成的，但工作 I 为非关键工作，且延长 1 个月不影响总工期。

5. 由于：

（1）事件 1 发生后，工作 E 延期 2 个月，因 E 工作总时差为 2 个月，不影响总工期；原非关键工作 G 变为关键工作；

（2）事件 2 发生后，工作 G 延期 1 个月，造成总工期延长 1 个月；原关键工作 I 变为非关键工作，总时差 1 个月；

（3）事件 3 发生后，工作 I 延期 1 个月，不影响总工期；

（4）事件 4 发生后，K 工作提前 2 个月，故总工期缩短 1 个月。

因此：事件 4 发生后，预计工程实际工期为 19 个月；

项目监理机构认为建设单位要求缩短合同工期不妥是正确的，因总工期仅比原合同工期缩短 1 个月。

案 例 三 十

背景：

某实施监理的工程，合同工期 15 个月，总监理工程师批准的施工进度计划如图 2-20 所示。

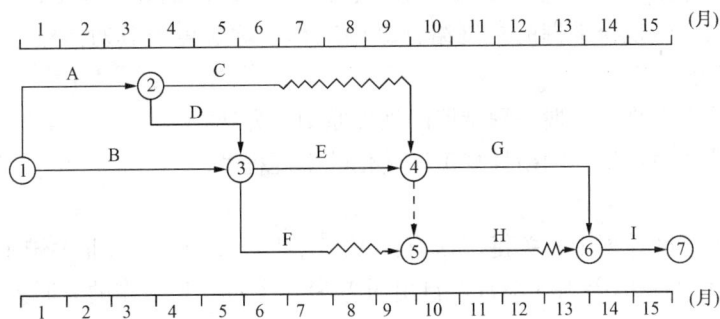

图 2-20 施工进度计划

工程实施过程中发生下列事件：

事件 1：项目监理机构对 A 工作进行验收时发现质量问题，要求施工单位返工整改。

事件 2：在第 5 个月初到第 8 个月末的施工过程中，由于建设单位提出工程变更，使施工进度受到较大影响。截至第 8 个月末，未完工作尚需作业时间见表 2-10。施工单位按索赔程序向项目监理机构提出了工程延期的要求。

事件 3：建设单位要求本工程仍按原合同工期完成，施工单位需要调整施工进度计划，加快后续工程进度。经分析得到的各工作有关数据见表 2-10。

相关数据表　　　　　　　　　　　　　　表 2-10

工 作 名 称	C	E	F	G	H	I
尚需作业时间（月）	1	3	1	4	3	2
可缩短的待续时间（月）	0.5	1.5	0.5	2	1.5	1
缩短待续时间所增加的费用（万元/月）	28	18	30	26	10	14

问题：

1. 该工程施工进度计划中关键工作和非关键工作分别有哪些？C 和 F 工作的总时差和自由时差分别为多少？

2. 事件 1 中，对于 A 工作出现的质量问题，写出项目监理机构的处理程序。

3. 事件 2 中，逐项分析第 8 个月末 C、E、F 工作的拖后时间及对工期和后续工作的影响程度，并说明理由。

4. 针对事件 2，项目监理机构应批准的工程延期时间为多少？说明理由。

5. 针对事件 3，施工单位加快施工进度而采取的最佳调整方案是什么？相应增加的费用为多少？

问题解析：

1. 主要考核考生对时标网络计划中时间参数及关键工作、非关键工作判别方法的掌握程度。

2. 主要考核考生是否掌握项目监理机构发现质量问题后的处理程序。

3. 主要考核考生是否掌握时标网络计划中工作实际进度及其对后续工作和总工期影响程度的分析方法。

4. 主要考核考生是否掌握工程延期的处理原则和方法。

5. 主要考核考生对工程网络计划工期优化的掌握程度。

答题要点：

1. 工程施工进度计划中，关键工作有：A、B、D、E、G、I。非关键工作有：C、F、H。其中，C 工作的总时差为 3 个月，自由时差为 3 个月；F 工作的总时差为 3 个月，自由时差为 2 个月。

2. 事件 1 中，项目监理机构发现 A 工作出现质量问题后的处理程序如下：

(1) 发出《监理通知单》，要求施工单位返工整改；

(2) 跟踪、检查施工单位返工整改情况；

(3) 签收施工单位在自检后填报的《监理通知回复单》；

(4) 重新验收 A 工作。

3. 事件 2 中：

(1) C 工作拖后 3 个月，由于其自由时差和总时差均为 3 个月，故不影响总工期和后续工作。

(2) E 工作拖后 2 个月，由于其为关键工作，故其后续工作 G、H 和 I 的最早开始时间将推迟 2 个月，影响总工期 2 个月。

（3）F 工作拖后 2 个月，由于其自由时差为 2 个月，故不影响总工期和后续工作。

4. 事件 2 中，项目监理机构批准工程延期 2 个月，因为总工期的延长是因建设单位提出工程变更而造成（或非施工单位原因造成）的。

5. 事件 3 中，最佳调整方案是：缩短 I 工作 1 个月，缩短 E 工作 1 个月，由此增加的费用为 14＋18＝32（万元）。

案例三十一

背景：

某实施监理的工程，建设单位与施工单位按照《建设工程施工合同(示范文本)》GF-2013-0201 签订了施工合同。项目监理机构批准的施工进度计划如图 2-21 所示，各项工作均按最早开始时间安排，匀速进行。

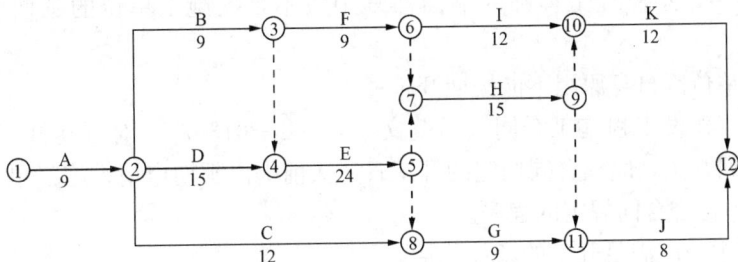

图 2-21　施工进度计划图

施工过程中发生如下事件：

事件 1：施工准备期间，由于施工设备未按期进场，施工单位在合同约定的开工日前第 5 天向项目监理机构提出延期开工申请，总监理工程师审核后给予书面回复。

事件 2：施工准备完毕后，项目监理机构审查《工程开工报审表》及相关资料后认为：施工许可证已获政府主管部门批准，征地拆迁工作满足工程进度需要，施工单位现场管理人员已到位，但其他开工条件尚不具备，总监理工程师不予签发《工程开工报审表》。

事件 3：工程开工后第 20 天下班时刻，项目监理机构确认：A、B 工作已完成；C 工作已完成 6 天的工作量；D 工作已完成 5 天的工作量；B 工作未经监理人员验收的情况下，F 工作已进行 1 天。

问题：

1. 总监理工程师是否应批准事件 1 中施工单位提出的延期开工申请？说明理由。

2. 根据《建设工程监理规范》GB/T 50319—2013，该工程还应具备哪些开工条件，总监理工程师方可签发《工程开工报审表》。

3. 针对图 2-21 所示的施工进度计划，确定该施工进度的工期和关键工作。并分别计算 C 工作、D 工作、F 工作的总时差和自由时差。

4. 分析开工后第 20 天下班时刻施工进度计划的执行情况，并分别说明对总工期及紧后工作的影响。此时，预计总工期延长多少天？

5. 针对事件 3 中 F 工作在 B 工作未经验收的情况下就开工的情形，项目监理机构应如何处理?

问题解析:

1. 主要考核考生对《建设工程施工合同(示范文本)》GF-2013-0201 中开工程序的规定,包括:(1)施工单位要求延期开工的管理程序;(2)项目监理机构对申请的答复。

2. 主要考核考生对施工开工应具备条件的掌握程度。

3. 主要考核考生对工程网络计划的熟悉程度,包括:(1)总工期的计算;(2)关键线路的确定;(3)时差计算。

4. 主要考核考生对工程网络计划的掌握程度,包括:(1)实际进度与计划进度的关系;(2)判断工作进度对总工期的影响;(3)判断工作进度对紧后工作的影响。

5. 主要考核考生是否掌握项目监理机构确认施工质量的管理程序。

答题要点:

1. 事件1中,总监理工程师的书面回复中应不批准施工单位的延期开工申请,理由是:

(1)施工单位因自身原因不能按期开工;

(2)按照《建设工程施工合同(示范文本)》GF-2013-0201 对延期开工条款的规定,承包人要求延期开工,应在合同约定的开工日7天前提出延期申请,施工单位在开工日前5天提交申请不符合合同规定的程序。

2. 事件2中,应满足开工的条件包括:

(1)图纸会审和设计交底已完成;

(2)施工组织设计已由总监理工程师签认;

(3)施工单位现场质量、安全生产管理体系已建立,管理及施工人员已到位,施工机械具备使用条件,主要工程材料已落实;

(4)进场道路及水、电、通信等已满足开工要求。

3. 针对工程网络计划图的分析结果如下:

(1)施工总工期75天;

(2)关键工作包括:A、D、E、H、K;

(3)C工作的总时差为37天,自由时差为27天;D工作的总时差和自由时差均为0;F工作的总时差为21天,自由时差为0。

4. 开工后第20天下班时刻,施工进度计划的执行情况如下:

(1)C工作推迟5天,不影响总工期,不影响紧后工作的最早开始时间;D工作推迟6天,影响总工期6天,影响紧后工作的最早开始时间6天;F工作推迟1天,不影响总工期,影响紧后工作的最早开始时间1天;

(2)施工总工期将延长6天。

5. 事件3中,B工作的完成是F工作开始的前提条件。为了保证工程施工的质量,项目监理机构应就B工作未经验收的情况下就开始F工作施工的情况,下达F工作的《工程暂停令》,要求施工单位先对完成的B工作进行报验。

案例三十二

背景：

某实施监理的工程，建设单位与施工单位按照《建设工程施工合同（示范文本）》GF-2013-0201 签订了施工合同，合同约定：合同工期为 130 天；因施工单位原因造成工期延误的，违约赔偿金为 5000 元/天。

工程实施过程中发生以下事件：

事件 1：开工前，施工单位编制的时标网络计划如图 2-22 所示（时间单位：天；箭线下方数字为工作的计划工日），各项工作均匀速进展。

项目监理机构审核施工单位提交的时标网络计划时发现：工作 C、F 和 I 需使用一台挖掘机，工作 E 和 H 需单独使用塔吊设备，而施工单位仅有一台塔吊设备，于是向施工单位提出调整工作进度安排的建议。

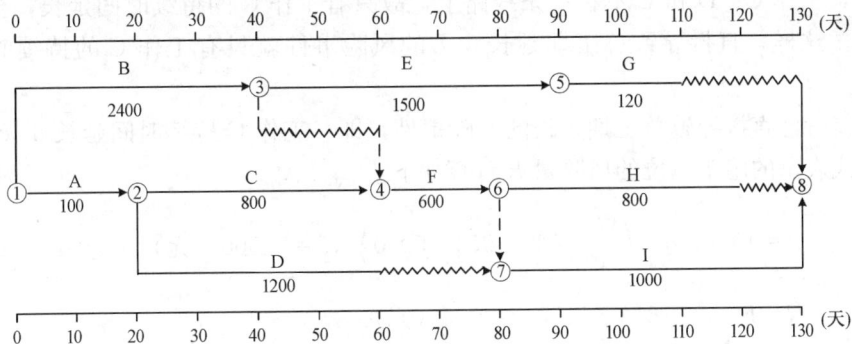

图 2-22　时标网络计划

事件 2：项目监理机构对施工单位调整后的计划安排进行风险分析，认为因施工单位原因使工作 C 持续时间延长 5 天的概率是 15%，使工作 D 持续时间延长 12 天的概率是 20%，使工作 G 持续时间延长 10 天的概率是 5%。工作持续时间的延长会导致机械闲置和人员窝工。

事件 3：建设单位要求对工作 E 进行设计变更，使工作 E 的持续时间延长 5 天，施工单位向项目监理机构提出延长工期的要求。

问题：

1. 事件 1 中，应如何调整工作进度安排？调整后的总工期是多少？

2. 事件 2 中，直接导致总工期延误 5 天的风险事件有哪些？说明理由。仅考虑直接导致总工期延误的风险事件，施工单位的风险量（以费用形式表示）是多少？

3. 事件 3 中，项目监理机构应批准的工期补偿是多少？说明理由。

问题解析：

1. 主要考核考生对时标网络计划中时差利用的掌握程度。

2. 主要考核考生对进度偏差影响分析及风险量计算方法的掌握程度。

3. 主要考核考生对建设单位要求设计变更后工程延期计算方法的掌握程度。

答题要点:

1. 事件1中:

(1) 工作C、F和I需使用一台挖掘机,从时标网络计划中可以看出,这三项工作在计划安排上没有搭接,因此,不需要调整进度安排。

(2) 工作E和H需单独使用塔吊设备,而施工单位仅有一台塔吊设备。这样,工作E和H就不能搭接作业。从时标网络计划中可以看出,工作H有10天总时差,恰好可将工作H推后10天,推后到工作E完成后再开始而不影响总工期。这样,调整后的总工期仍为130天。

2. 事件2中,基于施工单位调整后的计划安排(将工作H推后到工作E完成后再开始,工作H已变为关键工作),风险事件分析和风险量计算如下:

(1) 由于工作C为关键工作,其持续时间延长,将导致总工期延长;工作D的总时差有20天,其持续时间延长12天未超过总时差,不会影响总工期;工作G的总时差也有20天,其持续时间延长10天未超过总时差,也不会影响总工期。从时标网络计划中可以看出,工作C、D和E不在一条线路上,故只有工作C的持续时间延长,会导致总工期延长。这样,直接导致总工期延长5天的风险事件就只有工作C的持续时间延长5天。

(2) 仅考虑直接导致总工期延长的风险事件,即:工作C持续时间延长5天的风险,以费用形式表示的施工单位的风险量R计算如下:

$$P=15\%;\ q=\left(\frac{800}{40}\times30+900+5000\right)\times5=32500\ (元)$$

$$R=P\cdot q=15\%\times32500=4875\ (元)$$

3. 事件3中:

由于建设单位要求对工作E进行设计变更,使工作E的持续时间延长5天,因工作E为关键工作,其持续时间延长5天,将影响总工期5天,故项目监理机构应批准工期延长5天。

案例三十三

背景:

某快速干道工程,工程开、竣工时间分别为当年4月1日和9月30日。业主根据该工程的特点及项目构成情况,将工程分为3个标段。其中第Ⅲ标段造价为4150万元,第Ⅲ标段中的预制构件由甲方提供(直接委托构件厂生产)。

该工程施工过程中发生以下事件:

事件1:为了做好该项目的投资控制工作,监理工程师明确了如下投资控制的措施:

(1) 编制资金使用计划,确定投资控制目标;

(2) 进行工程计量;

(3) 审核工程付款申请,签发付款证书;

(4) 审核施工单位编制的施工组织设计,对主要施工方案进行技术经济分析;

（5）对施工单位报送的单位工程质量评定资料进行审核和现场检查，并予以签认；

（6）审查施工单位现场项目管理机构的技术管理体系和质量保证体系。

事件2：第Ⅲ标段施工单位为C公司，业主与C公司在施工合同中约定：

（1）开工前业主应向C公司支付合同价25%的预付款，预付款从第3个月开始等额扣还，4个月扣完；

（2）业主根据C公司完成的工程量（经监理工程师签认后）按月支付工程款，保留金额为合同总额的5%。保留金按每月产值的10%扣除，直至扣完为止；

（3）监理工程师签发的月付款凭证最低金额为300万元。

第Ⅲ标段各月完成产值见表2-11：

问题：

1. 事件1中，哪些措施属于投资控制的措施？哪些措施不属于投资控制的措施？

2. 事件2中，支付给C公司的工程预付款是多少？监理工程师在第4、6、7、8月底分别给C公司实际签发的付款凭证金额是多少？

第Ⅲ标段各月完成产值 表2-11

产 值 单 位 \ 月 份	4	5	6	7	8	9
C公司	480	685	560	430	620	580
构件厂	—	—	275	340	180	—

问题解析：

工程的投资控制主要是从前期工作、工程实施过程中、工程完成后三方面进行。建设前期主要是协助业主编制可行性分析报告，形成投资估算，根据有关资料，对各种投资方案进行科学论证，确定最终的估算价等；在实施过程中投资控制主要是审核施工单位编制的施工组织设计、对主要施工方案进行技术经济分析，做好工程计量工作，审核工程付款申请、签发付款证书，动态监控投资偏差，控制工程变更，做好索赔管理等；工程完成后主要是加强工程结算、决算审核等。本案例主要考察工程实施过程中投资控制的内容以及工程价款中期支付的计算。

答题要点：

1. 属于投资控制措施的有：（1）编制资金使用计划，确定投资控制目标；（2）进行工程计量；（3）审核工程付款申请，签发付款证书；（4）审核施工单位编制的施工组织设计，对主要施工方案进行技术经济分析。

不属于投资控制措施的有：（5）对施工单位报送的单位工程质量评定资料进行审核和现场检查，并予以签认；（6）审查施工单位现场项目管理机构的技术管理体系和质量保证体系。第（5）、（6）两项属于工程质量控制的措施。

2. 根据给定的条件，C公司所承担部分的合同额为 4150－（275＋340＋180）＝3355.00（万元）；

C公司应得到的工程预付款为：3355.00×25%＝838.75（万元）；

工程保留金为：3355.00×5%＝167.75（万元）。

监理工程师给 C 公司实际签发的付款凭证金额：

4 月底为：480.00－480.00×10％＝432.00（万元）；

4 月底实际签发的付款凭证金额为：432.00（万元）；

5 月支付时应扣保留金为：685×10％＝68.50（万元）；

6 月底工程保留金应扣为：167.75－48.00－68.50＝51.25（万元）；

所以应签发的付款凭证金额为：

560－51.25－838.75/4＝299.06（万元）。

由于 6 月底应签发的付款凭证金额低于合同规定的最低支付限额，故本月不支付。

7 月底为：430－838.75/4＝220.31（万元）；

7 月监理工程师实际应签发的付款凭证金额为：299.06＋220.31＝519.37（万元）；

8 月底：620－838.75/4＝410.31（万元）；

8 月底监理工程师实际应签发的付款凭证金额为：410.31 万元。

案例三十四

背景：

某工程的混凝土分项工程量为 850m³，混凝土分项工程的人工费为 100 元/m³，材料费为 300 元/m³，机械费为 50 元/m³，管理费为分项工程人、材、机之和的 10％，利润率为 5％，措施费以分部分项工程费的 20％计算，规费按 3‰计，综合税率为 3.41％。

问题：

1. 计算该混凝土分项工程的单价。

2. 计算该混凝土工程的措施费。

3. 计算该混凝土工程的造价。

问题解析：

本案例主要考查分项工程的单价、措施费和工程造价的概念和计算。分项工程的单价构成只计算人工费、材料费、机械费、管理费和利润；而造价包括分部分项工程项目、措施项目、其他项目、规费和税金。

答题要点：

1.（1）100＋300＋50＝450（元/m³）；

（2）450×10％＝45（元/m³）；

（3）（450＋45）×5％＝24.75（元/m³）；

（4）混凝土分项工程的单价：450＋45＋24.75＝519.75（元/m³）；

2. 混凝土工程的措施费：

850×519.75×20％＝88357.50（元）。

3. 混凝土工程的造价：

（850×519.75＋88357.50）×1.03＝546049.35（元）；

546049.35×1.0341＝564669.63（元）。

案例三十五

背景:

某新建民用机场工程施工招标过程中,招标人规定采用工程量清单计价作为投标人的商务报价。

评标过程中发现:①投标人在分部分项工程量清单中,对"道面加筋补强"的钢筋数量进行了修正,补列了"道面标志"的工程量。后经证实,该两处错漏确因设计单位的疏忽产生;②在措施项目清单中,说明由于工期紧张而另外安排了夜间施工,并因此特别增列了夜间施工措施费。

施工承包合同规定:规费费率 3.5%,以分部分项工程费为基础计算;综合税率 3.41%。

在施工过程中,发生以下事件:

事件 1:由于设计变更,道面半刚性基层的工程量发生了一定的增加,施工单位参考合同中的报价,对增加的工程量重新提出综合单价,以此作为结算依据。

事件 2:在工程进行到第 2 个月时,业主要求航站楼工程增加一项花岗石墙面,由业主提供花岗石材料。双方商定该项综合单价中的管理费、利润均以人工费与机械费之和为基础,管理费费率取 40%,利润率为 14%。变更工程的相关信息见表 2-12。

变更工程的相关信息 表 2-12

项目名称	单位	消耗量(m²)	市场价(元)
综合工日	工日	0.56	60.00
白水泥	kg	0.155	0.80
花岗石	m²	1.06	530.00
水泥砂浆	m³	0.0299	240.00
其他材料费	元		6.40
搅拌机	台班	0.0052	49.18
切割机	台班	0.0969	52.00

问题:

1. 工程量清单应由哪个单位提供?说明工程量清单的组成部分。

2. 投标人对分部分项工程量清单提出的修正和项目补列是否允许?说明理由。对招标文件提供的措施项目清单中增列夜间施工项目是否允许?说明理由。

3. 评价施工单位对道面半刚性基层增加的工程量提出的综合单价的合理性。

4. 计算花岗石墙面工程的综合单价。

问题解析:

该案例主要考查:对《建设工程工程量清单计价规范》GB 50500—2013 的了解,包括工程量清单的组成以及业主、承包商的行为规范等；综合单价的组成及计算，综合单价包括人工费、材料费、机械台班费、利润、风险费、管理费。

答题要点：

1.（1）工程量清单应由招标人统一提供。

（2）工程量清单的组成包括：分部分项工程量清单；措施项目清单；其他项目清单；规费项目清单；税金项目清单。

2.（1）投标人对分部分项工程量清单提出修正和补列均不允许。因为分部分项工程量清单是招标人提供的，用于各个投标人编制投标文件的法定基础，任何投标人对清单所列内容均不得擅自变动；如对分部分项工程量清单的内容有疑义，或分部分项工程量清单有遗漏项目，只能在投标准备阶段提出质疑，由招标人作出统一修改。

（2）投标人对招标文件提供的措施项目清单中增列夜间施工项目允许。因为措施项目清单尽管是招标人提供的，但规范中规定：投标人可根据招标项目的特点和本企业的实际情况进行调整。

3.（1）如工程量的增加在合同约定幅度以内的，应执行原有的综合单价；

（2）如工程量的增加超过了合同约定的幅度，其超过部分的工程量的综合单价由承包人提出，经发包人确认后作为结算依据。

4.（1）$0.56 \times 60 = 33.60$（元/m²）；

（2）$0.155 \times 0.8 + 1.06 \times 530 + 0.0299 \times 240 + 6.4 = 575.50$（元/m²）；

（3）$0.0052 \times 49.18 + 0.0969 \times 52 = 5.29$（元/m²）；$33.60 + 5.29 = 38.89$（元/m²）；

（4）$38.89 \times 40\% = 15.56$（元/m²）；

（5）$38.89 \times 14\% = 5.44$（元/m²）；

综合单价：$33.6 + 5.29 + 575.5 + 15.56 + 5.44 = 635.39$（元/m²）。

案例三十六

背景：

某工程，建设单位与施工单位按《建设工程施工合同（示范文本）》GF-2013-0201 签订了施工合同，采用可调价合同形式，工期 20 个月，项目监理机构批准的施工总进度计划如图 2-23 所示，各项工作在其持续时间内均为匀速进展。每月计划完成的投资（部分）见表 2-13。

每月计划完成的投资（部分）　　　　　表 2-13

工 作	A	B	C	D	E	F	J
计划完成投资（万元/月）	60	70	90	120	60	150	30

施工过程中发生了如下事件：

事件1：建设单位要求调整场地标高，设计单位修改施工图，致使 A 工作开始时间推迟 1 个月，导致施工单位机械闲置和人员窝工损失。

事件2：设计单位修改图纸使 C 工作工程量发生变化，增加造价 10 万元，施工单位及时调整部署，如期完成了 C 工作。

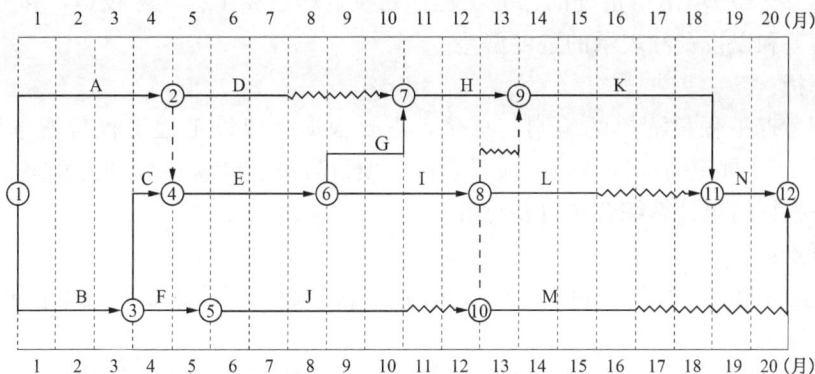

图 2-23　施工总进度计划

事件 3：D、E 工作受 A 工作的影响，开始时间也推迟了 1 个月。由于物价上涨原因，6~7 月份 D、E 工作的实际完成投资较计划完成投资增加了 10%，D、E 工作均按原持续时间完成；由于施工机械故障，J 工作 7 月份实际只完成了计划工程量的 80%，J 工作持续时间最终延长 1 个月。

事件 4：G、I 工作在实施过程中遇到异常恶劣的气候，导致 G 工作持续时间延长 0.5 个月；施工单位采取了赶工措施，使 I 工作能按原持续时间完成，但需增加赶工费 0.5 万元。

事件 5：L 工作为隐蔽工程，在验收后项目监理机构对其质量提出了质疑，并要求对该隐蔽工程进行剥离复验。施工单位以该隐蔽工程已经监理工程师验收为由拒绝复验。在项目监理机构坚持下，对该隐蔽工程进行了剥离复验，复验结果工程质量不合格，施工单位进行了整改。

以上事件 1~事件 4 发生后，施工单位均在规定的时间内提出顺延工期和补偿费用要求。

1~7 月投资情况（万元）　　　　　　　　表 2-14

月　　份	第 1 月	第 2 月	第 3 月	第 4 月	第 5 月	第 6 月	第 7 月	合　计
拟完工程计划投资	130	130	130	300	330	210	210	1440
已完工程计划投资		130	130					
已完工程实际投资		130	130					

问题：

1. 事件 1 中，施工单位顺延工期和补偿费用的要求是否成立？说明理由。

2. 事件 4 中，施工单位顺延工期和补偿费用的要求是否成立？说明理由。

3. 事件 5 中，施工单位、项目监理机构的做法是否妥当？分别说明理由。

4. 针对施工过程中发生的事件，项目监理机构应批准的工程延期为多少个月？该工程实际工期为多少个月？

5. 在表 2-14 中填出空格处的已完工程计划投资和已完工程实际投资，并分析第 7 月末的投资偏差和以投资额表示的进度偏差。

问题解析：

本案例考查工程量清单的编制与计价，需要根据《建设工程工程量清单计价规范》GB 50500—2013 规定的项目编码、项目名称、项目特征、计量单位和工程量计算规则进行编制，并根据清单计算综合单价及总价。

答题要点：

1. 顺延工期和补偿费用的要求成立，因 A 工作开始时间推迟属建设单位原因且 A 工作在关键线路上。

2. 顺延工期要求成立，因该事件为不可抗力事件且 G 工作在关键线路上；补偿费用要求不成立，因属施工单位自行赶工。

3.（1）施工单位的做法不妥，施工单位不得拒绝剥离复验；

（2）项目监理机构的做法妥当，因为对隐蔽工程质量产生怀疑时有权进行剥离复验。

4.（1）事件 1 发生后应批准工程延期 1 个月；

（2）事件 4 发生后应批准工程延期 0.5 个月；

其他事件未造成工期延误，故该工程实际工期为 20＋1＋0.5＝21.5（月）。

5.1～7 月份投资情况如表 2-15 所示。

1～7 月投资情况表（万元）　　　　　　表 2-15

月　　份	1 月	2 月	3 月	4 月	5 月	6 月	7 月	合计
拟完工程计划投资	130	130	130	300	330	210	210	1440
已完工程计划投资	70	130	130	300	210	210	204	1254
已完工程实际投资	70	130	130	310	210	228	222	1300

7 月末投资偏差＝1300－1254＝ 46（万元）＞0，投资超支；

7 月末进度偏差＝1440－1254＝186（万元）＞0，进度拖延。

<h1 align="center">案例三十七</h1>

背景：

某写字楼工程，建筑面积 120000m²，地下二层，地上二十二层，钢筋混凝土框架剪力墙结构，合同工期 780 天。某施工总承包单位按照建设单位提供的工程量清单及其他招标文件参加了该工程的投标，并以 34263.29 万元的报价中标。双方依据《建设工程施工合同（示范文本）》GF-2013-0201 签订了工程施工总承包合同。

合同约定：本工程采用单价合同计价模式；当实际工程量增加或减少超过清单工程量5%时，合同单价予以调整，调整系数为 0.95 或 1.05；投标报价中的钢筋、土方的全费用综合单价分别为 5800 元/t、32 元/m³。

合同履行过程中，施工总承包单位项目部对清单工程量进行了复核。其中：钢筋实际工程量为9600t，钢筋清单工程量为10176t；土方实际工程量30240m³，土方清单工程量为28000m³。施工总承包单位向建设单位提交了工程价款调整报告。

问题：

1. 施工总承包单位的钢筋和土方工程价款是否可以调整？为什么？

2. 列式计算调整后的价款分别是多少万元。

问题解析：

工程变更价款一般是由设计变更、施工条件变更、进度计划变更、工程项目的变更以及为完善使用功能提出的新增（减）项目而引起的价款变化。本案例考查由于工程量增减导致的工程价款变更。根据《建设工程工程量清单计价规范》GB 50500—2013 由于工程量清单的工程数量有误或设计变更引起工程量增减，属合同约定幅度以内的，应执行原有的综合单价；属合同约定幅度以外的，其增加部分的工程量或减少后剩余部分的工程量的综合单价由承包人提出，经发包人确认后作为结算的依据。

答题要点：

1.（1）钢筋可以调整；因为(10176－9600)/10176＝5.66%＞5%。

（2）土方工程可以调价；因为(30240－28000)/28000＝8%＞5%。

2.（1）钢筋工程价款

钢筋工程全部执行新价：9600×5800×1.05＝5846.40（万元）。

（2）土方工程价款

超出5%的部分执行新价：32×0.95＝30.4（元/m³）；

原价量：28000×1.05＝29400（m³）；

新价量：30240－29400＝840（m³）；

工程价款 29400×32＋840×30.4＝96.63（万元）；

合计：5846.4＋96.63＝5943.03（万元）。

案例三十八

背景：

某实施监理的工程，业主与某承包商按 FIDIC《土木工程施工合同条件》签订了施工合同，在施工合同《专用条件》中双方约定：①本合同系综合单价合同，合同内所含各项目的费率或价格不应考虑变动。除非变更工程项目涉及的款额超过合同总价的2%，以及在该项目下实施的实际工程量超过或少于暂估工程量清单中所注工程量的20%以上时，才可变动其费率或价格；②工程有效合同价为765万元，计日工单价为25.0元/工日，价格调整系数为1.15，滞留金8%，工程师签发进度款证书的最小金额为100万元；③工程招标书中暂估工程量清单中钢筋混凝土灌注桩的工程量为1218.57m³，承包商的报价为764元/m³。

该工程实施中发生了如下事件：

事件1：施工前承包商提出，监理工程师发布变更指令都涉及费用的增减。下列条款会导致合同价的变化，都应由业主支付有关费用：

（1）根据监理工程师的指示，承包商进行工程量表中没有规定的作业；

（2）承包商按工程图纸放线并经监理工程师检查，施工中发现放线有误，且非图纸有误，承包商纠正这些差错所需费用；

（3）发生应由业主承担的风险，承包商根据监理工程师指示进行的清理、补修所需费用；

（4）监理工程师指示对工程任何部分的形式、数量或质量的变更；

（5）在缺陷责任期，监理工程师指示承包商进行应负责任的修补费用；

（6）合同中没有规定，监理工程师指示承包商所进行的与工程有关的工作所发生的费用。

事件 2：在桩基施工前监理工程师签发了由设计单位提出的，业主认可的加密基础钢筋混凝土灌注桩的变更令。业主发现桩基实际工程量可能会超过暂估工程量的 20%，于是，向监理工程师提出，由于工程变更使某项工作的实际工作量比投标时工程量清单中的暂估工作量超过或减少 20%时，该项目即应调整费率或价格。

事件 3：桩基础施工后经监理工程师检验符合质量要求，并计量确认钢筋混凝土灌注桩的工程量为 1522.50m³。经协商新的单价为 735 元/m³，桩基完工后承包商提出的结算报表如下：

承包商结算报表

（1）永久性工程：1522.50×764＝116.319（万元）；

（2）桩基设备进出场费：1.5 万元；

（3）计日工：25 元/工日×450 工日＝1.125（万元）；

（4）管理费：（116.319＋1.5＋1.135）×14%＝16.652（万元）；

（5）已到货材料设备预付款：4 万元；

（6）本月应得款额：（116.319＋1.5＋1.125＋16.652＋4）×（1.15－8%）＝145.088（万元）。

经监理工程师对承包商结算报表数据的核实，计日工为 250 个，已运到工地的材料设备预付款为 3.7 万元。

问题：

1. 事件 1 中，承包商的说法是否正确？监理工程师发布的哪些变更指令会导致合同价的变化？

2. 事件 2 中，业主提出实际工作量比暂估工作量超过或减少 20%时，该项目即应调整费率或价格的说法是否正确？说明理由。

3. 事件 3 中，桩基工程的单价是否应调整？为什么？

4. 事件 3 中，监理工程师应如何审定该结算报表？说明理由。监理工程师将如何签发付款证书？

问题解析：

本案例考核对 FIDIC 合同范本以及《建设工程监理规范》GB/T 50319—2013 中关于工程量变更导致合同价款调整的规定，要求正确理解合同价款的构成、调整价款的条件以及变更款的计算等。运用这些知识审核结算报表，确认哪些款项是应该支付的以及应该支付多少等。

答题要点：

1. 承包商的说法不正确。监理工程师只有发布下列变更指令才会导致合同价的变化：

（1）根据监理工程师的指示，承包商进行工程量表中没有规定的作业；

（2）发生应由业主承担的风险，承包商根据监理工程师指示进行的清理、补修所需费用；

（3）监理工程师指示对工程任何部分的形式、数量或质量的变更；

（4）合同中没有规定，监理工程师指示承包商所进行的与工程有关的工作所发生的费用。

2. 不正确。因合同中规定，"变更工程项目涉及的款额超过合同总价的2％，以及在该项目下实施的实际工程量超过或少于暂估工程量清单中所注工程量的20％以上时，才可变动其费率或价格"。

3. 桩基单价应当调整。因为变更桩基工程涉及的款额（1522.5－1218.57）×764/7650000＝3.04％，已超过合同总价的2％；且桩基工程实际工程量与暂估清单工程量相比（1522.5－1218.57）/1218.57＝24.94％超过20％，所以应变动其费率或价格。

4. 对所报结算的审定：

（1）永久性工程：

1218.57×1.2×764＝111.718（万元），超过20％以内的工程量应按原单价计价；

（1522.5－1218.57×1.2）×735＝4.426（万元），超过20％部分的工程量按新单价计价；

小计：111.718＋4.426＝116.144（万元）。

（2）桩基设备进出厂费：不应计取，因已包括在综合单价中。

（3）计日工费：250×25＝0.625（万元）

（4）管理费：不应计取；因此费已摊销在综合单价中。

（5）已到材料、设备预付款：3.7万元，经核实后金额。

以上各项合计：116.144＋0.625＋3.7＝120.469（万元）。

（6）付款证书：

1）本次结算应得款120.469×1.15＝138.539（万元）；

2）本次结算应扣款120.469×8％＝9.638（万元）；

3）本次结算应付款138.539－9.638＝128.901（万元）；

4）付款证书：由于128.901（万元）＞100（万元）最小付款额，所以本次签发128.901万元的付款证书。

案 例 三 十 九

背景：

某项目业主与承包商签订了工程施工合同，合同中含两个子项工程，估算工程量甲项为2300m³，乙项为3200m³，经协商合同价甲项为180元/m³，乙项为160元/m³。承包合同规定：

（1）开工前业主应向承包商支付合同价20％的预付款；

(2) 业主自第一个月起,从承包商的工程款中,按 5% 的比例扣留保留金;

(3) 当子项工程实际工程量超过估算工程量 10% 时,可进行调价,调整系数为 0.9;

(4) 根据市场情况规定价格调整系数平均按 1.2 计算;

(5) 总监理工程师签发月度付款最低金额为 25 万元;

(6) 预付款在最后两个月扣除,每月扣 50%。

承包商每月实际完成并经监理工程师签证确认的工程量如表 2-16 所示:

承包商实际完成工程量　　　　　　　　　　　　　表 2-16

时　间 子项工程	第 1 月	第 2 月	第 3 月	第 4 月
甲项 (m³)	500	800	800	600
乙项 (m³)	700	900	800	600

第一个月工程量价款为 $500 \times 180 + 700 \times 160 = 20.2$ (万元);

应签证的工程款为 $20.2 \times 1.2 \times (1 - 5\%) = 23.028$ (万元)。

由于合同规定监理工程师签发的最低金额为 25 万元,故本月监理工程师不予签发付款凭证。

问题:

1. 该工程预付款是多少?

2. 从第二个月起每月工程量价款是多少?监理工程师应签证的工程款是多少?实际签发的付款凭证金额是多少?

问题解析:

本题目重点考核对工程价款计算与支付签证等处理实际投资控制问题的能力。应根据工程合同规定的条件,分月计算问题中提出的内容,计算过程中需要注意由于工程量的变更导致的价款调整、预付款扣除情况以及签证的最低金额等。

答题要点:

1. 预付款金额为 $(2300 \times 180 + 3200 \times 160) \times 20\% = 18.52$ (万元)。

2. (1) 第二个月:

工程量价款为: $800 \times 180 + 900 \times 160 = 28.8$ (万元);

应签证的工程款为: $28.8 \times 1.2 \times 0.95 = 32.832$ (万元);

本月总监理工程师实际签发的付款凭证金额为: $23.028 + 32.832 = 55.86$ (万元)。

(2) 第三个月:

工程量价款为: $800 \times 180 + 800 \times 160 = 27.2$ (万元);

应签证的工程款为: $27.2 \times 1.2 \times 0.95 = 31.008$ (万元);

应扣预付款为: $18.52 \times 50\% = 9.26$ (万元);

应付款为: $31.008 - 9.26 = 21.748$ (万元)。

总监理工程师签发月度付款最低金额为 25 万元,所以,本月总监理工程师不予签发付款凭证。

（3）第四个月：

甲项工程累计完成工程量为 2700m³，比原估算工程量 2300m³ 超出 400m³，已超过估算工程量的 10%，超出部分的单价应进行调整。

超过估算工程量 10% 的工程量为：$2700-2300\times(1+10\%)=170$（m³）；

这部分工程量单价应调整为：$180\times0.9=162$（元/m³）；

甲项工程工程量价款为：$(600-170)\times180+170\times162=10.494$（万元）；

乙项工程累计完成工程量为：3000m³，比原估算工程量 3200m³ 减少 200m³，不超过估算工程量，其单价不予进行调整；

乙项工程工程量价款为：$600\times160=9.6$（万元）；

本月完成甲、乙两项工程量价款合计为：$10.494+9.6=20.094$（万元）；

应签证的工程款为：$20.094\times1.2\times0.95=22.907$（万元）；

本月总监理工程师实际签发的付款凭证金额为：$21.748+22.907-18.52\times50\%=35.395$（万元）。

案 例 四 十

背景：

某工程项目，业主通过招标选择某施工单位承包该工程，工程承包合同中约定的与工程价款结算有关的合同内容有：

（1）建筑工程预算造价 600 万元，主要材料和构配件价值占施工产值的 60%；

（2）工程预付款为工程造价的 20%；

（3）工程进度款按月结算；

（4）工程质量保修金为合同价的 5%；

（5）材料价差调整按规定进行。

工程各月实际完成产值如表 2-17，按当地有关规定，上半年材料差价应上调 10%。

承包商实际完成产值　　　　　　　　　　　　　表 2-17

月　　份	二月	三月	四月	五月	六月
完成产值（万元）	50	100	150	200	100

该工程竣工验收交付使用后，在保修期内发生屋面漏水，业主通知施工单位后施工单位迟迟不予维修。业主请另外一施工单位进行修理，发生费用 2 万元。

问题：

1. 影响工程预付款限额的因素有哪些？

2. 该工程预付款额为多少？

3. 该工程各月结算工程价款各为多少？

4. 进行工程竣工结算的前提是什么？该工程竣工结算价款为多少？

5. 业主发生的修理费用 2 万元应如何处理？

问题解析:

本案例主要考查合同价款的中期支付、竣工结算条件及结算价款的计算。需要注意的是在计算中期支付款时预付款的扣留,预付款起扣点＝承包工程材料款总额－(预付款／主要材料所占的比重);在计算结算价款时注意差价调整以及质量保修金的扣留等。

答题要点:

1. 影响因素:施工产值、施工工期、材料及构配件比重、材料定额储备期。

2. 工程预付款为:$600 \times 20\% = 120$(万元)。

3. (1) 工程预付款起扣点:

$$T = 600 - \frac{120}{60\%} = 400 \text{(万元)}$$

(2) 各月结算工程款:

二月:50万元;三月:100万元;四月:150万元;五月:$100 + 100 \times (1 - 60\%) = 140$万元;六月:$100 \times (1 - 60\%) - 600 \times 5\% = 10$万元。

4. (1) 工程竣工结算的前提是该工程按设计图纸完成全部工程量,并经验收合格。

(2) 竣工结算价款:$600 + 600 \times 10\% - 570 - 600 \times 5\% = 60$(万元)。

5. (1) 业主发生的修理费用2万元应从施工单位质量保修金中扣除;

(2) 工程保修期结束,返还施工单位质量保修金数额为:30万元加上该质量保修金在保修期内银行存款利息再减去2万元。

案例四十一

背景:

某工程项目进展到12个月后,对前10个月的成本情况进行了检查,相关信息见表2-18。

相关信息检查记录 表 2-18

工作代号	计划工作预算成本 BCWS(万元)	已完工作量 (%)	已完工作实际成本 ACWP(万元)	挣值 BCWP(万元)
A	2000	120	2500	
B	2200	50	1300	
C	4000	0	0	
D	—		2600	

D工作原计划第11个月初开始,第12个月末完成,计划工作预算成本累计5000万元;实际进度是第10个月初开始,第11个月末完成;其计划工程量和实际工程量相等,并且每月实际完成的工程量相等。

问题:

1. 计算前10个月的计划工作预算成本、已完工作预算成本、已完工作实际成本。

2. 计算第10个月末的成本偏差和进度偏差。

3. 计算第 10 个月末的成本绩效指数和进度绩效指数。

问题解析：

本案例考查运用挣值法进行投资偏差分析。运用挣值法需要计算四个成本要素（计划量、计划价、实际量、实际价），三个基本参数（计划工作预算成本、已完工作预算成本、已完工作实际成本），四个分析指标（成本偏差、成本绩效指数、进度偏差、进度绩效指数）。在时间—累计成本的平面直角坐标内，把三个基本参数绘制成三条大 S 曲线，借助三条曲线，可以动态分析成本和进度状况。

本案例的几个问题正是挣值法计算中关键的步骤。

答题要点：

1.（1）计划工作预算成本：2000＋2200＋4000＝8200（万元）；

（2）已完工作预算成本：2000×120％＋2200×50％＋5000/2＝6000（万元）；

（3）已完工作实际成本：2500＋1300＋2600＝6400（万元）。

2.（1）成本偏差：6000－6400＝－400（万元），成本超支 400 万元；

（2）进度偏差：6000－8200＝－2200（万元），进度拖后 2200 万元。

3.（1）成本绩效指数：6000/6400＝0.9375，成本超支 6.25％；

（2）进度绩效指数：6000/8200＝0.7317，进度拖后 26.83％。

案 例 四 十 二

背景：

某实施监理的基础设施工程，在工程招标阶段，施工单位混凝土分项工程的投标报价为 520 万元。施工任务完成后，业主实际支付的混凝土分项工程费为 927 万元，相关变更数据见表 2-19。

相关变更数据　　　　　　　　　　　　　　　　　　　　表 2-19

项　　　目	单　　位	计　　划	实　　际
混凝土分项工程量	m³	10000	15000
单　　价	元/m³	500	600
索　　赔	％	4	3

问题：

1. 计算混凝土分项工程量变化对投资的影响。

2. 计算混凝土分项工程量单价变化对投资的影响。

3. 计算索赔因素变化对投资的影响。

4. 计算投资实际差额及构成。

问题解析：

监理工程师在投资控制中，应考虑不同因素变化对投资产生的影响。本案例考查因素分析法在投资控制中的运用。这种方法的本质是采用连环替代法，分析不同因素对已经出现的投资偏差有多大的影响。该方法首先要排序。排序的原则是：先量，后价，再其他，如误差、损耗等。然后逐个用实际数据替代计划数据，相乘后，用所得结果减替代前的结果，差额就是该替代因素对投资偏差的影响程度。

答题要点：

1. 混凝土分项工程量变化对投资的影响：

$10000 \times 500 \times 1.04 = 520$（万元）；

$15000 \times 500 \times 1.04 = 780$（万元）；

$780 - 520 = 260$（万元）；

混凝土分项工程量增加 5000m³，导致投资增加 260 万元。

2. 混凝土分项工程单价对投资的影响：

$15000 \times 500 \times 1.04 = 780$（万元）；

$15000 \times 600 \times 1.04 = 936$（万元）；

$936 - 780 = 156$（万元）；

混凝土分项工程单价增加 100 元/m³，导致成本增加 156 万元。

3. 混凝土分项工程索赔等因素对投资的影响：

$15000 \times 600 \times 1.04 = 936$（万元）；

$15000 \times 600 \times 1.03 = 927$（万元）；

$927 - 936 = -9$ 万元（万元）；

混凝土分项工程索赔等因素降低 1%，导致投资降低 9 万元。

4. 混凝土分项工程实际投资与计划投资的差额：$927 - 520 = 407$（万元）；

差额的构成为：$260 + 156 - 9 = 407$（万元）。

案例四十三

背景：

某工程项目施工合同于 2010 年 12 月签订，约定的合同工期为 20 个月，2011 年 1 月开始正式施工。施工单位按合同工期要求编制了混凝土结构工程施工进度时标网络计划（图 2-24），并经项目监理机构审核批准。

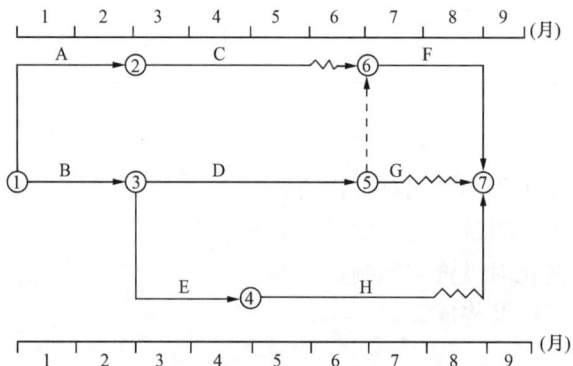

图 2-24 施工进度时标网络计划

该项目的各项工作均按最早开始时间安排，且各工作每月所完成的工程量相等。各工作的计划工程量和实际工程量如表 2-20 所示。工作 D、E、F 的实际工作持续时间与计划工作持续时间相同。

各工作计划工程量和实际工程量　　　　　　　表 2-20

工　作	A	B	C	D	E	F	G	H
计划工程量（m³）	8600	9000	5400	10000	5200	6200	1000	3600
实际工程量（m³）	8600	9000	5400	9200	5000	5800	1000	5000

合同约定，混凝土综合单价为 1000 元/m³，按月结算。结算价按项目所在地混凝土结构工程价格指数进行调整，项目实施期间各月的混凝土结构工程价格指数如表 2-21 所示。

各月混凝土结构工程价格指数　　　　　　　表 2-21

时　间	2010	2011								
	12 月	1 月	2 月	3 月	4 月	5 月	6 月	7 月	8 月	9 月
混凝土结构工程价格指数（%）	100	115	105	110	115	110	110	120	110	110

施工期间，由于建设单位原因使工作 H 的开始时间比计划的开始时间推迟 1 个月，并由于工作 H 工程量的增加使该工作的工作持续时间延长了 1 个月。

问题：

1. 计算混凝土结构工程每月和累计拟完工程计划投资，计算结果填入表 2-22 中。
2. 计算工作 H 各月的已完工程计划投资和已完工程实际投资。
3. 计算混凝土结构工程已完工程计划投资和已完工程实际投资，计算结果填入表 2-22 中。
4. 列式计算 8 月末的投资偏差和进度偏差（用投资额表示）。

投资数据（万元）　　　　　　　表 2-22

项　目	月　份								
	1	2	3	4	5	6	7	8	9
每月拟完工程计划投资									
累计拟完工程计划投资									
每月已完工程计划投资									
累计已完工程计划投资									
每月已完工程实际投资									
累计已完工程实际投资									

问题解析：

本案例考察资金计划的编制以及运用挣值法进行投资偏差分析。案例题干图表比较多，需要较好的图表阅读能力，并且在计算过程中融入了时标网络计划的部分知识，需要综合分析。

答题要点：

1. 每月拟完工程计划投资和累计拟完工程计划投资计算结果见表2-23。

2. H工作6~9月份每月完成工程量为5000÷4=1250（m^3/月）；

（1）H工作6~9月已完工程计划投资均为1250×1000=125（万元）；

（2）H工作已完工程实际投资：

6月份：125×110%=137.5（万元）；

7月份：125×120%=150.5（万元）；

8月份：125×110%=137.5（万元）；

9月份：125×110%=137.5（万元）。

3. 已完工程计划投资和已完工程实际投资计算结果见表2-23。

资金数据（万元） 表 2-23

项　　目	月　份								
	1	2	3	4	5	6	7	8	9
每月拟完工程计划投资	880	880	690	690	550	370	530	310	
累计拟完工程计划投资	880	1760	2450	3140	3690	4060	4590	4900	
每月已完工程计划投资	880	880	660	660	410	355	515	415	125
累计已完工程计划投资	880	1760	2420	3080	3490	3845	4360	4775	4900
每月已完工程实际投资	1012	924	726	759	451	390.5	618	456.5	137.5
累计已完工程实际投资	1012	1936	2662	3421	3872	4262.5	4880.5	5337	5474.5

4. 投资偏差=已完工程实际投资－已完工程计划投资=4775－5337=－562（万元），投资超支562万元；

进度偏差（SV）=已完工程计划投资－已完工程实际投资=4775－4900=－125（万元），进度拖后125万元。

案例四十四

背景：

某工程，施工总承包单位依据施工合同约定，与甲安装单位签订了安装分包合同。基础工程完成后，由于项目用途发生变化，建设单位要求设计单位编制设计变更文件，并授权项目监理机构就设计变更引起的有关问题与总承包单位进行协商。项目监理机构在收到经相关部门重新审查批准的设计变更文件后，经研究对其今后工作安排如下：

（1）由总监理工程师负责与总承包单位进行质量、费用和工期等问题的协商工作；

（2）要求总承包单位调整施工组织设计，并报建设单位同意后实施；

（3）由总监理工程师代表主持修订监理规划；

（4）由负责合同管理的专业监理工程师全权处理合同争议；

（5）安排一名监理员主持整理工程监理资料。

在协商变更单价过程中，项目监理机构未能与总承包单位达成一致意见，总监理工程师决定以双方提出的变更单价的均值作为最终的结算单价。

项目监理机构认为甲安装分包单位不能胜任变更后的安装工程，要求更换安装分包单位。总承包单位认为项目监理机构无权提出该要求，但仍表示愿意接受，随即提出由乙安装单位分包。

甲安装单位依据原定的安装分包合同已采购的材料，因设计变更需要退货，向项目监理机构提出了申请，要求补偿因材料退货造成的费用损失。

问题：

1. 逐项指出项目监理机构对其今后工作的安排是否妥当，不妥之处。写出正确做法。

2. 指出在协商变更单价过程中项目监理机构做法的不妥之处，并写出正确做法。

3. 总承包单位认为项目监理机构无权提出更换甲安装分包单位的意见是否正确？为什么？写出项目监理机构对乙安装单位分包资格的审批程序。

4. 指出甲安装单位要求补偿材料退货造成费用损失申请程序的不妥之处，写出正确做法。该费用损失应由谁承担？

问题解析：

本案例考核监理工程师对总监理工程师职责、关于工程变更费用确定的规定、对法律法规关于工程分包管理规定、对费用索赔处理规定的掌握程度。

答题要点：

1.（1）由总监理工程师负责与总承包单位进行质量、费用和工期等问题的协商工作是妥当的；

（2）要求总承包单位调整施工组织设计，并报建设单位同意后实施不妥。正确做法：重新调整施工组织设计应先经总监理工程师审核、签认；

（3）由总监理工程师代表主持修订监理规划不妥。正确做法：应由总监理工程师负责主持修订监理规划；

（4）由负责合同管理的专业监理工程师全权处理合同争议不妥。正确做法：应由总监理工程师负责处理合同争议；

（5）安排一名监理员主持整理工程监理资料不妥。正确做法：应由总监理工程师负责主持整理工程监理资料。

2. 项目监理机构决定以双方提出的变更费用价格的均值作为最终的结算价格的做法不妥。

正确做法：项目监理机构应提出一个暂定价格，作为临时支付工程进度款依据，变更费用价格在工程最终结算时以建设单位与总承包单位达成的协议为依据。

3. 总承包单位认为项目监理机构无权提出更换甲安装分包单位的意见不正确。理由：依据法律、法规规定项目监理机构有工程分包单位的否决权。

程序：专业监理工程师应审查总承包单位报送的乙安装分包单位资格报审表和分包单

位的有关资料；符合有关规定后，由总监理工程师予以签认。

4. 由甲安装分包单位向项目监理机构提出申请不妥。

正确做法：由甲安装分包单位向总承包单位提出，再由总承包单位向项目监理机构提出。由于建设单位要求设计单位进行设计变更，所以费用损失应由建设单位承担。

案例四十五

背景：

某工程，施工单位按招标文件中提供的工程量清单作出报价（表 2-24）。施工合同约定：工程预付款为 347 万元，从工程进度款累计总额达到合同总价 10% 的月份开始，按当月工程进度款的 30% 扣回，扣完为止。经项目监理机构批准的施工进度计划如图 2-25 所示（时间单位：月）。

施工开始后遇到季节性的阵雨，施工单位对已完工程采取了保护措施并发生了保护措施费；为了确保工程安全，施工单位提高了安全防护等级，发生了防护措施费。施工单位提出，上述两项费用应由建设单位另行支付。

施工至第 2 个月末，建设单位要求进行设计变更，该变更增加了一新的分项工程 N。根据工艺要求，N 在 E 结束以后开始，在 H 开始前完成，持续时间 1 个月。N 分项工程的工料机费用为 400 元/m³，管理费为工料机费用的 10%，利润率为 5%，风险按工料机费用、管理费和利润之和的 0.0341 考虑。N 分项工程的工程量为 3000m³。

工程量清单报价表 表 2-24

工　作	估计工程量（m³）	综合单价（元/m³）	合计（万元）
A	3000	300	90
B	1250	200	25
C	4000	500	200
D	4000	600	240
E	3800	1000	380
F	8000	400	320
G	5000	200	100
H	3000	800	240
I	2000	700	140

问题：

1. 施工单位提出发生的保护措施费和防护措施费由建设单位另行支付是否合理？说明理由。

2. 新增分项工程 N 的综合单价及增加的工程费是多少？

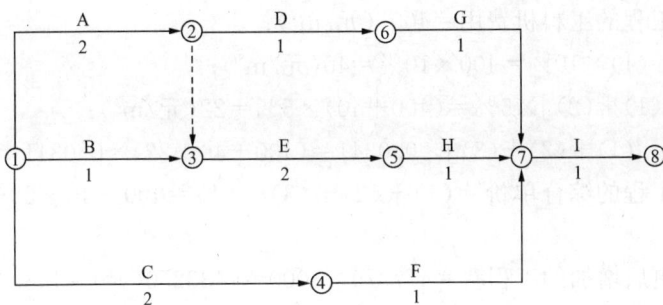

图 2-25 施工进度计划

3. 该工程分部分项工程费用合计是多少？增加 N 工作后的分部分项工程费用合计是多少？

4. 若该工程的各项工作均按最早开始时间安排，各工作均按匀速完成，且各工作实际工程量与估计工程量无差异。在表 2-25 中填入 H、I、N 三项工作分月费用。

问题解析：

本案例是关于施工过程中投资控制的综合分析题，主要考核对工程量清单计价规范的掌握程度；对工程变更价款确定方法的掌握程度；对工程价款结算方法的掌握程度；对工程网络计划的熟悉程度；对工程价款动态结算方法的掌握程度。

分部分项工程分月费用（万元） 表 2-25

时 间 工 作	第1月	第2月	第3月	第4月	第5月	第6月	第7月	合计
A	45	45						90
B	25							25
C	100	100						200
D			240					240
E			190	190				380
F			320					320
G				100				100
H								
I								
N								
合计	170	145	750	290				

答题要点：

1. （1）施工单位要求建设单位另行支付工程保护措施费不合理，该部分费用已包括在合同中；

（2）施工单位要求建设单位另行支付安全防护费不合理，该费用属于施工单位支付的费用。

2. 工程变更后增加的款额：

（1）N 分项工程的工料机费用＝400（元/m³）；

（2）管理费＝(1)×10％＝400×10％＝40(元/m³)；

（3）利润＝[(1)＋(2)]×5％＝(400＋40)×5％＝22(元/m³)；

（4）风险费＝[(1)＋(2)＋(3)]×0.0341＝(400＋40＋22)×0.0341＝15.75(元/m³)；

（5）N 分项工程的综合单价＝(1)＋(2)＋(3)＋(4)＝400＋40＋22＋15.75＝477.75（元/m³）；

（6）工程变更后增加的工程费＝477.75×3000＝1433250(元)＝143.33（万元）。

3.（1）该工程分部分项工程费用合计＝90＋25＋200＋240＋380＋320＋100＋240＋140＝1735（万元）；

（2）增加 N 工作后的分部分项工程费用合计＝1735＋143.33＝1878.33（万元）。

4.（1）H 工作 6 月份分部分项工程费用＝240（万元）；

（2）I 工作 7 月份分部分项工程费用＝140（万元）；

（3）N 工作 5 月份分部分项工程费用＝143.33（万元）。按计算结果填入表2-26。

分部分项工程分月费用（万元）　　　　　　　　　　表 2-26

时间 工作	第 1 月	第 2 月	第 3 月	第 4 月	第 5 月	第 6 月	第 7 月	合计
A	45	45						90
B	25							25
C	100	100						200
D			240					240
E			190	190				380
F			320					320
G				100				100
H						240		
I							140	
N					143.33			
合计	170	145	750	290				

案例四十六

背景：

某工程项目的施工招标文件中表明工程采用综合单价计价方式，工期为 15 个月。承包单位投标所报工期为 13 个月。合同总价确定为 8000 万元。合同约定：实际完成工程量超过估计工程量 25％以上时允许调整单价；拖延工期每天赔偿金为合同总价的 1‰，最高拖延工期赔偿限额为合同总价的 10％；若能提前竣工，每提前 1 天的奖金按合同总价的

1‰计算。

承包单位开工前编制并经总监理工程师认可的施工进度计划如图 2-26 所示。

施工过程中发生了以下 4 个事件，致使承包单位完成该项目的施工实际用了 15 个月。

事件 1：A、C 两项工作为土方工程，工程量均为 16 万 m^3，土方工程的合同单价为 16 元/m^3。实际工程量与估计工程量相等。

图 2-26 施工进度计划

施工按计划进行 4 个月后，总监理工程师以设计变更通知发出新增土方工程 N 的指示。该工作的性质和施工难度与 A、C 工作相同，工程量为 32 万 m^3。N 工作在 B 和 C 工作完成后开始施工，且为 H 和 G 的紧前工作。总监理工程师与承包单位依据合同约定协商后，确定的土方变更单价为 14 元/m^3。承包单位计划用 4 个月完成。3 项土方工程均租用 1 台机械开挖，机械租赁费为 1 万元/月·台。

事件 2：F 工作，因设计变更等待新图纸延误 1 个月。

事件 3：G 工作由于连续降雨累计 1 个月导致实际施工 3 个月完成，其中 0.5 个月的日降雨量超过当地 30 年气象资料记载的最大强度。

事件 4：H 工作由于分包单位施工的工程质量不合格造成返工，实际 5.5 个月完成。

由于以上事件，承包单位提出以下索赔要求：

（1）顺延工期 6.5 个月。理由是：完成 N 工作 4 个月；变更设计图纸延误 1 个月；连续降雨属于不利的条件和障碍影响 1 个月；监理工程师未能很好地控制分包单位的施工质量，应补偿工期 0.5 个月。

（2）N 工作的费用补偿=16 元/m^3×32 万 m^3=512（万元）。

（3）由于第 5 个月后才能开始 N 工作的施工，要求补偿 5 个月的机械闲置费 5 月×1 万元/月·台×1 台=5（万元）。

问题：

1. 请对以上施工过程中发生的 4 个事件进行合同责任分析。

2. 根据总监理工程师认可的施工进度计划，应给承包单位顺延的工期是多少？说明理由。

3. 确定应补偿承包单位的费用，并说明理由。

4. 分析承包单位应获得工期提前奖励还是承担拖延工期违约赔偿责任，并计算其金额。

问题解析：

本案例主要考查监理工程师根据合同责任对索赔的处理。

答题要点：

1. 合同责任分析：

事件 1 属于建设单位责任。

事件 2 属于建设单位责任。

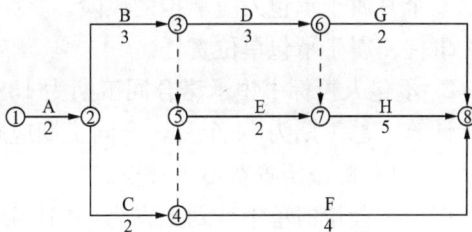

事件 3 日降雨量超过当地 30 年气象资料记载最大强度的 0.5 个月，属于不可抗力，另 0.5 个月属于承包人应承担的风险。

事件 4 属于承包单位责任。

2. 承包人投标书中承诺合同工期为 13 个月。N、F、G 属于可顺延工期的情况，经分析、计算，总工期为 14 个月，合同工期应顺延 1 个月。

3.（1）机械闲置费不予补偿。

（2）工程量清单中计划土方为：$16+16=32$（万 m^3），新增土方工程量为：32 万 m^3；应按原单价计算的新增工程量为：$32\times25\%=8$（万 m^3）；

补偿土方工程款为：8 万 $m^3\times16$ 元$/m^3+(32-8)$ 万 $m^3\times14$ 元$/m^3=464$（万元）。

4. 承包人应承担超过合同工期的违约责任。

拖延工期赔偿费为：8000 万元 $\times1‰\times30$ 天 $=240$（万元）$<$ 最高赔偿限额 $=8000\times0.1=800$（万元）。

案例四十七

背景：

某建筑公司于 2013 年 3 月 8 日与某建设单位签订了修建建筑面积为 3000m^2 工业厂房（带地下室）的施工合同。该建筑公司编制的施工方案和进度计划已获批准。施工进度计划已经达成一致意见。合同规定由于建设单位责任造成施工窝工时，窝工费用按原人工费、机械台班费 60% 计算。在专用条款中明确 6 级以上大风、大雨、大雪、地震等自然灾害按不可抗力因素处理。监理工程师应在收到索赔报告之日起 28 天内予以确认，监理工程师无正当理由不确认时，自索赔报告送达之日起 28 天后视为索赔已经被确认。根据双方商定，人工费定额为 30 元/工日，机械台班费为 1000 元/台班。建筑公司在履行施工合同的过程中发生以下事件：

事件 1：基坑开挖后发现地下情况和发包商提供的地质资料不符，有古河道，须将河道中的淤泥清除并对地基进行二次处理。为此，业主以书面形式通知施工单位停工 10 天，窝工费用合计为 3000 元。

事件 2：2013 年 5 月 18 日由于下大雨，一直到 5 月 21 日开始施工，造成 20 名工人窝工。

事件 3：5 月 21 日用 30 个工日修复因大雨冲坏的永久道路，5 月 22 日恢复正常挖掘工作。

事件 4：5 月 27 日因租赁的挖掘机大修，挖掘工作停工 2 天，造成人员窝工 10 个工日。

事件 5：在施工过程中，发现因业主提供的图纸存在问题，故停工 3 天进行设计变更，造成 5 天窝工 60 个工日，机械窝工 9 个台班。

问题：

1. 分别说明事件 1 至事件 6 工期延误和费用增加应由谁承担，并说明理由。如是建设单位的责任应向承包单位补偿工期和费用分别为多少？

2. 建设单位应给予承包单位补偿工期多少天？补偿费用多少元？

问题解析:

根据《建设工程施工合同》中工期延误以及异常恶劣气候条件等的相关规定,发包人未能按合同约定提供图纸或所提供图纸不符合合同约定的,发包人提供的测量基准点、基准线和水准点及其书面资料存在错误或疏漏的,发包人承担相应责任。

答题要点:

1. 工期延误和费用增加的承担责任划分:

事件1:应由建设单位承担延误的工期和增加的费用。

理由:是因建设单位造成的施工临时中断,从而导致承包商的工期延误和费用的增加。建设单位应补偿承包单位工期10天,费用3000元。

事件2:工期延误3天应由建设单位承担,造成20人窝工的费用应由承包单位承担。

理由:因大风大雨,按合同约定属不可抗力。建设单位应补偿承包单位的工期3天。

事件3:应由建设单位承担修复冲坏的永久道路所延误的工期和增加的费用。

理由:冲坏的永久道路是由于不可抗力(合同中约定的大雨)引起的道路损坏,应由建设单位承担其责任。建设单位应补偿承包单位工期1天。建设单位应补偿承包单位的费用为30工日×30元/工日=900(元)。

事件4:应由承包单位承担由此造成的工期延误和增加费用。

理由:该事件的发生原因属承包商自身的责任。

事件5:应由建设单位承担工期的延误和费用增加的责任。

理由:施工图纸是由建设单位提供的,停工待图属于建设单位应承担的责任。建设单位应补偿承包单位工期3天。建设单位应补偿承包单位费用为:$60×30×60\%+1000×9×60\%=6480$(元)。

2. 建设单位应给予承包单位补偿工期为:$10+3+1+2+3=19$(天);

建设单位应给予承包单位补偿费用为:$3000+900+6480=10380$(元)。

案例四十八

背景:

某建设工程,建设单位决定进行公开招标。经过资格预审,A、B、C、D、E五家施工单位通过了审查,并在规定时间内领取了招标文件。根据招标文件的要求,本工程的投标采用工程量清单的方式报价。

在招标文件中,只提供了部分分部分项工程的清单数量,而措施项目与其他项目清单仅仅列出了项目,没有具体工程量。

在这种情况下,投标人B在对报价部分计算时,工程量直接套用了招标文件中的清单数量,价格采用当地造价管理处的信息价格与估算价。及至招标截止时间前5分钟,C公司又递交了一份补充材料,表示愿意降低报价25万元,再让利1.5个百分点。

在招标人主持开标会议之时,经由他人提醒,E投标人意识到自己的报价存在重大问题,于是立刻撤回了自己的投标文件。

问题：

1. 投标人 B 的工程量计算与报价是否妥当？为什么？

2. 工程量清单报价中应当怎样计算措施费？

3. 投标人 C 的做法属于什么投标报价技巧、手段？

4. 投标人 E 撤回投标文件的行为是否正确？为什么？招标人应当如何应对？

问题解析：

根据《招标投标法实施条例》相关内容，投标截止后投标人撤销投标文件的，招标人可以不退还投标保证金。

答题要点：

1. 投标人 B 的工程量计算与报价不妥当。

一般情况下，招标文件中提供的工程量含有预估成分，所以为了准确地确定综合单价，应根据招标文件中提供的相关说明和施工图，重新校核工程量，并根据核对的工程量确定报价。由于工程量清单给出的工程量不是严格意义上的实际工程量，因此只根据招标文件中提供的清单工程量是无法准确组价的，合理的组价必须计算工程数量，并以此计算综合单价，必要时还应和招标单位进行沟通。

造价管理处的信息价格是一种综合价，不能准确地反映个别工程的实际使用价格，因此必须按实际情况询价。根据当前当地的市场状况、材料供求情况和材料价格情况，来确定报价中使用的价格数据，才能使报价具有竞争力。目前市场竞争较强，能不能中标，确定价格是至关重要的一个环节。另外，当地的造价计价标准、相关费用标准、相关政策和规定等，都是不可缺少的参考资料。

2. 根据工程量清单报价的组成要求，工程量清单项目包括分部分项工程量清单、措施项目清单和其他项目清单等。对于市政工程工程量清单报价，招标单位通常只列出措施项目清单或不列，但是投标单位必须根据施工组织设计确定措施项目并计算措施费，否则视为在其他项目中已考虑了措施费。

3. 投标人 C 的做法属于突然降价法和许诺优惠法。

4. 投标人 E 撤回投标文件的行为不正确，因为投标截止日期后不允许撤标。

对此，招标人可以没收投标人 E 的投标保证金。

案例四十九

背景：

某建设工程，建设单位决定进行公开招标。经过资格预审，A、B、C、D 四家施工单位通过了审查，并在规定时间内领取了招标文件。投标人 A 在取得了招标文件后，认真核对了工程量，根据当前当地市场状况、材料供求情况和材料价格情况，基于询价，并对措施项目作出处理后确定报价。在报价全部完成后，投标人 A 按照规定时间将投标文件送达了招标单位。

投标人 D 在赶往指定地点提交投标文件的时候，由于交通拥堵，投标人 D 察觉可能在投标截止时间前不能赶到，因此给招标人打电话，说明理由和自己的报价，要求参加竞标，投标文件将随后补上。招标人同意了该要求。

评标过程中，招标人采用综合评议法，最终选定投标人 D 为中标单位。对此结果，其他投标人均表示异议。

问题：

1. 什么是措施项目？投标人在投标时对措施项目应当如何处理？

2. 招标人选定投标人 D 中标正确吗？为什么？

问题解析：

本案例考查考生对于《招标投标法》中评标相关工作要求的掌握情况以及对招投标中措施项目和相关问题的处理方式。

答题要点：

1. 措施项目是指为完成建设工程项目施工，发生了该工程施工前和施工过程中技术、生活、安全等方面的非工程实体项目。工程量清单计价时，对措施项目清单可作调整。措施项目清单为可调整清单。

招标方的"措施项目一览表"内容只列项目，由投标方根据实际施工方案自主计算措施项目的量及费用并报价；而不是由招标人提供工程量。投标人对招标文件中所列的项目，可根据企业自身特点作适当的变更和增减。投标人要对拟建工程可能发生的措施项目和措施费用作通盘考虑，措施项目清单计价一经报出，即被认为是包括了所有应该发生的措施项目的全部费用。如果报出的清单中没有列项，而施工中又必须发生的项目，招标人有权认为其已经分摊在分部分项工程量清单的综合报价中，将来措施项目发生时投标人不得以任何借口提出索赔与调整。

2. 招标人选定投标人 D 中标的做法不正确。

投标人 D 不能及时上交投标文件，应当视为放弃投标，招标人应当按照作废处理，不能将失去资格的投标人 D 确定为中标人。

案 例 五 十

背景：

某工程采用公开招标方式，有 A、B、C、D、E、F 六家施工单位领取了招标文件。本工程招标文件规定：2012 年 10 月 20 日下午 17：30 为投标文件接收终止时间。在提交投标文件的同时，投标单位需提供投标保证金 20 万元。

在 2012 年 10 月 20 日，A、B、C、D、F 五家投标单位在下午 17：30 前将投标文件送达，E 单位在次日上午 8：00 送达。各单位均按招标文件的规定提供了投标保证金。

在 10 月 20 日上午 10：25 时，B 单位向招标人递交了一份投标价格下降 5% 的书面说明。

开标时，由招标人检查投标文件的密封情况，确认无误后，由工作人员当众拆封，并宣读了 A、B、C、D、F 五家承包商的名称、投标价格、工期和其他主要内容。

在开标过程中，招标人发现 C 单位的标袋密封处仅有投标单位公章，没有法定代表人印章或签字。

评标委员会委员由招标人直接确定，共有 4 人组成，其中招标人代表 2 人，经济专家 1 人，技术专家 1 人。

招标人委托评标委员会确定中标人，经过综合评定，评标委员会确定 A 单位为中标单位。

问题：

1. 在招标投标过程中有何不妥之处？说明理由。

2. B单位向招标人递交的书面说明是否有效？

3. 在开标后，招标人应对 C 单位的投标书作何处理，为什么？

4. 投标书在哪些情况下可作为废标处理？

5. 招标人对 E 单位的投标书作废标处理是否正确，理由是什么？

问题解析：

本案例主要考查考生是否具备工程招标投标相关工程实际的处理能力。

答题要点：

1. 在招标投标过程中的不妥之处和理由如下：

（1）不妥之处：开标时，由招标人检查投标文件的密封情况。

理由：《招标投标法》规定，开标时，由投标人或者其推选的代表检查投标文件的密封情况，也可以由招标人委托的公证机构检查并公证。

（2）不妥之处：评标委员会由招标人确定。

理由：一般招标项目的评标委员会采取随机抽取方式。该项目属一般招标项目。

（3）不妥之处：评标委员会的组成不妥。

理由：根据《招标投标法》规定，评标委员会由招标人的代表和有关技术、经济等方面的专家组成，成员人数为 5 人以上单数，其中技术经济等方面的专家不得少于成员总数的 2/3。

2. B 单位向招标人递交的书面说明有效。根据《招标投标法》的规定，投标人在招标文件要求提交投标文件的截止时间前，可以补充、修改或者撤回已提交的投标文件，补充、修改的内容作为投标文件的组成部分。

3. 在开标后，招标人应对 C 单位的投标书作废标处理：因为 C 单位因投标书只有单位公章未有法定代表人印章或签字，不符合招标投标法的要求。

4. 投标书在下列情况下，可作废标处理：

①逾期送达的或者未送达指定地点的；

②未按招标文件要求密封的；

③无单位盖章并无法定代表人签字或盖章的；

④未按规定格式填写，内容不全或关键字迹模糊、无法辨认的；

⑤投标人递交两份或多份内容不同的投标文件，或在一份投标文件中对同一招标项目报有两个或多个报价，且未声明哪一个有效（按招标文件规定提交备选投标方案的除外）；

⑥投标人名称或组织机构与资格预审时不一致的；

⑦未按招标文件要求提交投标保证金的；

⑧联合体投标未附联合体各方共同投标协议的。

5. 招标对 E 单位的投标书作废标的处理是正确的。因为 E 单位未能在投标截止时间前送达投标文件。

案例五十一

背景：

某工程项目，建设单位通过招标选择了一具有相应资质的监理单位承担施工招标代理和施工阶段监理工作，并在监理中标通知书发出后第 45 天，与该监理单位签订了工程监理合同。之后双方又另行签订了一份监理酬金比监理中标价降低 10%的协议。

在施工公开招标中，有 A、B、C、D、E、F、G、H 等施工单位报名投标，经监理单位资格预审均符合要求，但建设单位以 A 施工单位是外地企业为由不同意其参加投标，而监理单位坚持认为 A 施工单位有资格参加投标。

评标委员会由 5 人组成，其中当地建设行政管理部门的招投标管理办公室主任 1 人、建设单位代表 1 人、政府提供的专家库中抽取的技术经济专家 3 人。

评标时发现，B 施工单位投标报价明显低于其他投标单位报价且未能合理说明理由；D 施工单位投标报价大写金额小于小写金额；F 施工单位投标文件提供的检验标准和方法不符合招标文件的要求；H 施工单位投标文件中某分项工程的报价有个别漏项；其他施工单位的投标文件均符合招标文件要求。

建设单位最终确定 G 施工单位中标，并按照《建设工程施工合同（示范文本）》GF-2013-0201 与该施工单位签订了施工合同。

工程按期进入安装调试阶段后，由于雷电引发了一场火灾。火灾结束后 48h 内，G 施工单位向项目监理机构通报了火灾损失情况：工程本身损失 150 万元；总价值 100 万元的待安装设备彻底报废；G 施工单位人员烧伤所需医疗费及补偿费预计 15 万元，租赁的施工设备损坏赔偿 10 万元；其他单位临时停放在现场的一辆价值 25 万元的汽车被烧毁。另外，大火扑灭后 G 施工单位因其他原因停工 5 天，造成其他施工机械闲置损失 2 万元以及必要的管理保卫人员费用支出 1 万元，并预计工程所需清理、修复费用 200 万元。损失情况经项目监理机构审核属实。

问题：

1. 指出建设单位在监理招标和工程监理合同签订过程中的不妥之处，并说明理由。

2. 在施工招标资格预审中，监理单位认为 A 施工单位有资格参加投标是否正确？说明理由。

3. 指出施工招标评标委员会组成的不妥之处，说明理由，并写出正确做法。

4. 判别 B、D、F、H 四家施工单位的投标是否为有效标？说明理由。

5. 安装调试阶段发生的这场火灾是否属于不可抗力？指出建设单位和 G 施工单位应各自承担哪些损失或费用（不考虑保险因素）？

问题解析：

本案例主要考核《中华人民共和国招标投标法》及《建设工程施工合同》GF-2013-0201 中的相关条例。

《中华人民共和国招标投标法》第四十六条规定，"招标人和中标人应当自中标通知书发出之日起三十日内，按照招标文件和中标人的投标文件订立书面合同。招标人和中标人不得再行订立背离合同实质性内容的其他协议"。招投标法第十八条规定，"招标人不得以不合理的条件限制或者排斥潜在投标人,不得对潜在投标人实行歧视待遇"。第三十七条规定,"依法必须进行招标的项目,其评标委员会由招标人的代表和有关技术、经济等方面的专家组成,成员人数为五人以上单数,其中技术、经济等方面的专家不得少于成员总数的三分之二"。

《建设工程施工合同》GF-2013-0201 中 17.3.2 款规定了由不可抗力导致的人员伤亡、财产损失、费用增加和(或)工期延误等后果,合同当事人承担责任的原则。

答题要点:

1. 在监理中标通知书发出后第 45 天签订工程监理合同不妥,依照招投标法,应于 30 天内签订合同。

在签订工程监理合同后双方又另行签订了一份监理酬金比监理中标价降低 10% 的协议不妥。依照招投标法,招标人和中标人不得再行订立背离合同实质性内容的其他协议。

2. 监理单位认为 A 施工单位有资格参加投标是正确的。以所处地区作为确定投标资格的依据是一种歧视性的依据;这是招投标法明确禁止的。

3. 评标委员会组成不妥,不应包括当地建设行政管理部门的招投标管理办公室主任。正确组成应为:

评标委员会由招标人或其委托的招标代理机构熟悉相关业务的代表以及有关技术、经济等方面的专家组成,成员人数为 5 人以上单数,其中技术、经济等方面的专家不得少于成员总数的三分之二。

4. B、F 两家施工单位的投标不是有效标。B 单位的情况可以认定为低于成本,F 单位的情况可以认定为是明显不符合规定和技术标准的要求,属重大偏差。D、H 两家单位的投标是有效标,他们的情况不属于重大偏差。

5. 安装调试阶段发生的火灾属于不可抗力。建设单位应承担的费用包括工程本身损失 150 万元,其他单位临时停放在现场的汽车损失 25 万元,待安装的设备的损失 100 万元,工程所需清理、修复费用 200 万元。施工单位应承担的费用包括 G 施工单位人员烧伤所需医疗费及补偿费预计 15 万元,租赁的施工设备损坏赔偿 10 万元,大火扑灭后 C 施工单位停工 5 天,造成其他施工机械闲置损失 2 万元以及必要的管理保卫人员费用支出 1 万元。

案例五十二

背景:

某监理单位承担了一工业项目的施工监理工作。经过招标,建设单位选择了甲、乙施工单位分别承担 A、B 标段工程的施工,并按照《建设工程施工合同(示范文本)》GF-2013-0201 分别和甲、乙施工单位签订了施工合同。建设单位与乙施工单位在合同中约定,B 标段所需的部分设备由建设单位负责采购。乙施工单位按照正常的程序将 B 标段的安装工程分包给丙施工单位。在施工过程中,发生了如下事件:

事件 1:建设单位在采购 B 标段的锅炉设备时,设备生产厂商提出由自己的施工队伍进行安装更能保证质量,建设单位便与设备生产厂商签订了供货和安装合同并通知了监理单位和乙施工单位。

事件2：专业监理工程师对B标段进场的配电设备进行检验时，发现由建设单位采购的某设备不合格，建设单位对该设备进行了更换，从而导致丙施工单位停工。因此，丙施工单位致函监理单位，要求补偿其被迫停工所遭受的损失并延长工期。

问题：

1. 在事件1中，建设单位将设备交由厂商安装的做法是否正确？为什么？

2. 在事件1中，若乙施工单位同意由该设备生产厂商的施工队伍安装该设备，监理单位应该如何处理？

3. 在事件2中，丙施工单位的索赔要求是否应该向监理单位提出？为什么？对该索赔事件应如何应处理。

问题解析：

本案例主要考查《建设工程施工合同》GF-2013-0201中的有关内容。

《建设工程施工合同》3.1条和4.1条分别规定了承包人和监理人的责任和义务。《合同》5.3.3款规定，"承包人覆盖工程隐蔽部位后，发包人或监理人对质量有疑问的，可要求承包人对已覆盖的部位进行钻孔探测或揭开重新检查，承包人应遵照执行，并在检查后重新覆盖恢复原状。经检查证明工程质量符合合同要求的，由发包人承担由此增加的费用和（或）延误的工期，并支付承包人合理的利润；经检查证明工程质量不符合合同要求的，由此增加的费用和（或）延误的工期由承包人承担"。《合同》19.2条规定了处理承包人索赔的程序。

答题要点：

1. 建设单位将设备交由厂商安装的做法不正确，因为违反了合同约定。

2. 监理单位应该对厂商的资质进行审查。若符合要求，可以由该厂安装。如乙单位接受该厂作为其分包单位，监理单位应协助建设单位变更与设备厂的合同，如乙单位接受厂商直接从建设单位承包，监理单位应该协助建设单位变更与乙单位的合同；如不符合要求，监理单位应该拒绝由该厂商施工。

3.（1）丙施工单位的索赔要求不应该向监理单位提出，因为建设单位和丙施工单位没有合同关系。

（2）对该索赔事件的处理：

1）丙向乙提出索赔，乙向监理单位提出索赔意向书。

2）监理单位收集与索赔有关的资料。

3）监理单位受理乙单位提交的索赔意向书。

4）总监工程师对索赔申请进行审查，初步确定费用额度和延期时间，与乙施工单位和建设单位协商。

5）总监理工程师对索赔费用和工程延期作出决定。

案例五十三

背景：

某实施监理的工程项目，监理工程师对施工单位报送的施工组织设计审核时发现两个问题：一是施工单位为方便施工，将设备管道竖井的位置作了移位处理；二是工程的有关试验主要安排在施工单位试验室进行。总监理工程师分析后认为，管道竖井移位方案不会影响工程使用功能和结构安全，因此，签认了该施工组织设计报审表并送达建设单位。

项目监理过程中有如下事件：

事件1：在建设单位主持召开的第一次工地会议上，建设单位介绍工程开工准备工作基本完成，施工许可证正在办理，要求会后就组织开工。总监理工程师认为施工许可证未办理好之前，不宜开工。对此，建设单位代表很不满意，会后建设单位起草了会议纪要，纪要中明确边施工边办理施工许可证，并将此会议纪要送发监理单位、施工单位，要求遵照执行。

事件2：设备安装施工，要求安装人员有安装资格证书。专业监理工程师检查时发现施工单位安装人员与资格报审名单中的人员不完全相符，其中五名安装人员无安装资格证书，他们已参加并完成了该工程的一项设备安装工作。

事件3：设备调试时，总监理工程师发现施工单位未按技术规程要求进行调试，存在较大的质量和安全隐患，立即签发了工程暂停令，并要求施工单位整改。施工单位用了2天时间整改后被指令复工。对此次停工，施工单位向总监理工程师提交了费用索赔和工程延期的申请，强调设备调试为关键工作，停工2天导致窝工，建设单位应给予工期顺延和费用补偿，理由是虽然施工单位未按技术规程调试但并未出现质量和安全事故，停工2天是监理单位要求的。

问题：

1. 总监理工程师应如何组织审批施工组织设计？总监理工程师对施工单位报送的施工组织设计内容的审批处理是否妥当？说明理由。

2. 事件1中建设单位在第一次工地会议的做法有哪些不妥？写出正确的做法。

3. 监理单位应如何处理事件？

4. 在事件3中，总监理工程师的做法是否妥当？施工单位的费用索赔和工程延期要求是否应该被批准？说明理由。

问题解析：

本案例主要考核《建设工程监理规范》GB/T 50319—2013、《建设工程施工合同》GF-2013-0201、《中华人民共和国建筑法》中的相关内容。

《建设工程监理规范》3.0.5条规定了施工组织设计审查的基本内容。6.2.5条规定了专业监理工程师对施工单位试验室的检查内容。3.0.2条规定"工程开工前，总监理工程师及有关监理人员应参加由建设单位主持召开的第一次工地会议，会议纪要由项目监理机构负责整理，与会各方代表会签"。

《中华人民共和国建筑法》第九条规定，"建设单位应当自领取施工许可证之日起三个月内开工"。

《建设工程施工合同》5.2.3款规定，"监理人的检查和检验影响施工正常进行的，且经检查检验不合格的，影响正常施工的费用由承包人承担，工期不予顺延；经检查检验合格的，由此增加的费用和（或）延误的工期由发包人承担"。

答题要点：

1. 总监理工程师应在约定的时间内，组织专业监理工程师审查，提出意见后，由总监理工程师审核签认。需要承包单位修改时，由总监理工程师签发书面意见，退回承包单位修改后再报审，总监理工程师重新审查。

对于施工组织设计内容的审批上，第一个问题的处理是不正确的，因总监理工程师无权改变设计。第二个问题的处理妥当，属于施工组织设计审查应处理的问题。

2.（1）建设单位要求边施工边办施工许可证的做法不妥。正确的做法是建设单位应在自领取施工许可证起3个月内开工。

（2）建设单位起草会议纪要不妥，第一次工地会议纪要应由监理机构负责起草，并经与会各方代表会签。

3. 监理单位应要求施工单位将无安装资格证书的人员清除出场，并请有资格的检测单位对已完工的部分进行检查。

4. 监理工程师的做法是正确的。施工单位的费用索赔和工程延期要求不应该被批准，因为暂停施工的原因是施工单位未按技术规程要求操作，属施工单位的原因。

案例五十四

背景：

某监理单位与建设单位签订了某钢筋混凝土结构工程施工阶段的工程监理合同，监理部设总监理工程师1人和专业监理工程师若干人，专业监理工程师例行在现场检查，旁站实施监理工作。

在监理过程中，发现以下一些问题：

（1）某层钢筋混凝土墙体，由于绑扎钢筋困难，无法施工，施工单位未通报项目监理机构就把墙体钢筋门洞移动了位置。

（2）某层钢筋混凝土柱，钢筋绑扎已检查、签证，模板经过预检验收，浇筑混凝土过程中及时发现模板胀模。

（3）某层钢筋混凝土墙体，钢筋绑扎后未经检查验收，即擅自合模封闭，正准备浇筑混凝土。

（4）某层楼板钢筋经监理工程师检查签证后，即进行浇筑楼板混凝土，混凝土浇筑完成后，发现楼板中设计的预埋电线暗管未通知电气专业监理工程师检查签证。

（5）施工单位把地下室内防水工程给一专业分包单位承包施工，该分包单位未经资质验证认可，即进场施工，并已进行了200m²的防水工程施工。

（6）某层钢筋骨架焊接正在进行中，监理工程师检查发现有2人未经技术资质审查认可。

（7）某楼层一户住房房间钢门框经检查符合设计要求，日后检查发现门销已经焊接，门扇已经安装，门扇反向，经检查施工符合设计图纸要求。

问题：

1. 项目监理机构组织协调方法有哪几种？

2. 第一次工地例会的目的是什么？应在什么时间举行？应由谁主持召开？

3. 建设工程监理中最常用的一种协调方法是什么？此种方法在具体实践中包括哪些具体方法？

4. 发布指令属于哪一类组织协调方法?

5. 针对以上在监理过程中发现的问题,监理工程师应分别如何处理?

问题解析:

本案例主要考查监理工程师的组织协调方法、第一次工地例会制度、对旁站监理发现的问题的处理等内容。

《建设工程监理规范》GB/T 50319—2013 中 3.0.2 条规定,"工程开工前,总监理工程师及有关监理人员应参加由建设单位主持召开的第一次工地会议,会议纪要由项目监理机构负责整理,与会各方代表会签"。3.0.3 条规定,"项目监理机构应定期召开监理例会,组织有关单位研究解决工程监理相关问题"。

《建设工程施工合同》GF-2013-0201 中 4.3 条和 5.2 条对监理人的指示和质量的保证措施作了规定。

答题要点:

1. 组织协调的方法有:会议协调法、交谈协调法、书面协调法、访问协调法、情况介绍法。

2. 第一次工地例会的目的是:履约各方相互认识、确定联络方式;应在项目总监理工程师下达开工令之前举行;应由建设单位主持召开。

3. 建设工程监理最常用的方法是会议协调法,该方法的具体会议形式有第一次工地例会、监理例会等。

4. 发布指令属于书面协调法的具体方法。

5. 监理过程中发现的问题的处理:

(1) 指令停工,组织设计和施工单位共同研究处理方案,如需变更设计,指令施工单位按变更后的设计图施工,否则审核施工单位新的施工方案,指令施工单位按原图施工。

(2) 指令停工,检查胀模原因,指示施工单位加固处理,经检查认可,通知继续施工。

(3) 指令停工下令拆除封闭模板,使满足检查要求,经检查认可,通知复工。

(4) 指令停工,进行隐蔽工程检查,若隐检合格,签证复工;若隐检不合格,下令返工。

(5) 指令停工,检查分包单位资质。若审查合格,允许分包单位继续施工;若审查不合格,指令施工单位令分包单位立即退场。无论分包单位资质是否合格,均应对其已施工完的 200m² 防水工程进行质量检查。

(6) 通知该电焊工立即停止操作,检查其技术资质证明。若审查认可,可继续进行操作;若无技术资质证明,不得再进行电焊操作。对其完成的焊接部分进行质量检查。

(7) 报告建设单位,与设计单位联系,要求更正设计,指示施工单位按更正后的图纸返工,所造成的损失,应给予施工单位补偿。

案例五十五

背景:

某医院决定投资 1 亿余元,兴建一幢现代化的住院综合楼。其中土建工程采用公开招标的方式选定施工单位，但招标文件对省内的投标人与省外的投标人提出了不同的要求，也明确了投标保证金的数额。该院委托某建筑事务所为该项工程编制标底。2000 年 10 月 6 日招标公告发出后，共有 A、B、C、D、E、F 等 6 家省内的建筑单位参加了投标。投标文件规定 2000 年 10 月 30 日为提交投标文件的截止时间，2000 年 11 月 13 日举行开标会。其中，E 单位在 2000 年 10 月 30 日提交了投标文件，但 2000 年 11 月 1 日才提交投标保证金。开标会由该省建委主持。结果，某所编制的标底高达 6200 多万元，与其中的 A、B、C、D 等 4 个投标人的投标报价均在 5200 万元以下，与标底相差 1000 万余元，引起了投标人的异议。这 4 家投标单位向该省建委投诉，称某建筑事务所擅自更改招标文件中的有关规定，多计漏算多项材料价格。为此，该院请求省建委对原标底进行复核。2001 年 1 月 28 日，被指定进行标底复核的省建设工程造价总站（以下简称总站）拿出了复核报告，证明某建筑事务所在编制标底的过程中确实存在这 4 家投标单位所提出的问题，复核标底额与原标底额相差近 1000 万元。

由于上述问题久拖不决，导致中标书在开标三个月后一直未能发出。为了能早日开工，该院在获得了省建委的同意后，更改了中标金额和工程结算方式，确定某省某公司为中标单位。

问题：

1. 上述招标程序中，有哪些不妥之处？请说明理由。

2. E 单位的投标文件应当如何处理？为什么？

3. 对 D 单位撤回投标文件的要求应当如何处理？为什么？

4. 问题久拖不决后，该医院能否要求重新招标？为什么？

5. 如果重新招标，给投标人造成的损失能否要求该医院赔偿？为什么？

问题解析：

本案例主要考核招标投标程序、投标文件有效与否的判定、投标文件撤回的规定等内容。

《中华人民共和国招标投标法》第二十条规定，"招标文件不得要求或者标明特定的生产供应者以及含有倾向或者排斥潜在投标人的其他内容"。第三十四条规定，"开标应当在招标文件确定的提交投标文件截止时间的同一时间公开进行"。第三十五条规定，"开标由招标人主持，邀请所有投标人参加"。第五十九条规定，"招标人与中标人不按照招标文件和中标人的投标文件订立合同的，或者招标人、中标人订立背离合同实质性内容的协议的，责令改正"。

《中华人民共和国招标投标法实施条例》（2012）第三十五条规定，"投标人撤回已提交的投标文件，应当在投标截止时间前书面通知招标人。招标人已收取投标保证金的，应当自收到投标人书面撤回通知之日起 5 日内退还。投标截止后投标人撤销投标文件的，招标人可以不退还投标保证金"。

此案例考察考生对招投标法的理解与掌握的程度。

答题要点：

1. 在上述招标投标程序中，不妥之处如下：

（1）在公开招标中，对省内的投标人与省外的投标人提出了不同的要求。因为公开招标应当平等地对待所有的投标人，不允许对不同的投标人提出不同的要求。

（2）提交投标文件的截止时间与举行开标会的时间不是同一时间。按照《招标投标法》的规定，开标应当在招标文件确定的提交投标文件截止时间的同一时间公开进行。

（3）开标不应由该省建委主持。开标会应当由招标人或者招标代理人主持，省建委作为行政管理机关只能监督招标活动，不能作为开标会的主持人。

（4）中标书在开标三个月后一直未能发出。评标工作不宜久拖不决，如果在评标中出现无法克服的困难，应当及早采取其他措施（如宣布招标失败）。

（5）更改中标金额和工程结算方式，确定某省某公司为中标单位。如果不宣布招标失败，则招标人和中标人应当按照招标文件和中标人的投标文件订立书面合同，招标人和中标人不得再行订立背离合同实质性内容的其他协议。

2. E 单位的投标文件应当被认为是无效投标而拒绝。因为投标文件规定的投标保证金是投标文件的组成部分，因此，对于未能按照要求提交投标保证金的投标（包括期限），招标单位将视为不响应投标而予以拒绝。

3. 对 D 单位撤回投标文件的要求，应当没收其投标保证金。因为，投标行为是一种要约，在投标有效期内撤回其投标文件的，应当视为违约行为。因此，招标单位可以没收 D 单位的投标保证金。

4. 问题久拖不决后，某医院可以要求重新进行招标，理由如下：

（1）一个工程只能编制一个标底。如果在开标后（即标底公开后）再复核标底，将导致具体的评标条件发生变化，实际上属于招标单位的评标准备工作不够充分。

（2）问题久拖不决，使得各方面的条件发生变化，再按照最初招标文件中设定的条件订立合同是不公平的。

5. 如果重新进行招标，给投标人造成的损失不能要求该医院赔偿。虽然重新招标是由于招标人的准备工作不够充分导致的，但并非属于欺诈等违反诚实信用的行为。而招标在合同订立中仅仅是要约邀请，对招标人不具有合同意义上的约束力，招标并不能保证投标人中标，投标的费用应当由投标人自己承担。

第三部分　近年试题解析

2010 年《建设工程监理案例分析》试题解析

第一题：

某工程，建设单位通过招标方式选择监理单位。工程实施过程中发生下列事件：

事件 1：在监理招标文件中，列出的监理目标控制工作如下：

投资控制：①组织协调设计方案优化；②处理费用索赔；③审查工程概算；④处理工程价款变更；⑤进行工程计量。

进度控制：①审查施工进度计划；②主持召开进度协调会；③跟踪检查施工进度；④检查工程投入物的质量；⑤审批工程延期。

质量控制：①审查分包单位资质；②原材料见证取样；③确定设计质量标准；④审查施工组织设计；⑤审核工程结算书。

事件 2：监理合同签订后，总监理工程师委托总监理工程师代表负责如下工作：①主持编制项目监理规划；②审批项目监理实施细则；③审查和处理工程变更；④调解合同争议；⑤调换不称职监理人员。

事件 3：该项目监理规划内容包括：①工程项目概况；②监理工作范围；③监理单位的经营目标；④监理工作依据；⑤项目监理机构人员岗位职责；⑥监理单位的权利和义务；⑦监理工作方法及措施；⑧监理工作制度；⑨监理工作程序；⑩工程项目实施的组织；⑪监理设施；⑫施工单位需配合监理工作的事宜。

事件 4：在第一次工地会议上，项目监理机构将项目监理规划报送建设单位，会后，结合工程开工条件和建设单位的准备情况，又将项目监理规划修改后直接报送建设单位。

事件 5：专业监理工程师在巡视时发现，施工人员正在处理地下障碍物。经认定，该障碍物确属地下文物，项目监理机构及时采取措施并按有关程序进行了处理。

问题：

1. 指出事件 1 中所列监理目标控制工作中的不妥之处，说明理由。

2. 指出事件 2 中的不妥之处，说明理由。

3. 指出事件 3 中项目监理规划内容中的不妥之处。根据《建设工程监理规范》，写出该项目监理规划还应包括哪些内容。

4. 指出事件 4 中的不妥之处，说明理由。

5. 写出项目监理机构处理事件 5 的程序。

问题解析及答题要点：

1. 主要考核考生是否掌握监理目标控制在工程建设各阶段（前期准备阶段、设计阶段、施工阶段）的主要工作内容。

事件1中所列监理目标控制工作中的不妥之处如下:

(1) 投资控制:

1)"组织协调设计方案优化"不妥,因属于设计阶段投资控制工作;

2)"审查工程概算"不妥,因属于设计阶段投资控制工作。

(2) 进度控制:

"检查工程投入物的质量"不妥,因属于施工阶段质量控制工作。

(3) 质量控制:

1)"确定设计质量标准"不妥,因属于设计阶段质量控制工作;

2)"审核工程结算书"不妥,因属于施工阶段投资控制工作。

2. 主要考核考生对总监理工程师职责的掌握程度。根据《建设工程监理规范》,总监理工程师不得将下列工作委托总监理工程师代表:①主持编写项目监理规划、审批项目监理实施细则;②签发工程开工/复工报审表、工程暂停令、工程款支付证书、工程竣工报验单;③审核签认竣工结算;④调解建设单位与承包单位的合同争议、处理索赔、审批工程延期;⑤根据工程项目的进展情况进行监理人员的调配,调换不称职的监理人员。

事件2中,总监理工程师不应将下列工作委托给总监理工程师代表:

(1) 主持编制项目监理规划;

(2) 审批项目监理实施细则;

(3) 调解合同争议;

(4) 调换不称职监理人员。

3. 主要考核考生对监理规划内容的掌握程度。根据《建设工程监理规范》,项目监理规划的内容包括:①建设工程概况;②监理工作范围;③监理工作内容;④监理工作目标;⑤监理工作依据;⑥项目监理机构组织形式;⑦项目监理机构的人员配备计划;⑧项目监理机构的人员岗位职责;⑨监理工作程序;⑩监理工作方法及措施;⑪监理工作制度;⑫监理设施。

事件3中,项目监理规划内容中的不妥之处如下:

(1) 监理单位的经营目标;

(2) 监理单位的权利和义务;

(3) 工程项目实施的组织;

(4) 施工单位需配合监理工作的事宜。

该项目监理规划还应包括的内容:

(1) 监理工作内容;

(2) 监理工作目标;

(3) 项目监理机构的组织形式;

(4) 项目监理机构的人员配备计划。

4. 主要考核考生对监理规划审批权的掌握程度。《建设工程监理规范》规定,"监理规划作为工程监理单位的技术文件,应经过工程监理单位技术负责人的审核批准,并在工程监理单位存档"。

事件4中,项目监理规划修改后直接报送建设单位不妥。理由:监理规划编写完成后必须进行审核并经工程监理单位技术负责人签字认可。

5. 主要考核考生是否掌握项目监理机构遇突发事件时的处理方法、职责和权限。

项目监理机构处理事件5的程序如下：

(1) 报告建设单位；

(2) 签发工程暂停令；

(3) 就工期、费用补偿问题使建设单位和施工单位达成一致意见；

(4) 督促文物保护措施方案的落实；

(5) 文物保护措施落实后，签发复工令。

第二题：

某实施监理的工程，建设单位与甲施工单位签订施工合同，约定的承包范围包括A、B、C、D、E五个子项目，其中，子项目A包括拆除废弃建筑物和新建工程两部分，拆除废弃建筑物分包给具有相应资质的乙施工单位。

工程实施过程中发生下列事件：

事件1：由于拆除废弃建筑物的危险性较大，乙施工单位编制了专项施工方案，并组织召开了有甲施工单位与项目监理机构相关人员参加的专家论证会。会后，乙施工单位将该施工方案送交项目监理机构，要求总监理工程师审批。总监理工程师认为该方案已通过专家论证，便签字同意实施。

事件2：建设单位要求乙施工单位在废弃建筑物拆除前7日内，将资质等级证明与专项施工方案报送工程所在地建设行政主管部门。

事件3：受金融危机影响，建设单位于2010年1月20日正式通知甲施工单位与监理单位，缓建尚未施工的子项目D、E。而此前，甲施工单位已按照批准的计划订购了用于子项目D、E的设备，并支付定金300万元。鉴于无法确定复工时间，建设单位于2010年2月10日书面通知甲施工单位解除施工合同。

问题：

1. 指出事件1中的不妥之处，写出正确做法。

2. 指出事件2中建设单位的不妥之处，写出正确做法。

3. 事件3中，建设单位是否可以解除施工合同？说明理由。如果甲施工单位不同意解除合同而继续子项目D、E的施工，项目监理机构应做哪些工作？

4. 事件3中，若解除施工合同，根据《建设工程监理规范》，甲施工单位应得到哪些费用补偿？

问题解析及答题要点：

1. 主要考核考生是否掌握施工单位、分包单位资料管理的相关规定。

事件1中，乙施工单位将施工方案直接送交项目监理机构；总监理工程师签字同意实施不妥。正确做法：乙施工单位编制的施工方案应先报送甲施工单位审查，甲施工单位的技术负责人审查签字同意后，报送项目监理机构，总监理工程师审查后方同意实施。

2. 主要考核考生是否掌握建设单位的相关报建程序。

事件2中，建设单位要求乙施工单位在废弃建筑物拆除前7日内仅报送资质等级证明与拆除施工方案不妥。正确做法：由建设单位在房建筑物拆除15日前报送；还应报送：

拟拆除建筑物及可能危及毗邻建筑物的说明；堆放、清除废弃物的措施。

3. 主要考核考生对《合同法》中解除合同的相关规定的掌握程度。

事件 3 中：

（1）建设单位可以解除施工合同。理由：根据《合同法》，因建设单位原因造成工程缓建致使合同无法履行的，建设单位可以解除合同。

（2）项目监理机构应书面通知甲施工单位停止施工，并立即对已施工部分进行记录与计量。

4. 主要考核考生对项目监理机构处理费用索赔的主要依据的掌握程度。

事件 3 中，甲施工单位应得到的费用补偿如下：

（1）为设备订货而投入的 300 万元定金；

（2）撤离施工设备至原基地或其他目的地的合理费用；

（3）甲施工单位所有人员的合理遣返费用；

（4）合理的利润补偿；

（5）施工合同规定的建设单位应支付的违约金。

第三题：

某工程，建设单位委托监理单位承担施工招标代理和施工阶段监理工作，并采用无标底公开招标方式选定施工单位。

工程实施过程中发生下列事件：

事件 1：项目监理机构在组织评审 A、B、C、D、E 五家施工单位的投标文件时发现：A 单位施工方案工艺落后，报价明显高于其他投标单位报价；B 单位投标文件的关键内容字迹模糊、无法辨认；C 单位投标文件符合招标文件要求；D 单位的报价总额有误；E 单位投标文件中某分部工程的报价有个别漏项。

事件 2：为确保深基坑开挖工程的施工安全，施工项目经理亲自兼任施工现场的安全生产管理员。为赶工期，施工单位在报审深基坑开挖工程专项施工方案的同时即开始该基坑开挖。

事件 3：施工单位对某分项工程的混凝土试块进行试验，试验数据表明混凝土质量不合格。于是委托经监理单位认可的有相应资质的检测单位对该分项工程混凝土实体进行检测，检测结果表明，混凝土强度达不到设计要求，须加固补强。

事件 4：专业监理工程师巡视时发现，施工单位采购进场的一批钢材准备用于工程，但尚未报验。

问题：

1. 事件 1 中 A、B、D、E 四家单位的投标文件是否有效？分别说明理由。

2. 指出事件 2 中施工单位做法的不妥之处，写出正确做法。

3. 根据《建设工程监理规范》，写出总监理工程师处理事件 3 的程序。

4. 写出专业监理工程师处理事件 4 的程序。

问题解析及答题要点：

1. 主要考核考生对投标文件内容、要求及相关规定的掌握程度。

事件 1 中：

（1）A 单位的投标文件有效。理由：招标文件中对高报价没有限制（或：未设招标控制价）。

（2）B 单位的投标文件无效。理由：无法判断投标文件是否响应招标文件。

（3）D 单位的投标文件有效。理由：报价总额有误属于细微偏差（或：报价总额有误允许补正）。

（4）E 单位的投标文件有效。理由：报价漏项属于细微偏差。

2. 主要考核考生对《建设工程安全生产管理条例》的掌握程度。《建设工程安全生产管理条例》第二十三条规定，施工单位应当设立安全生产管理机构，配备专职安全生产管理人员。第二十六条规定，土方开挖工程专项施工方案，应经施工单位技术负责人、总监理工程师签字后实施，由专职安全生产管理人员进行现场监督。

事件 2 中：

（1）施工项目经理兼任施工现场安全生产管理员不妥。正确做法：应安排专职安全生产管理员。

（2）施工单位在报审深基坑开挖工程专项施工方案的同时即开始深基坑开挖不妥。正确做法：应待专项施工方案报审批准后才能进行深基坑开挖。

3. 主要考核考生对总监理工程师发现工程质量问题后的处理程序的掌握程度。

事件 3 中，总监理工程师的处理程序如下：

（1）责令施工单位报送质量事故调查报告；

（2）要求施工单位上报由设计单位等相关单位认可的处理方案；

（3）对质量事故的处理过程和结果进行跟踪检查和验收；

（4）向建设单位和本单位提交质量事故书面报告；

（5）整理归档完整的质量事故报告。

4. 主要考核考生对进场材料进行复检的相关程序及相关规定的掌握程度。

事件 4 中，专业监理工程师的处理程序如下：

（1）发出《监理工程师通知单》，要求施工单位按程序报验；

（2）审核施工单位填报的《工程材料报验单》；

（3）按规定见证取样或平行检验；

（4）检验合格，同意用于工程；检验不合格，要求钢材退场。

第四题：

某实施监理的工程，建设单位分别与甲、乙施工单位签订了土建工程施工合同和设备安装工程施工合同，与丙单位签订了设备采购合同。

工程实施过程中发生下列事件：

事件 1：甲施工单位按照施工合同约定的时间向项目监理机构提交了《工程开工报审表》，总监理工程师在审批施工组织设计文件后，组织专业监理工程师到现场检查时发现：施工机具已进场准备就位；施工测量人员正在进行测量控制桩和控制线的测设；拆迁工作正在进行，不会影响工程进度。为此，总监理工程师签署了同意开工的意见，并报告了建设单位。

事件2：专业监理工程师巡视时发现，甲施工单位现场施工人员准备将一种新型建筑材料用于工程。经询问，甲施工单位认为该新型建筑材料性能好、价格便宜，对工程质量有保证。项目监理机构要求其提供该新型建筑材料的有关资料，甲施工单位仅提供了使用说明书。

事件3：项目监理机构检查甲施工单位的某分项工程质量时，发现试验检测数据异常，便再次对甲施工单位试验室的资质等级及其试验范围、本工程试验项目及要求等内容进行了全面考核。

事件4：为了解设备性能，有效控制设备制造质量，项目监理机构指令乙施工单位指派专人进驻丙单位，与专业监理工程师共同对丙单位的设备制造过程进行质量控制。

事件5：工程竣工验收时，建设单位要求甲施工单位统一汇总甲、乙施工单位的工程档案后提交项目监理机构，由项目监理机构组织工程档案验收。

问题：

1. 事件1中，总监理工程师签署同意开工的意见是否妥当？说明理由。

2. 写出项目监理机构处理事件2的程序。

3. 事件3中，项目监理机构还应从哪些方面考核甲施工单位的试验室？

4. 事件4中，项目监理机构指令乙施工单位派专人进驻丙单位的做法是否正确？说明理由。

5. 指出事件5中建设单位要求的不妥之处，说明理由。

问题解析及答题要点：

1. 主要考核考生对工程开工前建设单位、施工单位准备工作的掌握程度。

事件1中，总监理工程师签署同意开工的意见不妥。理由：因总监理工程师检查内容中没有包含：施工许可证是否取得、现场管理人员是否到位、主要工程材料是否落实、现场的三通一平是否满足开工条件、现场工作应该完成。

2. 主要考核考生对新材料、新工艺、新技术、新设备使用的处理程序的掌握程度。

事件2中，项目监理机构应要求施工单位报送相应的施工工艺措施和证明材料，组织专题论证，经审定后予以签认。

3. 主要考核考生对施工单位试验室检查内容的掌握程度。根据《建设工程监理规范》，施工单位试验室检查的内容包括：①试验室的资质等级及试验范围；②法定计量部门对试验设备出具的计量检定证明；③试验室管理制度；④试验人员资格证书。

事件3中，项目监理机构还应从以下3个方面考核甲施工单位的试验室：

(1) 试验室的管理制度；

(2) 试验人员的资格证书；

(3) 试验设备有效的计量检定证。

4. 主要考核考生是否掌握施工过程中各方的职责所在。

事件4中，项目监理机构指令乙施工单位派专人进驻丙单位的做法不正确。理由：因为设备制造由建设单位单独发包，设备制造质量控制不属于安装单位的职责。

5. 主要考核考生是否掌握工程竣工验收时文件资料归档、验收的相关规定。

事件5中：

（1）建设单位要求甲施工单位统一汇总甲、乙施工单位工程档案不妥。理由：因该工程为平行发包，各施工单位应分别形成工程档案进行移交。

（2）建设单位要求将工程档案提交项目监理机构；由项目监理机构组织工程档案验收不妥。理由：工程档案应提交建设单位，由建设单位对工程档案进行验收。

第五题：

某实施监理的工程，合同工期15个月，总监理工程师批准的施工进度计划如图2010-5-1所示。

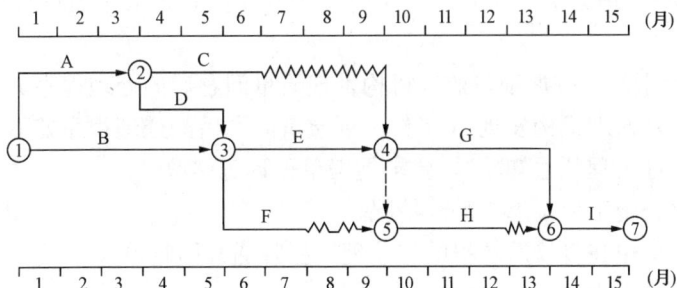

图 2010-5-1　施工进度计划

工程实施过程中发生下列事件：

事件1：项目监理机构对A工作进行验收时发现质量问题，要求施工单位返工整改。

事件2：在第5个月初到第8个月末的施工过程中，由于建设单位提出工程变更，使施工进度受到较大影响。截至第8个月末，未完工作尚需作业时间见表2010-5-1。施工单位按索赔程序向项目监理机构提出了工程延期的要求。

［事件3］：建设单位要求本工程仍按原合同工期完成，施工单位需要调整施工进度计划，加快后续工程进度。经分析得到的各工作有关数据见表2010-5-1。

相关数据表　　　　　　　　　　　　　　　表 2010-5-1

工 作 名 称	C	E	F	G	H	I
尚需作业时间（月）	1	3	1	4	3	2
可缩短的待续时间（月）	0.5	1.5	0.5	2	1.5	1
缩短待续时间所增加的费用（万元/月）	28	18	30	26	10	14

问题：

1. 该工程施工进度计划中关键工作和非关键工作分别有哪些？C和F工作的总时差和自由时差分别为多少？

2. 事件1中，对于A工作出现的质量问题，写出项目监理机构的处理程序。

3. 事件2中，逐项分析第8个月末C、E、F工作的拖后时间及对工期和后续工作的影响程度，并说明理由。

4. 针对事件 2，项目监理机构应批准的工程延期时间为多少？说明理由。

5. 针对事件 3，施工单位加快施工进度而采取的最佳调整方案是什么？相应增加的费用为多少？

问题解析及答题要点：

1. 主要考核考生对时标网络计划中时间参数及关键工作、非关键工作判别方法的掌握程度。

工程施工进度计划中，关键工作有：A、B、D、E、G、I。非关键工作有：C、F、H。其中，C 工作的总时差为 3 个月，自由时差为 3 个月；F 工作的总时差为 3 个月，自由时差为 2 个月。

2. 主要考核考生是否掌握项目监理机构发现质量问题后的处理程序。

事件 1 中，项目监理机构发现 A 工作出现质量问题后的处理程序如下：

（1）发出《监理工程师通知单》，要求施工单位返工整改；

（2）跟踪、检查施工单位返工整改情况；

（3）签收施工单位在自检后填报的《监理工程师通知回复单》；

（4）重新验收 A 工作。

3. 主要考核考生是否掌握时标网络计划中工作实际进度及其对后续工作和总工期影响程度的分析方法。

事件 2 中：

（1）C 工作拖后 3 个月，由于其自由时差和总时差均为 3 个月，故不影响总工期和后续工作。

（2）E 工作拖后 2 个月，由于其为关键工作，故其后续工作 G、H 和 I 的最早开始时间将推迟 2 个月，影响总工期 2 个月。

（3）F 工作拖后 2 个月，由于其自由时差为 2 个月，故不影响总工期和后续工作。

4. 主要考核考生是否掌握工程延期的处理原则和方法。

事件 2 中，项目监理机构批准工程延期 2 个月，因为总工期的延长是因建设单位提出工程变更而造成（或非施工单位原因造成）的。

5. 主要考核考生对工程网络计划工期优化的掌握程度。

事件 3 中，最佳调整方案是：缩短 I 工作 1 个月，缩短 E 工作 1 个月，由此增加的费用为 14+18=32（万元）。

第六题：

某实施监理的工程，建设单位与施工单位按照《建设工程施工合同（示范文本）》签订的施工合同约定：工程合同价为 200 万元，工期 6 个月；预付款为合同价的 15%；工程进度按月结算；保留金总额为合同价的 3%，按每月进度款（含工程变更和索赔费用）的 10% 扣留，扣完为止；预付款在工程的最后三个月等额扣回。施工过程中发生设计变更时，增加的工程量采用以直接费为计算基础的工料单价法计价，间接费费率 8%，利润率

5%，综合计税系数 3.41%；发生窝工时，按人员窝工费 50 元/工日、施工设备闲置费 1000 元/台班补偿。

工程实施过程中发生下列事件：

事件 1：基础工程施工中，遇勘探中未探明的地下障碍物。施工单位处理该障碍物导致直接工程费增加 10 万元，措施费增加 2 万元，人员窝工 60 工日，施工设备闲置 3 台班，影响工期 3 天。

事件 2：为了保持总工期不变，建设单位要求施工单位加快基础工程的施工进度。施工单位同意按照建设单位的要求赶工，但需增加赶工费 5 万元。为此，施工单位提出了费用补偿要求。

事件 3：主体结构工程施工时，施工单位为了保证工程质量，采取了相应的技术措施，为此增加了工程费用 2 万元；项目监理机构收到施工单位主体结构工程验收申请后，及时组织了验收，验收结论合格。施工单位以通过验收为由向项目监理机构提交申请，要求建设单位支付增加的 2 万元工程费用。

事件 4：经项目监理机构审定的施工单位各月实际进度款（含工程变更和索赔费用）见表 2010-6-1。

各月实际进度款　　　　　　　　　　　　　　　表 2010-6-1

时间（月）	1	2	3	4	5	6
实际进度款（万元）	40	50	40	35	30	25

问题：

1. 事件 1 中，施工单位应得到多少费用补偿（计算结果保留两位小数）？说明理由。

2. 事件 2 中，项目监理机构是否应批准施工单位的赶工费用补偿？说明理由。

3. 事件 3 中，项目监理机构是否应同意增加 2 万元工程费用的要求？说明理由。

4. 该工程保留金总额为多少？依据表 2010-6-1，该工程每个月应扣保留金多少？总监理工程师每个月应签发的实际付款金额是多少？

问题解析及答题要点：

1. 主要考核考生对工程费用计算方法及费用补偿规定的掌握程度。

事件 1 中，施工单位应得到的费用补偿如下：

（1）处理障碍物增加的费用：

①直接费＝10＋2＝12.00（万元）

②间接费＝12×8%＝0.96（万元）

③利润＝（①＋②）×5%＝（12＋0.96）×5%＝0.65（万元）

④税金＝（①＋②＋③）×3.41%＝（12＋0.96＋0.65）×3.41%＝0.46（万元）

⑤总计：①＋②＋③＋④＝12＋0.96＋0.65＋0.46＝14.07（万元）

（2）窝工、闲置补偿费用：50×60＋1000×3＝0.60（万元）

（3）应得到的费用补偿：14.07＋0.6＝14.67（万元）

2. 主要考核考生是否掌握工程延期条件下费用补偿的原则。

事件 2 中，项目监理机构应批准施工单位的赶工费用补偿。理由：由于工程延期非施工单位责任，并由建设单位提出赶工要求。

3. 主要考核考生是否掌握费用索赔的处理原则。

事件 3 中，项目监理机构不应同意增加 2 万元工程费用的要求。理由：因属施工单位自身原因。项目监理机构验收合格只表明工程质量符合合同要求。

4. 主要考核考生对保留金及工程款计算方法的掌握程度。

(1)保留金总额＝$200×3\%＝6$(万元)

(2)各月应扣保留金：

第 1 个月扣保留金＝ $40×10\%＝4$(万元)＜6 万元

第 2 个月可扣保留金＝$50×10\%＝5$(万元)

保留金未扣部分为 $6－4＝2$(万元)

第 2 个月实际扣保留金为 2 万元

(3)各月应签发的付款金额：

第 1 个月：$40－4＝36$(万元)

第 2 个月：$50－2＝48$(万元)

第 3 个月：40(万元)

第 4、5、6 个月应扣的预付款：10(万元)

第 4 个月：$35－10＝25$(万元)

第 5 个月：$30－10＝20$(万元)

第 6 个月：$25－10＝15$(万元)

2011 年《建设工程监理案例分析》试题解析

第一题：

某工程，监理合同履行过程中，发生如下事件：

事件1：总监理工程师对部分监理工作安排如下：（1）监理实施细则由总监理工程师代表负责审批；（2）隐蔽工程由质量控制专业监理工程师负责验收；（3）工程费用索赔由造价控制专业监理工程师负责审批；（4）工程计量原始凭证由监理员负责签署。

事件2：总监理工程师对工程竣工预验收工作安排如下：专业监理工程师组织审查施工单位报送的竣工资料，总监理工程师组织工程竣工预验收，施工单位对存在的问题整改。施工单位整改完毕后，专业监理工程师签署工程竣工报验单，并负责编制工程质量评估报告。工程质量评估报告经总监理工程师审核签字后报送建设单位。

事件3：针对该工程的风险因素，项目监理机构综合考虑风险回避、风险转移、损失控制和风险自留四种对策，提出了相应的应对措施，见表2011-1-1。

风险因素及应对措施　　　　　　　　　　　　　　表 2011-1-1

代 码	风 险 因 素	应 对 措 施
A	易燃物品仓库紧邻施工项目部办公用房	施工单位重新进行平面布置，确保两者之间保持安全距离
B	工程材料价格上涨	建设单位签订固定总价合同
C	施工单位报审的分包单位无类似工程施工业绩	施工单位更换分包单位
D	施工组织设计中无应急预案	施工单位制定应急预案
E	建设单位负责采购的设备技术性能复杂，配套设备较多	建设单位要求供货方负责安装调试
F	工程地质条件复杂	建设单位设立专项基金

事件4：一批工程材料进场后，施工单位质检员填写《工程材料/构配件/设备报审表》签字后，仅附材料供应方提供的质量证明资料报送项目监理机构。项目监理机构审查后认为不妥，不予签认。

问题：

1. 逐条指出事件1中总监理工程师对监理工作安排是否妥当，不妥之处写出正确安排。

2. 指出事件2中总监理工程师对工程竣工预验收工作安排的不妥之处，并写出正确安排。

3. 指出表2011-1-1中 A～F 的风险应对措施分别属于四种对策中的哪一种。

4. 指出事件4中施工单位的不妥之处，并写出正确做法。

问题解析及答题要点：

1. 主要考核考生是否掌握项目监理机构内，总监理工程师、专业监理工程师、监理员的相关职责和权限，包括：①监理文件的审批；②隐蔽工程的质量验收；③索赔的处理；④工程量计量原始凭证的签署。

事件1中：

（1）应由总监理工程师负责审批的是监理实施细则和索赔处理决定；

（2）专业监理工程师负责隐蔽工程的质量验收并签发验收文件；

（3）监理员参加工程量计量工作并签发原始凭证。

2. 主要考核竣工验收阶段项目监理机构的工作程序和相关人员的职责，包括：①组织对竣工资料的审查；②工程预验收后竣工报验单的签署；③工程质量评估报告的编制和签署。

事件2中：

（1）施工单位报送的竣工资料审查工作应由总监理工程师组织，专业监理工程师按照专业分工具体负责相关资料的审查工作；

（2）工程竣工报验单的签署是进行工程竣工验收的前提条件之一，因此，应由总监理工程师签署；

（3）施工单位对工程预验收中存在的问题整改合格后，总监理工程师负责编制工程质量评估报告。经监理单位技术负责人审核签字后报送建设单位，作为监理单位同意进行竣工验收的书面意见。

3. 主要考核对风险知识的掌握程度，包括：①风险因素；②风险分类；③对已识别主要风险的应对措施。

事件3中：

（1）施工单位重新布置易燃物品仓库的位置，使其与施工项目部办公用房之间保持安全距离的目的是，一旦发生爆炸或火灾时减小风险灾害的损失。因此，A项处理措施属于风险损失控制的范畴。

（2）建设单位考虑材料市场不稳定，价格上涨会影响到合同结算价格的增加，采取固定总价承包的合同，是将材料价格增长的风险转由施工单位承担。因此，B项处理措施属于风险转移的范畴。

（3）施工单位报审的分包单位无类似工程施工业绩，不具备实施分包工程的资格，要求施工单位更换分包单位的目的是中断分包工程施工的质量、安全风险。因此，C项处理措施属于风险回避的范畴。

（4）施工组织设计中无应急预案，要求施工单位制定应急预案并不能防止风险事件的发生，只能减小事件发生后的损失。因此，D项处理措施属于风险损失控制的范畴。

（5）鉴于建设单位负责采购的设备技术性能复杂、配套设备较多，要求供货方负责安装调试的目的是，将整套设备的配套性能满足设计要求，技术参数达标的设备安装风险由供货方承担。因此，E项措施属于风险转移的范畴。

（6）由于工程地质条件复杂，建设单位设立专项风险基金并不能改变风险发生的客观性，只是风险事件发生后有能力采取有效的应对措施。因此，F项处理措施属于风险自留的范畴。

4. 主要考核项目监理机构对施工单位采购材料到货检验的程序，包括：①审查施工单位提交的报审表内容的完整性；②施工单位所提交报验单的签署资格。

事件 4 中：

(1) 施工单位采购的材料到货验收后，仅向项目监理机构提交材料供应方出具的质量证明资料不符合报审表的要求，还应有施工单位自检合格证明资料。

(2) 报审表属于施工单位与监理机构的正式交往文件，质检员签字不妥，应由项目经理签字。

第二题：

某实施监理的工程，在招标与施工阶段发生如下事件：

事件 1：招标代理机构提出：评标委员会由 7 人组成，包括建设单位纪委书记、工会主席，当地招投标管理办公室主任，以及从评标专家库中随机抽取的 4 位技术、经济专家。

事件 2：建设单位要求招标代理机构在招标文件中明确：投标人应在购买招标文件时提交投标保证金；中标人的投标保证金不予退还；中标人还需提交履约保函，保证金额为合同总额的 20%。

事件 3：施工中因地震导致：施工停工 1 个月，已建工程部分损坏；现场堆放价值 50 万元的工程材料（施工单位负责采购）损毁；部分施工机械损坏，修复费用 20 万元；现场有 8 人受伤，施工单位承担了全部医疗费 24 万元（其中建设单位受伤人员医疗费 3 万元，施工单位受伤人员医疗费 21 万元）；施工单位修复损坏工程支出 10 万元。施工单位按合同约定向项目监理机构提交了费用补偿和工程延期申请。

事件 4：建设单位采购的大型设备运抵施工现场后，进行了清点移交。施工单位在安装过程中发现该设备一个部件损坏，经鉴定，部件损坏是由于本身存在质量缺陷。

问题：

1. 指出事件 1 中评标委员会人员组成的不正确之处，并说明理由。

2. 指出事件 2 中建设单位要求的不妥之处，并说明理由。

3. 根据《建设工程施工合同（示范文本）》，分析事件 3 中建设单位和施工单位各自承担哪些经济损失。项目监理机构应批准的费用补偿和工程延期各为多少？（不考虑工程保险情况）。

4. 就施工合同主体关系而言，事件 4 中设备部件损坏的责任应由谁承担？说明理由。

问题解析及答题要点：

1. 主要考核考生对评标委员会组成规定的了解程度，包括：①评标委员会的专家数量；②评标委员的资格。

事件 1 中：

(1) 按照招标投标法规的规定，评标委员会应由 5 人以上单数的评标委员组成，其中专家人数不少于 2/3。由 7 人组成的评标委员会从评标专家库抽取技术、经济专家应不少于 5 人，因此只抽取了 4 位专家不符合规定的数量。

（2）当地招投标管理办公室主任作为评标委员不正确，违反了行政监督部门的人员不得担任评标委员会成员的规定。

2. 主要考核考生对投标保证和履约保证的规定，包括：①投标保证金的提交和退回；②履约保证的金额。

事件 2 中：

（1）投标保证金的作用是约束投标人在投标截止日期后不能违反招标文件的规定。投标人购买招标文件后退出投标竞争不构成违约，因此要求投标人在购买招标文件时提交投标保证金不妥，应在递交投标文件时提交；

（2）中标人与招标人签订合同后即表明中标人在招标投标阶段没有违约行为，投标保证金应予退还。因此在招标文件中规定不退还中标人投标保证金不妥；

（3）国内招标订立的合同履约保证金的额度通常为中标合同价的 5％，国际招标的履约保证金为中标合同价的 10％，因此要求中标人提交履约保证金为合同总额的 20％过高。

3. 主要考核考生对《建设工程施工合同（示范文本）》中，关于不可抗力条款对损失责任的规定，包括：①不可抗力造成财产和人员伤害损失的责任；②不可抗力对工期影响的责任。

事件 3 中：

（1）建设单位应承担的损失责任包括：工程本身的损害；因工程损害导致第三方人员伤亡和财产损失；运至施工场地用于施工的材料和待安装的设备的损害；建设单位人员的伤亡损失。因此，现场堆放的工程材料损失；建设单位人员医疗费；损坏工程修复费用应由建设单位承担；

（2）施工单位应承担的损失包括：承包人机械设备损坏；停工损失；施工单位现场人员的伤亡损失。因此，施工机械损坏修复费用；施工单位人员医疗费应由施工单位承担；

（3）项目监理机构应批准施工单位的费用补偿金额为：50＋3＋10 ＝63（万元）；

（4）停工损失应由施工单位承担，但工期相应顺延。因此，项目监理机构应批准工程延期 1 个月。

4. 主要考核考生对施工合同履行过程中，一个事件涉及两个合同的责任划分，包括：①施工合同的当事人；②设备采购合同供货方的违约。

事件 4 中：

施工合同的当事人是建设单位和施工单位，设备供货方不是本合同的当事人。设备运抵施工现场后进行的清点移交，不能解除采购方的质量责任。因此，建设单位应首先就其采购设备的质量对施工单位承担责任，再依据设备采购合同追究供货方的责任。

第三题：

某实施监理的工程，甲施工单位选择乙施工单位分包基坑支护及土方开挖工程。

施工过程中发生如下事件：

事件 1：施工单位开挖土方时，因雨期下雨导致现场停工 3 天，在后续施工中，乙施工单位挖断了一处在建设单位提供资料的地下管图中未标明的煤气管道，因抢修导致现场停工 7 天，为此甲施工单位通过项目监理机构向建设单位提出工程延期 10 天和费用补偿 2 万元（合同约定，窝工综合补偿 2000 元/天）的要求。

事件 2：为赶工期，甲施工单位调整了土方开挖方案，并按规定程序进行了报批。总监理工程师在现场发现乙施工单位未按调整后的土方开挖方案施工并造成围护结构变形超限，立即向甲施工单位签发《工程暂停令》，同时报告了建设单位。乙施工单位未执行指令仍继续施工，总监理工程师及时报告了有关主管部门。后因围护结构变形过大引发了基坑局部坍塌事故。

事件 3：甲施工单位凭施工经验，未经安全验算就编制了高大模板工程专项施工方案，经项目经理签字后报总监理工程师审批的同时，就开始搭设高大模板，施工现场安全生产管理人员则由项目总工程师兼任。

事件 4：甲施工单位为便于管理，将施工人员的集体宿舍安排在本工程尚未竣工验收的地下车库内。

问题：

1. 指出事件 1 中挖断煤气管道事故的责任方，说明理由。项目监理机构应批准工程延期和费用补偿各多少？说明理由。

2. 根据《建设工程安全生产管理条例》，分析事件 2 中甲、乙施工单位和监理单位对基坑局部坍塌事故应承担的责任，说明理由。

3. 指出事件 3 中甲施工单位的做法有哪些不妥，写出正确做法。

4. 指出事件 4 中甲施工单位的做法是否妥当，说明理由。

问题解析及答题要点：

1. 主要考核考生在施工合同履行过程中，对建设单位提供资料的完整性和真实性责任的规定，以及监理单位对变更的处理。

事件 1 中：

（1）按照《建设工程施工合同（示范文本）》的规定，地下埋藏物是施工单位在投标阶段不可能合理考察和预见的情况，建设单位应提供施工现场地下埋藏物的有关详细资料。因此施工单位挖断建设单位未提供地下管图的煤气管道，损失责任应由建设单位承担。

（2）乙施工单位受到的损失通过甲施工单位索赔符合合同规定的程序，但索赔要求中的雨天施工的工期延误应属于施工单位应承担的风险，只有抢修煤气管道的停工损失要求合理。项目监理机构应批准的索赔应为：顺延合同工程期 7 天；费用补偿 1.4 万元。因季节性下雨造成的 3 天停工，不能作为工程延期和费用补偿计算的依据。

2. 主要考核考生对施工合同履行过程中，对分包管理和安全管理责任的规定，包括：①安全事故的主要责任；②安全事故的连带责任；③监理单位的责任。

事件 2 中：

（1）乙施工单位未按批准的施工方案施工是本次生产安全事故的主要责任方。

（2）按照总、分包的合同的规定，甲施工单位直接对建设单位承担分包工程的质量和安全责任，负责协调、监督、管理分包工程的施工。因此，甲施工单位应承担本次事故的连带责任。

（3）监理单位在现场对乙施工单位未按调整后的土方开挖方案施工的行为及时向甲施工单位签发《工程暂停令》，同时报告了建设单位，已履行了应尽的职责。按照《建设工程安全生产管理条例》和合同约定，对本次安全生产事故不承担责任。

3. 主要考核考生对施工安全管理责任的规定，包括：①危险性较大工程专项施工方案的编制；②专项施工方案的提交；③监理机构对专项施工方案的审查；④施工单位专职安全员的配置。

事件 3 中：

（1）高大模板工程施工属于危险性较大的工程，需要在施工组织设计中编制专项施工方案。因此，甲施工单位凭施工经验未经安全验算不妥，应经安全验算并附验算结果。

（2）专项施工方案应经甲施工单位技术负责人审查签字后报总监理工程师审批，仅经项目经理签字后即报总监理工程师审批不妥。

（3）按照《建设工程安全生产管理条例》的规定，六类危险性较大工程的专项施工方案编制后，需经 5 人以上专家论证后才可以实施。因此，高大模板工程施工方案未经专家论证、评审不妥，应由甲施工单位组织专家进行论证和评审。

（4）按照合同规定的管理程序，施工组织设计和专项施工方案应经总监理工程师签字后才可以实施，因此，甲施工单位在专项施工方案报批的同时开始搭设高大模板不妥。

（5）在施工单位项目部的组织中，应安排专职安全生产管理人员，因此，安全生产管理人员由项目总工程师兼任不妥。

4. 主要考核考生对安全生产管理规定的了解，主要为"未经过竣工验收的工程或部位不得使用"。

事件 4 中：

《建设工程安全生产管理条例》明确规定，不得在尚未竣工的建筑物内设置员工集体宿舍。因此，甲施工单位将施工人员的集体宿舍安排在尚未竣工验收的地下车库内不妥。

第四题：

某实施监理的工程，施工单位按合同约定将打桩工程分包。施工过程中发生如下事件：

事件 1：打桩工程开工前，分包单位向专业监理工程师报送了《分包单位资格报审表》及相关资料，专业监理工程师仅审查了营业执照、企业资质等级证书，认为符合条件之后即通知施工单位同意分包单位进场施工。

事件 2：专业监理工程师在现场巡视时发现，施工单位正在加工的一批钢筋未经报验，立即进行了处理。

事件 3：主体工程施工过程中，专业监理工程师发现已浇筑的钢筋混凝土工程出现质量问题。经分析，有下列原因：

①现场施工人员未经培训；

②浇筑顺序不当；

③振捣器性能不稳定；

④雨天进行钢筋焊接；

⑤施工场地狭窄；

⑥钢筋锈蚀严重。

事件 4：施工单位因违规作业发生一起质量事故，造成直接经济损失 8 万元。该事故发生后，总监理工程师签发《工程暂停令》。事故调查组进行调查后，出具了事故调查报告。项目监理机构接到事故调查报告后，按程序对该质量事故进行了处理。

问题：

1. 指出事件 1 中专业监理工程师的做法有哪些不妥，说明理由。

2. 专业监理工程师应如何处理事件 2？

3. 将项目监理机构针对事件 3 分析的①～⑥项原因分别归入影响工程质量的五大要因（人员、机械、材料、方法、环境）之中，并绘制因果分析图。

4. 按损失严重程度划分，事件 4 中的质量事故属于哪一类？写出项目监理机构接到事故调查报告后对该事故的处理程序。

问题解析及答题要点：

1. 主要考核考生对项目监理机构进行分包单位资格和能力审查有关规定的掌握程度，包括：①分包单位资格报审表的递送；②监理机构对分包单位资格审查的内容；③批准分包单位进场文件的签发。

事件 1 中：

（1）专业监理工程师接收分包单位的报审表及相关资料不妥，按照总分包的合同管理关系，分包单位的资格报审表及相关资料应通过施工单位报送。

（2）监理机构对分包单位的资格审查目的是，考察分包单位的能力是否满足实施分包工程所需要条件。因此，专业监理工程师仅审查营业执照、企业资质等级证书不妥，还应审查业绩，专职管理人员的资格证和特种作业人员的上岗证。

（3）按照项目监理机构人员的职责，专业监理工程师通知施工单位同意分包单位进场施工不妥。专业监理工程师对分包单位的资格材料进行完整的审查后，还应提交由总监理工程师认可，由总监理工程师签发同意分包单位进场的通知。

2. 主要考核考生对项目监理机构内职责分工和处理权限的规定，包括：①专业监理工程师的职责；②专业监理工程师的报告责任。

事件 2 中：

（1）专业监理工程师按照职责和权限的规定，应立即指令施工单位停止未经报验钢筋的加工作业。

（2）按照施工合同对材料检验的规定，要求施工单位及时进行抽检、报验。

（3）将此事件及时报告总监理工程师。

3. 主要考核考生对施工质量控制方法的应用。

事件 3 中：

钢筋混凝土质量问题因果分析（见图 2011-4-1）。

4. 主要考核考生对施工质量事故的处理能力，包括：①工程质量事故的分类，②项目监理机构处理质量事故的程序。

事件 4 中：

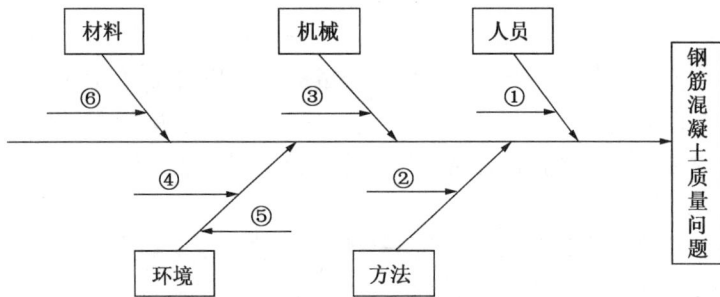

图 2011-4-1　钢筋混凝土质量问题因果分析图

（1）在《工程建设重大事故报告和调查程序规定》中规定，工程质量不合格造成直接经济损失在 5000 元以上的称为工程质量事故。按照质量事故造成直接经济损失的分类：5000～50000 元的，属于一般质量事故；50000～100000 元的，严重质量事故；100000 元以上的，属于重大质量事故。本事件的直接经济损失为 80000 元，应属于严重质量事故。

（2）项目监理机构接到事故调查报告后对该事故的处理程序应为：

①首先要求施工单位提出事故处理方案，经建设、设计、监理单位审查同意并共同签认后，指令施工单位执行；

②监督检查施工单位按签认的处理方案进行返修、加固处理；

③检查验收事故处理后的工程质量；

④工程质量满足要求后，签发《工程复工令》。

第五题：

某实施监理工程，招标文件中工程量清单标明的混凝土工程量为 2400m³。投标文件综合单价分析表显示：人工单价 100 元/工日，人工消耗量 0.40 工日/m³；材料费单价 275 元/m³；机械台班消耗量 0.025 台班/m³，机械台班单价 1200 元/台班。采用以直接费为计算基础的综合单价法进行计价，其中，措施费为直接工程费的 5%，间接费费率为 10%，利润率为 8%，综合计税系数为 3.41%。施工合同约定，实际工程量超过清单工程量 15% 时，混凝土全费用综合单价调整为 420 元/m³。

施工过程中发生如下事件：

事件 1：基础混凝土浇筑时局部漏振，造成混凝土质量缺陷，专业监理工程师发现后要求施工单位返工，施工单位拆除存在质量缺陷的混凝土 60m³，发生拆除费用 3 万元，并重新进行了浇筑。

事件 2：主体结构施工时，建设单位提出改变使用功能，使该工程的混凝土工程量增加到 2600m³。施工单位收到变更后的设计图纸时，变更部位已按原设计图纸浇筑完成的 150m³ 混凝土需要拆除，发生拆除费用 5.3 万元。

问题：

1. 计算混凝土工程的直接工程费和全费用综合单价。

2. 事件 1 中，因拆除混凝土发生的费用是否应计入工程价款？说明理由。事件 2 中，该工程混凝土工程量增加到 2600m³，对应的工程结算价款是多少万元？

　3. 事件 2 中，因拆除混凝土发生的费用是否应计入工程价款？说明理由。

　4. 计入结算的混凝土工程量是多少？混凝土工程的实际结算价款是多少万元？（计算结果保留两位小数）

问题解析及答题要点：

1. 主要考核考生对工程量清单综合单价的应用。

混凝土工程的直接工程费和全费用综合单价的计算有两种方法：

（1）方法一：

1）直接工程费：

①人工费：$100 \times 0.40 \times 2400 = 9.6$（万元）

②材料费：$275 \times 2400 = 66$（万元）

③机械费：$1200 \times 0.025 \times 2400 = 7.2$（万元）

④直接工程费合计：$9.6 + 66 + 7.2 = 82.8$（万元）

2）全费用综合单价：

①措施费：$82.8 \times 5\% = 4.14$（万元）

②直接费：$82.8 + 4.14 = 86.94$（万元）

③间接费：$86.94 \times 10\% = 8.694$（万元）

④利润：$(86.94 + 8.694) \times 8\% = 7.651$（万元）

⑤税金：$(86.94 + 8.694 + 7.651) \times 3.41\% = 3.522$（万元）

⑥含税造价：$103.285 + 3.522 = 106.807$（万元）

⑦全费用综合单价：$106.807/2400 = 445.03$（元/m³）

（2）方法二：

1）直接工程费单价：

①单方人工费：$100 \times 0.40 = 40$（元/m³）

②单方材料费：275 元/m³

③单方机械费：$1200 \times 0.025 = 30$（元/m³）

④单方直接工程费：$40 + 275 + 30 = 345$（元/m³）

⑤直接工程费：$345 \times 2400 = 82.80$（万元）

2）全费用综合单价：

①措施费：$345 \times 5\% = 17.25$（元/m³）

②直接费：$345 + 17.25 = 362.25$（元/m³）

③间接费：$362.25 \times 10\% = 36.225$（元/m³）

④利润：$(362.25 + 36.225) \times 8\% = 31.878$（元/m³）

⑤税金：$(362.25 + 36.225 + 31.878) \times 3.41\% = 14.675$（元/m³）

⑥全费用综合单价：$362.25 + 36.225 + 31.878 + 14.675 = 445.03$（元/m³）

2. 主要考核考生对返工工程量责任的认定，包括：①返工工程量的责任；②变更估价的计算。

（1）事件 1 中，施工单位因施工方法不完善导致质量缺陷的返工工程量不应计入工程价款中。

(2) 事件 2 中，因建设单位提出改变使用功能，使该工程的混凝土工程量增加到 2600m³ 构成变更，因此，对已浇筑的混凝土的拆除和新增加的混凝土工作量均应计入工程价款中。

①判定单价是否需要变更：

$(2600-2400)/2400×100\%=8.33\%<15\%$，故工程综合单价仍取 445.03 元/m³

②计算对应的工程结算价款：$2600×445.03=115.71$(万元)

3. 主要考核考生对变更导致返工的责任认定。

事件 2 中，因建设单位提出改变使用功能的改变，致使施工单位需要拆除已浇筑完成的 150m³ 混凝土工作构成变更，因此，发生的费用应计入工程价款中。

4. 主要考核考生对综合单价结算的应用，包括：①判定变更是否导致综合单价的调整；②变更价款的计算。

(1) 计入结算的混凝土工程量包括浇筑的混凝土 26000m³ 和拆除的混凝土 150m³，合计工程量为：$2600+150=2750$(m³)

(2) 实际结算价款：

①判定综合单价是否需要变更：$(2750-2400)/2400×100\%=14.58\%<15\%$，故工程综合单价仍取 445.03 元/m³

②实际结算价款为：$2750×445.03+53000=127.68$(万元)

第六题：

某实施监理的工程，建设单位与施工单位按照《建设工程施工合同（示范文本）》签订了施工合同。项目监理机构批准的施工进度计划如图 2011-6-1 所示，各项工作均按最早开始时间安排，匀速进行。

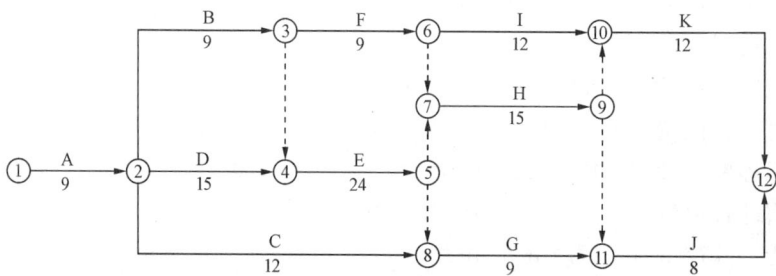

图 2011-6-1　施工进度计划图

施工过程中发生如下事件：

事件 1：施工准备期间，由于施工设备未按期进场，施工单位在合同约定的开工日前第 5 天向项目监理机构提出延期开工申请，总监理工程师审核后给予书面回复。

事件 2：施工准备完毕后，项目监理机构审查《工程开工报审表》及相关资料后认为：施工许可证已获政府主管部门批准，征地拆迁工作满足工程进度需要，施工单位现场管理人员已到位，但其他开工条件尚不具备。总监理工程师不予签发《工程开工报审表》。

事件3：工程开工后第20天下班时刻，项目监理机构确认：A、B工作已完成；C工作已完成6天的工作量；D工作已完成5天的工作量；B工作未经监理人员验收的情况下，F工作已进行1天。

问题：

1. 总监理工程师是否应批准事件1中施工单位提出的延期开工申请？说明理由。

2. 根据《建设工程监理规范》GB 50319—2000，该工程还应具备哪些开工条件，总监理工程师方可签发《工程开工报审表》？

3. 针对图2011-6-1所示的施工进度计划，确定该施工进度的工期和关键工作。并分别计算C工作、D工作、F工作的总时差和自由时差。

4. 分析开工后第20天下班时刻施工进度计划的执行情况，并分别说明对总工期及今后工作的影响。此时，预计总工期延长多少天？

5. 针对事件3中F工作在B工作未经验收的情况下就开工的情形，项目监理机构应如何处理？

问题解析及答题要点：

1. 主要考核考生对施工合同示范文本中开工程序的规定，包括：①施工单位要求延期开工的管理程序；②项目监理机构对申请的答复。

事件1中，总监理工程师的书面回复中应不批准施工单位的延期开工申请，理由是：

（1）施工单位因自身原因不能按期开工；

（2）按照《建设工程施工合同（示范文本）》对延期开工条款的规定，承包人要求延期开工，应在合同约定的开工日7天前提出延期申请，施工单位在开工日前5天提交申请不符合合同规定的程序。

2. 主要考核考生对施工开工应具备条件的掌握程度。

事件2中，应满足开工条件的情况还包括：

（1）施工单位的主要施工机具、人员已进场；

（2）前期施工需要的主要工程材料已落实；

（3）进场道路及水、电、通信等工作已满足开工要求；

（4）施工单位编制的施工组织设计已获总监理工程师批准。

3. 主要考核考生对工程网络计划的熟悉程度，包括：①总工期的计算；②关键线路的确定；③时差计算。

针对工程网络计划图的分析结果如下：

（1）施工总工期75天；

（2）关键工作包括：A、D、E、H、K；

（3）C工作的总时差为37天，自由时差为27天；D工作的总时差和自由时差均为0；F工作的总时差为21天，自由时差为0。

4. 主要考核考生对工程网络计划的掌握程度，包括：①实际进度与计划进度的关系；②判断工作进度对总工期的影响；③判断工作进度对紧后工作的影响。

开工后第20天下班时刻，施工进度计划的执行情况如下：

（1）C 工作推迟 5 天，不影响总工期，不影响紧后工作的最早开始时间；D 工作推迟 6 天，影响总工期 6 天，影响今后工作的最早开始时间 6 天；F 工作推迟 1 天，不影响总工期，影响紧后工作的最早开始时间 1 天。

（2）施工总工期将延长 6 天。

5. 主要考核考生是否掌握项目监理机构确认施工质量的管理程序。

事件 3 中，B 工作的完成是 F 工作开始的前提条件。为了保证工程施工的质量，项目监理机构应就 B 工作未经验收的情况下就开始 F 工作施工的情况，下达 F 工作的《工程暂停令》，要求施工单位先对完成的 B 工作进行报验。

2012 年《建设工程监理案例分析》试题解析

第一题:

某实施监理的工程,监理合同履行过程中发生以下事件。

事件 1:监理规划中明确的部分工作如下:

(1) 论证工程项目总投资目标;

(2) 制定施工阶段资金使用计划;

(3) 编制由建设单位供应的材料和设备的进场计划;

(4) 审查确认施工分包单位;

(5) 检查施工单位试验室试验设备的计量检定证明;

(6) 协助建设单位确定招标控制价;

(7) 计量已完工程;

(8) 验收隐蔽工程;

(9) 审核工程索赔费用;

(10) 审核施工单位提交的工程结算书;

(11) 参与工程竣工验收;

(12) 办理工程竣工备案。

事件 2:建设单位提出要求:总监理工程师应主持召开第一次工地会议、每周一次的工地例会以及所有专业性监理会议,负责编制各专业监理实施细则,负责工程计量,主持整理监理资料。

事件 3:项目监理机构履行安全生产管理的监理职责,审查了施工单位报送的安全生产相关资料。

事件 4:专业监理工程师发现,施工单位使用的起重机械没有现场安装后的验收合格证明,随即向施工单位发出《监理工程师通知单》。

问题:

1. 针对事件 1 中所列的工作,分别指出哪些属于施工阶段投资控制工作、哪些属于施工阶段质量控制工作;对不属于施工阶段投资、质量控制工作的,分别说明理由。

2. 指出事件 2 中建设单位所提要求的不妥之处,写出正确做法。

3. 事件 3 中,根据《建设工程安全生产管理条例》,项目监理机构应审查施工单位报送资料中的哪些内容?

4. 事件 4 中,《监理工程师通知单》应对施工单位提出哪些要求?

问题解析及答题要点:

1. 主要从两个方面考核考生对监理工作内容的掌握程度:①分前期决策、施工招标和施工不同阶段;②分投资控制、质量控制和进度控制不同目标的控制。

事件 1 中:

属于施工阶段投资控制工作的有：（2）制定施工阶段资金使用计划；（7）计量已完工程；（9）审核工程索赔费用；（10）审核施工单位提交的工程结算书。

属于施工阶段质量控制工作的有：（4）审查确认施工分包单位；（5）检查施工单位试验室试验设备的计量检定证明；（8）验收隐蔽工程；（11）参与工程竣工验收。

不属于施工阶段投资、质量控制工作的有：（1）论证工程项目总投资目标；理由：属于前期决策阶段工作内容。（3）编制由建设单位供应的材料和设备的进场计划；理由：属于施工阶段进度控制工作内容。（6）协助建设单位确定招标控制价；理由：属于招标阶段工作内容。（12）办理工程竣工备案；理由：属于建设单位工作内容。

2. 主要考核考生是否了解各类会议（第一次工地会议、工地例会及所有专业性监理会议）的主持人，以及各专业监理实施细则编制、工程计量、监理资料整理的负责人。

事件2中，有以下4处不妥：

（1）总监理工程师主持召开第一次工地会议不妥。正确做法：由建设单位主持召开第一次工地会议。

（2）总监理工程师主持召开所有专业性监理会议不妥。正确做法：可根据需要，分别由总监理工程师或专业监理工程师主持召开专业性监理会议。

（3）总监理工程师负责编制各专业监理实施细则不妥。正确做法：由专业监理工程师负责编制相应专业监理实施细则。

（4）总监理工程师负责工程计量不妥。正确做法：由专业监理工程师负责工程计量。

3. 主要考核考生是否掌握《建设工程安全生产管理条例》中明确的监理职责。《建设工程安全生产管理条例》第十四条明确规定，"工程监理单位应当审查施工组织设计中的安全技术措施或者专项施工方案是否符合工程建设强制性标准。"

事件3中：

项目监理机构应审查施工单位报送的施工组织设计中的安全技术措施、专项施工方案是否符合工程建设强制性标准。

4. 主要考核考生对工程监理实施过程中发现施工单位使用的起重机械没有现场安装后的验收合格证时如何签发《监理工程师通知单》，以确保施工安全。

事件4中：

专业监理工程师在《监理工程师通知单》中应对施工单位提出下列要求：

（1）立即停止使用起重机械；

（2）由施工单位组织相关单位共同验收。

第二题：

某实施监理的工程，建设单位与甲施工单位按《建设工程施工合同（示范文本）》签订了合同，合同工期2年。经建设单位同意，甲施工单位将其中的专业工程分包给乙施工单位。

工程实施过程中发生以下事件：

事件1：甲施工单位在基础工程施工时发现，现场条件与施工图不符，遂向项目监理机构提出变更申请。总监理工程师指令甲施工单位暂停施工后，立即与设计单位联系，设计单位同意变更，但同时表示无法及时提交变更后的施工图。总监理工程师将此事报告建设单位，建设单位随即要求总监理工程师修改施工图并签署变更文件，交甲施工单位执行。

事件 2：专业监理工程师巡视时发现，乙施工单位未按审查后的施工方案施工，存在工程质量、安全事故隐患。总监理工程师分别向甲、乙施工单位发出整改通知，甲、乙施工单位既不整改也未回函答复。

事件 3：工程竣工结算时，甲施工单位将事件 1 中基础工程设计变更所增加的费用列入工程竣工结算申请，总监理工程师以甲施工单位未及时提出变更工程价款申请为由，拒绝变更基础工程价款。

事件 4：工程竣工验收前，项目监理机构根据《建设工程文件归档整理规范》GB/T 50328—2001 的要求整理、归档资料，其中包括：

（1）工程开工审批表；

（2）图纸会审会议纪要；

（3）分包单位资格材料；

（4）工程质量事故报告及处理意见；

（5）工程费用索赔报告。

问题：

1. 分别指出事件 1 中总监理工程师和建设单位做法的不妥之处。写出该变更的正确处理程序。

2. 事件 2 中，总监理工程师分别向甲、乙施工单位发出整改通知是否正确？分别说明理由。在发出整改通知后，甲、乙施工单位既不整改也未回函答复，总监理工程师应采取什么措施？

3. 事件 3 中，总监理工程师的做法是否正确？说明理由。

4. 事件 4 中所列资料，哪些应向建设单位移交、哪些不移交？哪些由监理单位保存、哪些不保存？

问题解析及答题要点：

1. 主要考核考生是否掌握项目监理机构收到施工单位提交的工程变更申请后的处理程序。

事件 1 中，总监理工程师和建设单位的做法有以下两处不妥：

（1）项目监理机构收到施工单位提交的工程变更申请后，总监理工程师直接与设计单位联系不妥。

（2）总监理工程师向建设单位报告施工单位申请工程变更事宜后，建设单位随即要求总监理工程师修改施工图并签署变更文件不妥。

项目监理机构收到甲施工单位提交的工程变更申请后，正确的处理程序如下：

①总监理工程师报建设单位；

②建设单位联系设计单位；

③设计单位修改施工图并签署设计变更文件；

④建设单位收到设计变更文件后转交项目监理机构；

⑤总监理工程师向甲施工单位发出工程变更单。

2. 主要考核考生两个方面：①施工总分包模式下的监理工作对象；②施工单位接到整改通知后既不整改也不回函答复时总监理工程师的应对措施。

事件 2 中：

总监理工程师向甲施工单位发出整改通知是正确的，因为甲施工单位是总包单位，建设单位与甲施工单位之间存在合同关系；总监理工程师向乙施工单位发出整改通知是不正确的，因为乙施工单位是分包单位，建设单位与乙施工单位之间无合同关系。

工程施工存在质量、安全事故隐患，总监理工程师发出整改通知后，施工单位既不整改也未回函答复，属于施工单位拒绝项目监理机构管理。根据《建设工程监理规范》，总监理工程师应签发《工程暂停令》。

3. 主要考核考生对变更工程价款申请时效的掌握程度。《建设工程施工合同（示范文本)》31.1 款规定，"承包人在工程变更确定后 14 天内，提出变更工程价款的报告，经工程师确认后调整合同价格。"31.2 款规定，"承包人在双方确定变更后 14 天内不向工程师提出变更工程价款报告时，视为该项变更不涉及合同价款的变更。"

本工程施工合同工期为 2 年，事件 3 中，甲施工单位在工程竣工结算时才将事件 1 中基础工程设计变更所增加的费用列入工程竣工结算申请，显然，已远超出 14 天的时限要求，故总监理工程师拒绝变更基础工程价款的做法是正确的。

4. 主要考核考生对《建设工程文件归档整理规范》GB/T 50328—2001 中有关资料移交、保存规定的掌握程度。

事件 4 中：

项目监理机构应向建设单位移交的资料有：（1）工程开工审批表；（3）分包单位资格材料；（4）工程质量事故报告及处理意见；（5）工程费用索赔报告。

不向建设单位移交的资料有：（2）图纸会审会议纪要。

监理单位应保存的资料有：（1）工程开工审批表；（4）工程质量事故报告及处理意见；（5）工程费用索赔报告。

监理单位不保存的资料有：（2）图纸会审会议纪要；（3）分包单位资格材料。

第三题：

某工程，监理单位承担其中 A、B、C 三个施工标段的监理任务。A 标段施工由甲施工单位承担，B、C 标段施工由乙施工单位承担。

工程实施过程中发生以下事件：

事件 1：A 标段基础工程完工并经验收后，基础局部出现开裂。总监理工程师立即向甲施工单位下达《工程暂停令》，经调查分析，该质量事故是由于设计不当所致。

事件 2：建设单位负责供应的一批钢材运抵 A 标段现场后，项目监理机构查验了该批钢材的质量证明文件，并按规定进行了抽检。

事件 3：B、C 两个标段 5、6、7 三个月混凝土试块抗压强度统计数据的直方图如图 2012-3-1 所示。

事件 4：专业监理工程师巡视时发现，乙施工单位的专职安全生产管理人员离岗，临

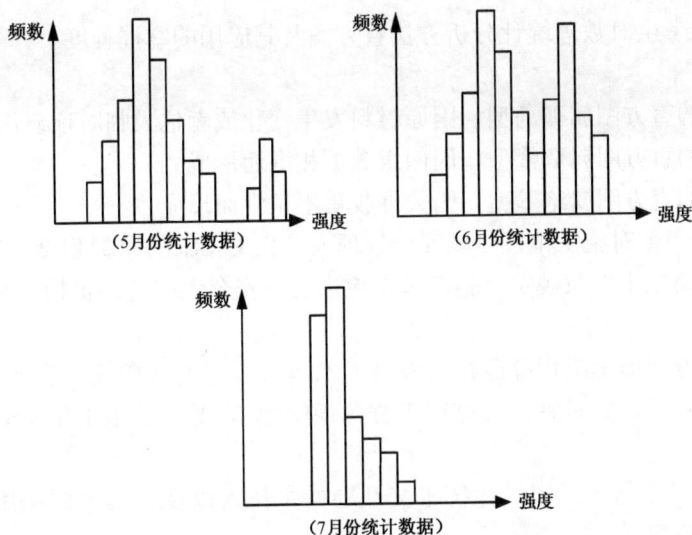

频数 / 强度

（5月份统计数据）

频数 / 强度

（6月份统计数据）

频数 / 强度

（7月份统计数据）

图 2012-3-1　混凝土强度统计直方图

时由甲施工单位的安全生产管理人员兼管 B、C 标段现场安全。

事件 5：C 标段工程设计中采用隔震抗震新技术，为此，项目监理机构组织了设计技术交底会。针对该项新技术，乙施工单位拟在施工中采用相应的新工艺。

问题：

1. 针对事件 1，写出项目监理机构处理基础工程质量事故的程序。

2. 事件 2 中，项目监理机构应查验钢材的哪些质量证明文件？

3. 针对事件 3，指出 5、6、7 三个月的直方图分别属于哪种类型，并分别说明其形成原因。

4. 事件 4 中，专业监理工程师应如何处理所发现的情况？

5. 事件 5 中，项目监理机构组织设计技术交底会是否妥当？针对乙施工单位拟采用的新工艺，写出项目监理机构的处理程序。

问题解析及答题要点：

1. 主要考核考生对项目监理机构处理基础工程质量事故程序的掌握程度。

事件 1 中，当 A 标段基础工程完工并经验收后发现局部开裂，总监理工程师已向甲施工单位下达《工程暂停令》后，处理该质量事故的程序如下：

（1）报告建设单位；

（2）审查事故处理技术方案；

（3）跟踪监督基础工程处理过程；

（4）验收基础工程处理结果；

（5）经建设单位同意后签发复工令。

2. 主要考核考生是否掌握运抵施工现场的工程材料质量证明文件所包含的内容。

事件 2 中，项目监理机构应查验钢材的出厂合格证、厂家质量检验报告以及施工单位的现场复验报告。

3. 主要考核考生对数理统计分析方法直方图及其应用的掌握程度。

事件 3 中：

（1）5 月份的直方图属孤岛型，因原材料发生变化或者他人临时顶班作业而形成。

（2）6 月份的直方图属双峰型，因两组数据相混而形成。

（3）7 月份的直方图属绝壁型，因数据收集不正常而形成。

4. 主要考核考生对施工单位专职安全管理人员相关要求的掌握程度。《建设工程安全生产管理条例》第二十三条规定，施工单位应当设立安全生产管理机构，配备专职安全生产管理人员。

事件 4 中，专业监理工程师巡视时发现，乙施工单位的专职安全生产管理人员离岗，应报告总监理工程师，同时签发《监理工程师通知单》，要求乙施工单位安排专职安全生产管理人员上岗。

5. 主要考核考生是否了解设计技术交底会的主持人以及施工单位采用新工艺时项目监理机构的处理程序。

事件 5 中：

（1）项目监理机构组织设计技术交底会不妥，应由建设单位组织召开设计技术交底会，设计单位、施工单位、监理单位参加。

（2）针对乙施工单位在施工中采用新工艺，项目监理机构的处理程序如下：要求乙施工单位报送相应的施工工艺措施和证明材料，组织专题论证，经审定后予以签认。

第四题：

某实施监理的工程，工程实施过程中发生以下事件：

事件 1：甲施工单位将其编制的施工组织设计报送建设单位。建设单位考虑到工程的复杂性，要求项目监理机构审核该施工组织设计；施工组织设计经监理单位技术负责人审核签字后，通过专业监理工程师转交给甲施工单位。

事件 2：甲施工单位依据施工合同将深基坑开挖工程分包给乙施工单位，乙施工单位将其编制的深基坑支护专项施工方案报送项目监理机构，专业监理工程师接收并审核批准了该方案。

事件 3：主体工程施工过程中，因不可抗力造成损失。甲施工单位及时向项目监理机构提出索赔申请，并附有相关证明材料，要求补偿的经济损失如下：

（1）在建工程损失 26 万元；

（2）施工单位受伤人员医药费、补偿金 4.5 万元；

（3）施工机具损坏损失 12 万元；

（4）施工机械闲置、施工人员窝工损失 5.6 万元；

（5）工程清理、修复费用 3.5 万元。

事件 4：甲施工单位组织工程竣工预验收后，向项目监理机构提交了工程竣工报验单。项目监理机构组织工程竣工验收后，向建设单位提交了工程质量评估报告。

问题：

1. 指出事件 1 中的不妥之处，写出正确做法。

2. 指出事件 2 中专业监理工程师做法的不妥之处，写出正确做法。

3. 逐项分析事件 3 中的经济损失是否应补偿给甲施工单位，分别说明理由。项目监理机构应批准的补偿金额为多少万元？

4. 指出事件 4 中的不妥之处，写出正确做法。

问题解析及答题要点：

1. 主要考核考生对施工组织设计编审程序的掌握程度。《建设工程监理规范》规定，工程项目开工前，总监理工程师应组织专业监理工程师审查承包单位报送的施工组织设计（方案）报审表，提出审查意见，并经总监理工程师审核、签认后报建设单位。

事件 1 中：

（1）甲施工单位将其编制的施工组织设计报送建设单位不妥。甲施工单位应将施工组织设计报送项目监理机构。

（2）施工组织设计经监理单位技术负责人审核签字不妥。施工组织设计应由总监理工程师审核签字。

2. 主要考核考生对专项施工方案编审程序的掌握程度。

事件 2 中：

（1）专业监理工程师接收乙施工单位提交的深基坑支护专项施工方案不妥。乙施工单位作为分包单位，其编制的深基坑支护专项施工方案应经甲施工单位（施工总承包单位）报送项目监理机构。因此，专业监理工程师应接收甲施工单位提交的专项施工方案。

（2）专业监理工程师审核批准专项施工方案不妥。专项施工方案应由总监理工程师组织专业监理工程师审核后批准。

3. 主要考核考生对工程费用索赔处理原则的掌握程度。因不可抗力造成损失后，项目监理机构处理施工单位费用索赔的基本原则是建设单位和施工单位各自承担自身的损失。

事件 3 中，因不可抗力造成损失后，项目监理机构应补偿给甲施工单位的经济损失如下：

（1）在建工程损失 26 万元，因该部分损失应由建设单位承担；

（2）工程清理、修复费用 3.5 万元，因该部分费用应由建设单位承担。

因此，项目监理机构应批准的补偿金额为 29.5 万元。

应由施工单位承担的是：①施工单位受伤人员医药费、补偿金 4.5 万元；②施工机具损坏损失 12 万元；③施工机械闲置、施工人员窝工损失 5.6 万元。

4. 主要考核考生对工程竣工验收程序的掌握程度。《建设工程监理规范》规定，总监理工程师应组织专业监理工程师，依据有关法律、法规、工程建设强制性标准、设计文件及施工合同，对承包单位报送的竣工资料进行审查，并对工程质量进行竣工预验收。对存在的问题，应及时要求承包单位整改。整改完毕由总监理工程师签署工程竣工报验单，并应在此基础上提出工程质量评估报告。项目监理机构应参加由建设单位组织的竣工验收，并提供相关监理资料。

事件 4 中：

（1）甲施工单位组织工程竣工预验收不妥。工程竣工预验收应由项目监理机构组织。

（2）项目监理机构组织工程竣工验收不妥。工程竣工验收应由建设单位（或验收委员会）组织。

（3）项目监理机构在工程竣工验收后向建设单位提交工程质量评估报告不妥。项目监理机构应在工程竣工验收前向建设单位提交工程质量评估报告。

第五题：

某工程，甲施工单位按照施工合同约定，拟将 B、F 两项分部工程分别分包给乙、丙施工单位。经总监理工程师批准的施工总进度计划如图 2012-5-1 所示（单位：天），各项工作匀速进展。

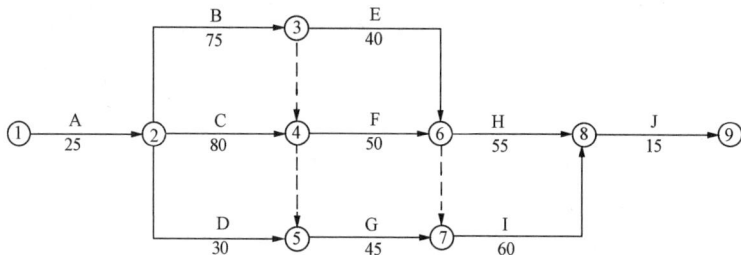

图 2012-5-1　施工总进度计划

工程实施过程中发生以下事件：

事件 1：工程开工前，建设单位未将委托给监理单位的监理内容和权限书面告知甲施工单位。甲施工单位向建设单位提交了乙施工单位分包资格报审表及营业执照、企业资质等级证书、安全生产许可文件和分包合同等材料，申请批准乙施工单位进场，建设单位将该报审材料转交给项目监理机构。

事件 2：甲施工单位与乙施工单位签订了 B 分部工程的分包合同。B 分部工程开工 45 天后，建设单位要求设计单位修改设计，造成乙施工单位停工 15 天，窝工损失合计 8 万元。修改设计后，B 分部工程价款由原来的 500 万元增加到 560 万元。甲施工单位要求乙施工单位在 30 天内完成剩余工程，乙施工单位向甲施工单位提出补偿 3 万元的赶工费，甲施工单位确认了赶工费补偿。

事件 3：由于事件 2 中 B 分部工程修改设计，乙施工单位向项目监理机构提出工程延期的申请。

事件 4：专业监理工程师巡视时发现，已进场准备安装设备的丙施工单位未经项目监理机构进行资格审核。

问题：

1. 事件 1 中，分别指出建设单位、甲施工单位做法的不妥之处，说明理由。甲施工单位提交的乙施工单位分包资格材料还应包括哪些内容？

2. 事件 2 中，考虑设计修改和费用补偿，乙施工单位完成 B 分部工程每月（按 30 天计）应获得的工程价款分别为多少万元？B分部工程的最终合同价款为多少万元？

3. 事件3中，乙施工单位的做法有何不妥？写出正确做法。B分部工程的实际工期是多少天？

4. 事件3中，B分部工程修改设计对F分部工程的进度以及对工程总工期有何影响？分别说明理由。

5. 写出项目监理机构对事件4的处理程序。

问题解析及答题要点：

1. 主要考核考生是否了解建设单位应将委托给监理单位的监理内容和权限书面告知施工单位，是否掌握施工分包单位资格报审材料应包括的内容以及报审程序。《建筑法》第三十三条规定，实施建筑工程监理前，建设单位应当将委托的工程监理单位、监理的内容及监理权限，书面通知被监理的建筑施工企业。《建设工程监理规范》规定，分包工程开工前，专业监理工程师应审查承包单位报送的分包单位资格报审表和分包单位有关资质资料。对分包单位资格应审核以下内容：①分包单位的营业执照、企业资质等级证书、特殊行业施工许可证、国外（境外）企业在国内承包工程许可证；②分包单位的业绩；③拟分包工程的内容和范围；④专职管理人员和特种作业人员的资格证、上岗证。

事件1中：

（1）建设单位未将委托给监理单位的监理内容和权限书面告知甲施工单位不妥。将委托监理单位的监理内容和权限书面通知施工单位是建设单位应履行的合同义务。

（2）甲施工单位向建设单位提交乙施工单位分包资格报审表及营业执照、企业资质等级证书、安全生产许可文件和分包合同等材料不妥。甲施工单位应向项目监理机构提交分包资格报审表及相关资料。

（3）甲施工单位提交的乙施工单位分包资格材料还应包括：业绩证明；专职管理人员和特种作业人员的资格证、上岗证。

2. 主要考核考生对工程设计变更后工程价款及相关费用损失计算方法的掌握程度。

事件2中：

（1）由于B分部工程计划工期75天，每月按30天计算，则考虑设计修改和费用补偿，乙施工单位完成B分部工程每月应获得的工程价款如下：

①第1个月按原计划正常施工：工程款 $=500/(75/30)=200$（万元）

②第2个月按原计划正常施工15天，停工15天：工程款 $=200\times15/30+8=108$（万元）

③第3个月完成设计修改后的剩余工程：工程款 $=560-(200+108-8)+3=263$（万元）

（2）B分部工程的最终合同价款为3个月工程款的合计：$200+108+263=571$（万元）

或按下式计算：$560+8+3=571$（万元）

3. 主要考核考生是否掌握施工总分包模式下工程延期的报审程序。

事件3中，由于建设单位要求B分部工程修改设计，致使乙施工单位的合同工期延长，乙施工单位理应提出工程延期申请，但乙施工单位向项目监理机构提出工程延期申请不妥。乙施工单位应向甲施工单位提出，甲施工单位再向项目监理机构提出工程延期申请。

B分部工程的实际工期：75＋15＝90（天）。

4. 主要考核考生对工程网络计划中时间参数计算方法的掌握程度。

事件3中，由于原进度计划中B分部工程与F分部工程之间的时间间隔为5天，因此，B分部工程修改设计延长15天后，F分部工程的最早开始时间将推迟10天。同时，由于F分部工程为关键工作，其开始时间推迟10天，将会使总工期延长10天。

5. 主要考核考生对未经资格审核而进场施工的分包单位处理程序的掌握程度。

事件4中，专业监理工程师发现已进场准备安装设备的丙施工单位未经项目监理机构进行资格审核，则项目监理机构的处理程序如下：

（1）向甲施工单位发出监理工程师通知，要求其报送丙施工单位分包资格材料；

（2）审查所报送的丙施工单位资格材料；若审查合格，由总监理工程师签认，并通知甲施工单位同意丙施工单位开始设备安装；若审查不合格，则由总监理工程师通知甲施工单位另行选择分包单位。

第六题：

某实施监理的工程，建设单位与施工单位按照《建设工程施工合同（示范文本）》签订了施工合同，合同约定：

（1）合同工期为130天；因施工单位原因造成工期延误的，违约赔偿金为5000元/天。

（2）按《建筑安装工程费用项目组成》（建标〔2003〕206号）规定，以直接费为计算基础的工料单价法进行计价，间接费率为15％，利润率为5％，综合计税系数为3.47％。

（3）部分工料机单价如下：人工费60元/工日，窝工补偿30元/工日；挖掘机租赁费900元/天；自有塔吊设备使用费1200元/台班，闲置补偿800元/台班。

工程实施过程中发生以下事件：

事件1：开工前，施工单位编制的时标网络计划如图2012-6-1所示（时间单位：天；箭线下方数字为工作的计划消耗工日），各项工作均匀速进展。

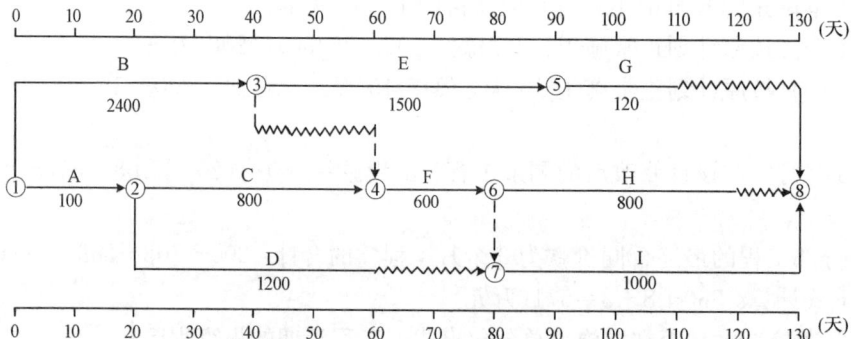

图 2012-6-1 时标网络计划

项目监理机构审核施工单位提交的时标网络计划时发现：工作 C、F 和 I 需使用一台挖掘机，工作 E 和 H 需单独使用塔吊设备，而施工单位仅有一台塔吊设备，于是向施工单位提出调整工作进度安排的建议。

事件 2：项目监理机构对施工单位调整后的计划安排进行风险分析，认为因施工单位原因使工作 C 持续时间延长 5 天的概率是 15%，使工作 D 持续时间延长 12 天的概率是 20%，使工作 G 持续时间延长 10 天的概率是 5%。工作持续时间的延长会导致机械闲置和人员窝工。

事件 3：建设单位要求对工作 E 进行设计变更，使工作 E 的持续时间延长 5 天，增加用工 150 工日、塔吊设备 5 台班、材料费 18000 元、相应的措施费 7000 元。施工单位向项目监理机构提出变更工程价款和延长工期的要求。

事件 4：由于工作 E 的设计变更，使工作 G、H 进场的施工人员不能按期施工，施工单位向项目监理机构提出相应的窝工补偿要求。

问题：

1. 事件 1 中，应如何调整工作进度安排？调整后的总工期是多少？

2. 事件 2 中，直接导致总工期延误 5 天的风险事件有哪些？说明理由。仅考虑直接导致总工期延误的风险事件，施工单位的风险量（以费用形式表示）是多少？

3. 事件 3 中，项目监理机构应批准的变更价款和工期补偿分别是多少？说明理由。

4. 事件 4 中，项目监理机构应批准的窝工补偿是多少？说明理由。

问题解析及答题要点：

1. 主要考核考生对时标网络计划中时差利用的掌握程度。

事件 1 中：

（1）工作 C、F 和 I 需使用一台挖掘机，从时标网络计划中可以看出，这三项工作在计划安排上没有搭接，因此，不需要调整进度安排。

（2）工作 E 和 H 需单独使用塔吊设备，而施工单位仅有一台塔吊设备。这样，工作 E 和 H 就不能搭接作业。从时标网络计划中可以看出，工作 H 有 10 天总时差，恰好可将工作 H 推后 10 天，推后到工作 E 完成后再开始而不影响总工期。这样，调整后的总工期仍为 130 天。

2. 主要考核考生对进度偏差影响分析及风险量计算方法的掌握程度。

事件 2 中，基于施工单位调整后的计划安排（将工作 H 推后到工作 E 完成后再开始，工作 H 已变为关键工作），风险事件分析和风险量计算如下：

（1）由于工作 C 为关键工作，其持续时间延长，将导致总工期延长；工作 D 的总时差有 20 天，其持续时间延长 12 天未超过总时差，不会影响总工期；工作 G 的总时差也有 20 天，其持续时间延长 10 天未超过总时差，也不会影响总工期。从时标网络计划中可以看出，工作 C、D 和 E 不在一条线路上，故只有工作 C 的持续时间延长，会导致总工期延长。这样，直接导致总工期延长 5 天的风险事件就只有工作 C 的持续时间延长 5 天。

（2）仅考虑直接导致总工期延长的风险事件，即：工作 C 持续时间延长 5 天的风险，以费用形式表示的施工单位的风险量 R 计算如下：

$$p = 15\%; \quad q = \left(\frac{800}{40} \times 30 + 900 + 5000\right) \times 5 = 32500 \,(\text{元})$$

$R＝p \cdot q＝15％×32500＝4875(元)$

3. 主要考核考生对建设单位要求设计变更后变更工程价款及工程延期计算方法的掌握程度。

事件 3 中:

(1) 由于建设单位要求对工作 E 进行设计变更,使工作 E 的持续时间延长 5 天,增加用工 150 工日、塔吊设备 5 台班、材料费 18000 元、相应的措施费 7000 元。则变更价款的计算如下:

直接费＝150×60＋18000＋1200×5＋7000＝40000(元)

间接费＝40000×15％＝6000(元)

利润＝(40000＋6000)×5％＝2300(元)

税金＝(40000＋6000＋2300)×3.47％＝1676.01(元)

变更价款＝40000＋6000＋2300＋1676.01＝49976.01(元)

也可直接列出综合计算式:变更价款＝(150×60＋18000＋1200×5＋7000)×(1＋15％)×(1＋5％)×(1＋3.47％)＝49976.01(元)

(2) 因工作 E 为关键工作,其持续时间延长 5 天,将影响总工期 5 天,故项目监理机构应批准工期延长 5 天。

4. 主要考核考生是否掌握因建设单位要求设计变更后项目监理机构处理施工单位窝工补偿要求的原则。

事件 4 中,由于工作 E 的设计变更,使工作 G、H 进场的施工人员不能按期施工(均推迟 5 天开始),造成工作 G 人员窝工费:120/20×5×30＝900(元);工作 H 人员窝工费:800/40×5×30＝3000(元)。故项目监理应批准的窝工补偿为:900＋3000＝3900(元)。

2013 年《建设工程监理案例分析》试题解析

第一题：

某工程，实施过程中发生如下事件：

事件 1：总监理工程师对项目监理机构的部分工作做出如下安排：

（1）总监理工程师代表负责审核监理实施细则，进行监理人员的绩效考核，调换不称职监理人员；

（2）专业监理工程师全权处理合同争议和工程索赔。

事件 2：施工单位向项目监理机构提交了分包单位资格报审材料，包括：营业执照、特殊行业施工许可证、分包单位业绩及拟分包工程的内容和范围。项目监理机构审核时发现，分包单位资格报审材料不全，要求施工单位补充提交相应材料。

事件 3：深基坑分项工程施工前，施工单位项目经理审查该分项工程的专项施工方案后，即向项目监理机构报送，在项目监理机构审批该方案过程中就组织队伍进场施工，并安排质量员兼任安全生产管理员对现场施工安全进行监督。

事件 4：项目监理机构在整理归档监理文件资料时，总监理工程师要求将需要归档的监理文件直接移交本监理单位和城建档案管理机构保存。

问题：

1. 事件 1 中，总监理工程师对工作安排有哪些不妥之处？分别写出正确做法。

2. 事件 2 中，施工单位还应补充提交哪些材料？

3. 事件 3 中，施工单位项目经理的做法有哪些不妥之处？分别写出正确做法。

4. 事件 4 中，指出总监理工程师对监理文件归档要求的不妥之处，写出正确做法。

问题解析及答题要点：

1. 主要考核考生对总监理工程师和专业监理工程师职责的掌握程度。

事件 1 中，总监理工程师安排工作：

（1）不妥之处：总监理工程师代表负责审核监理实施细则；正确做法：总监理工程师负责审核监理实施细则。

（2）不妥之处：总监理工程师代表调换不称职监理人员；正确做法：总监理工程师调换不称职监理人员。

（3）不妥之处：专业监理工程师全权处理合同争议和工程索赔；正确做法：总监理工程师负责处理合同争议和工程索赔。

2. 主要考核考生对施工分包单位资格报审材料的掌握程度。

事件 2 中：

施工单位还应补充提交的材料包括：企业资质等级证书；专职管理人员和特种作业人员的资格证、上岗证。

3. 主要考核考生对专项施工方案的报审程序、实施要求以及专职安全生产管理人员要求的掌握程度。

事件 3 中，施工单位项目经理的做法：

（1）不妥之处：审查深基坑专项施工方案后即向项目监理机构报送；正确做法：报送施工单位技术部门，组织专家论证、审查，并经施工单位技术负责人签字后报送项目监理机构。

（2）不妥之处：在项目监理机构审批过程中就组织队伍进场施工；正确做法：应在总监理工程师签字批准后组织队伍进场施工。

（3）不妥之处：安排质量员兼安全生产管理员对现场施工安全进行监督；正确做法：安排专职安全生产管理员对现场进行施工安全监督。

4. 主要考核考生对监理文件移交、归档要求的掌握程度。

事件 4 中，总监理工程师对监理文件归档要求的不妥之处：总监理工程师要求将需要归档的监理文件直接移交城建档案管理机构；正确做法：项目监理机构向监理单位移交归档，监理单位向建设单位移交归档，建设单位向城建档案管理机构移交归档。

第二题：

某工程，建设单位与施工总包单位按《建设工程施工合同（示范文本）》GF-2012-0202 签订了施工合同。工程实施过程中发生如下事件：

事件 1：主体结构施工时，建设单位收到用于工程的商品混凝土不合格的举报，立刻指令施工总包单位暂停施工。经检测鉴定单位对商品混凝土的抽样检验及混凝土实体质量抽芯检测，质量符合要求。为此，施工总包单位向项目监理机构提交了暂停施工后人员窝工及机械闲置的费用索赔申请。

事件 2：施工总包单位按施工合同约定，将装饰工程分包给甲装饰分包单位。在装饰工程施工中，项目监理机构发现工程部分区域的装饰工程由乙装饰分包单位施工。经查实，施工总包单位为按时完工，擅自将部分装饰工程分包给乙装饰分包单位。

事件 3：室内空调管道安装工程隐蔽前，施工总包单位进行了自检，并在约定的时限内按程序书面通知项目监理机构验收。项目监理机构在验收前 6 小时通知施工总包单位因故不能到场验收，施工总包单位自行组织了验收，并将验收记录送交项目监理机构，随后进行工程隐蔽，进入下道工序施工。总监理工程师以"未经项目监理机构验收"为由下达了《工程暂停令》。

事件 4：工程保修期内，建设单位为使用方便，直接委托甲装饰分包单位对地下室进行了重新装修，在没有设计图纸的情况下，应建设单位要求，甲装饰分包单位在地下室承重结构墙上开设了两个 1800mm×2000mm 的门洞，造成一层楼面有多处裂缝，且地下室有严重渗水。

问题：

1. 事件 1 中，建设单位的做法是否妥当？项目监理机构是否应批准施工总包单位的索赔申请？分别说明理由。

2. 写出项目监理机构对事件 2 的处理程序。

3. 事件 3 中，施工总包单位和总监理工程师的做法是否妥当，分别说明理由。

4. 对于事件4中发生的质量问题，建设单位、监理单位、施工总包单位和甲装饰分包单位是否应承担责任？分别说明理由。

问题解析及答题要点：

1. 主要考核考生是否掌握建设单位、项目监理机构处理施工质量问题、费用索赔问题的程序和原则。

事件1中：

（1）建设单位的做法不妥。理由：建设单位的停工指令应通过总监理工程师下达。

（2）项目监理机构应批准施工总包单位的索赔申请。理由：事件2属于建设单位（或非施工单位）的责任。

2. 主要考核考生对施工单位擅自分包工程行为的处置程序和方式的掌握程度。

事件2中，项目监理机构对事件2的处理程序如下：

（1）由总监理工程师向施工总包单位签发《工程暂停令》，责令乙装饰分包单位退场，并要求对乙装饰分包单位已施工部分的质量进行检查验收。

（2）若检查验收合格，则由总监理工程师下达《工程复工令》。若检查验收不合格，则指令施工总包单位返工处理。

3. 主要考核考生对隐蔽工程验收程序以及项目监理机构未到场验收时如何处置的掌握程度。

事件3中：

（1）施工总包单位做法妥当。理由：项目监理机构不能按时验收，应在验收前24小时以书面形式向施工总包单位提出延期要求。未按时提出延期要求，又未参加验收，施工总包单位可自行组织验收，结果应被认可。

（2）总监理工程师做法不妥。理由：总监理工程师不能以"未经项目监理机构验收"为由下达《工程暂停令》。

4. 主要考核考生是否掌握工程保修期内建设单位直接委托施工分包单位进行装修，而且出现质量问题时的责任分担。

事件4中：

（1）建设单位应承担责任。理由：承重结构变动时，建设单位应委托原设计单位或有相应资质的设计单位进行设计后才能开工。

（2）监理单位不承担责任。理由：重新装修不属于监理合同约定的监理范围。

（3）施工总包单位不承担责任。理由：重新装修不属于施工总包合同约定的施工范围。

（4）甲装饰分包单位应承担责任。理由：未取得设计单位装修设计图纸就擅自施工。

第三题：

某工程，实施过程中发生如下事件：

事件1：总监理工程师主持编写项目监理规划后，在建设单位主持的第一次工地会议上报送建设单位代表，并介绍了项目监理规划的主要内容，会议结束时，建设单位代表要求项目监理机构起草会议纪要，总监理工程师以"谁主持会议谁起草"为由，拒绝起草。

事件2：基础工程经专业监理工程师验收合格后已隐蔽，但总监理工程师怀疑隐蔽的部位有质量问题，要求施工单位将其剥离后重新检验，并由施工单位承担由此发生的全部费用，延误的工期不予顺延。

事件3：现浇钢筋混凝土构件拆模后，出现蜂窝、麻面等质量缺陷，总监理工程师立即向施工单位下达了《工程暂停令》，随后提出了质量缺陷的处理方案，要求施工单位整改。

事件4：专业监理工程师巡视时发现，施工单位未按批准的大跨度屋盖模板支撑体系专项施工方案组织施工，随即报告总监理工程师。总监理工程师征得建设单位同意后，及时下达了《工程暂停令》，要求施工单位停工整改。为赶工期，施工单位未停工整改仍继续施工。于是，总监理工程师书面报告了政府有关主管部门。书面报告发出的当天，屋盖模板支撑体系整体坍塌，造成人员伤亡。

事件5：按施工合同约定，施工单位选定甲分包单位承担装饰工程施工，并签订了分包合同。装饰工程施工过程中，因施工单位资金周转困难，未能按分包合同约定支付甲分包单位的工程款。为了不影响工期，甲分包单位向项目监理机构提出了支付申请。项目监理机构受理并征得建设单位同意后，即向甲分包单位签发了支付证书。

问题：

1. 事件1中，总监理工程师的做法有哪些不妥之处？写出正确做法。

2. 事件2中，总监理工程师的要求是否妥当？说明理由。

3. 事件3中，总监理工程师的做法有哪些不妥之处？写出正确做法。

4. 根据《建设工程安全生产管理条例》，指出事件4中施工单位和监理单位是否应承担责任？说明理由。

5. 指出事件5中项目监理机构做法的不妥之处，说明理由。

问题解析及答题要点：

1. 主要考核考生对项目监理规划报送时间及第一次工地会议纪要起草规定的掌握程度。

事件1中，总监理工程师的做法：

（1）不妥之处：在第一次工地会议上将项目监理规划报送建设单位代表；正确做法：在第一次工地会议召开前报送建设单位。

（2）不妥之处：拒绝起草会议纪要；正确做法：项目监理机构负责起草第一次工地会议纪要。

2. 主要考核考生是否掌握隐蔽工程剥离后重新检验的处理原则。

事件2中，总监理工程师要求：

（1）剥离后重新检验妥当；理由：总监理工程师有权对已隐蔽的工程提出剥离后重新检验的要求。

（2）施工单位承担重新检验所发生的全部费用，延误的工期不予顺延不妥；理由：检验合格时，建设单位应承担由此发生的全部费用，并相应顺延工期；检验不合格时，施工单位应承担由此发生的全部费用，工期不予顺延。

3. 主要考核考生对项目监理机构处理施工质量缺陷程序的掌握程度。

事件 3 中，总监理工程师的做法：

(1) 不妥之处：下达《工程暂停令》；正确做法：下达《监理通知单》。

(2) 不妥之处：提出质量缺陷的处理方案；正确做法：要求施工单位提出处理方案。

4. 主要考核考生是否掌握施工单位未按批准的专项施工方案施工的处置程序以及由此而引起的生产安全事故的责任划分。

事件 4 中：

(1) 施工单位应承担责任。理由：生产安全事故是因施工单位不执行整改指令造成的。

(2) 监理单位不承担责任。理由：监理单位已履行法定职责（或下达了工程暂停令并报告政府有关主管部门）。

5. 主要考核考生是否掌握施工分包单位向项目监理机构申请工程款支付的处置程序和原则。

事件 5 中，项目监理机构做法的不妥之处：受理甲分包单位的支付申请（或向甲分包单位签发了支付证书）；理由：因甲分包单位与建设单位没有合同关系。

第四题：

某工程，监理单位承担了施工招标代理和施工监理任务。工程实施过程中发生如下事件：

事件 1：施工招标过程中，建设单位提出的部分建议如下：

(1) 省外投标人必须在工程所在地承担过类似工程；

(2) 投标人应在提交资格预审文件截止日期前提交投标保证金；

(3) 联合体中标的，可由联合体代表与建设单位签订合同；

(4) 中标人可以将某些非关键性工程分包给符合条件的分包人完成。

事件 2：施工合同约定，空调机组由建设单位采购，由施工单位选择专业分包单位安装。空调机组订货时，生产厂商提出由其安装更能保证质量，且安装资格也符合国家要求。于是，建设单位要求施工单位与该生产厂商签订安装工程分包合同，但施工单位提出已与甲安装单位签订了安装工程分包合同。经协商，甲安装单位将部分安装工程分包给空调机组生产厂商。

事件 3：建设单位与施工单位按照《建设工程施工合同（示范文本）》进行工程价款结算时，双方对下列 5 项工作的费用发生争议：①办理施工场地交通、施工噪声有关手续；②项目监理机构现场临时办公用房搭建；③施工单位采购的材料在使用前的检验或试验；④项目监理机构影响到正常施工的检查检验；⑤设备单机无负荷试车。

事件 4：工程完工时，施工单位提出主体结构工程的保修期限为 20 年，并待工程竣工验收合格后向建设单位出具工程质量保修书。

问题：

第三部分

1. 逐条指出事件 1 中监理单位是否应采纳建设单位提出的建议并说明理由。

2. 分别指出事件 2 中建设单位和甲安装单位做法的不妥之处，说明理由。

3. 事件 3 中，各项工作所发生的费用分别应由谁承担？

4. 根据《建设工程质量管理条例》，事件 4 中施工单位的说法有哪些不妥之处？说明理由。

问题解析及答题要点：

1. 主要考核考生是否掌握招标投标法规的有关规定。

事件 1 中：

（1）不采纳；理由：应公平对待（或不歧视）所有潜在投标人；

（2）不采纳；理由：投标人应在投标截止日期前提交投标保证金；

（3）不采纳；理由：应由联合体各方共同与建设单位签订合同；

（4）采纳；理由：非关键性工程经建设单位同意可以进行分包。

2. 主要考核考生对禁止建设单位指定分包和施工分包后再分包规定的掌握程度。

事件 2 中：

（1）建设单位不妥之处：要求施工单位与空调机组生产厂商签订安装工程分包合同；理由：建设单位不得指定分包单位。

（2）甲安装单位不妥之处：将部分安装工程分包给空调机组生产厂商；理由：甲安装单位是分包单位，不得再分包工程。

3. 主要考核考生依据《建设工程施工合同（示范文本）》对施工费用索赔处理原则的掌握程度。

事件 3 中：

①办理施工场地交通、施工噪声有关手续的费用，由建设单位承担；

②项目监理机构现场临时办公用房搭建的费用，由建设单位承担；

③施工单位采购的材料在使用前的检验或试验的费用，由施工单位承担；

④视情况而定，如检查检验合格，由建设单位承担；如检查检验不合格，由施工单位承担；

⑤设备单机无负荷试车的费用，由施工单位承担。

4. 主要考核考生对工程质量保修规定的掌握程度。

事件 4 中，施工单位的说法不妥之处：

（1）主体结构工程的保修期限为 20 年；理由：主体结构工程最低保修期限应为设计文件规定的合理使用年限。

（2）待工程竣工验收合格后出具工程质量保修书；理由：应在向建设单位提交工程竣工验收报告时出具工程质量保修书。

第五题：

某采用工程量清单计价的基础工程，土方开挖清单工程量为 24000m³，综合单价为 45 元/m³，措施费、规费和税金合计 20 万元。招标文件中有关结算条款如下：①基础工程土方开挖完成后可进行结算；②非施工单位原因引起的工程量增减，变动范围10％以内时执行原综合单价，工程量增加超过10％以外的部分，综合单价调整系数为0.9；③发生工程量增减时，相应的措施费、规费和税金合计按投标清单计价表中的费用比例计算；④由建设单位原因造成施工单位人员窝工补偿为50元/工日，设备闲置补偿为200元/台班。

工程实施过程中发生如下事件：

事件1：合同谈判时，建设单位认为基础工程远离市中心且施工危险性小，要求施工单位减少合同价款中的安全文明施工费。

事件2：原有基础土方开挖完成、尚未开始下道工序时，建设单位要求增加部分基础工程以满足上部结构调整的需要。经设计变更，新增土方开挖工程量4000m³，开挖条件和要求与原设计完全相同。施工单位按照总监理工程师的变更指令完成了新增基础的土方开挖工程。

事件3：由于事件2的影响，造成施工单位部分专业工种人员窝工3000工日，设备闲置200台班。人员窝工与设备闲置得到项目监理机构的确认后，施工单位提交了人员窝工损失、设备闲置损失及施工管理费增加的索赔报告。

问题：

1. 事件1中，建设单位的要求是否合理？说明理由。

2. 事件2中，新增基础土方开挖工程的工程费用是多少？写出分析计算过程。相应的措施费、规费和税金合计是多少？（措施费、规费和税金合计占分部分项工程费的20％）。

3. 逐项指出事件3中施工单位提出的索赔是否成立？说明理由。项目监理机构应批准的索赔费用是多少？

4. 基础土方开挖完成后，应纳入结算的费用项目有哪些？结算的费用是多少？（涉及金额的，以万元为单位，保留3位小数）。

问题解析及答题要点：

1. 主要考核考生对安全文明施工费以及合同价款谈判规定的掌握程度。

事件1中，建设单位的要求不合理。理由：安全文明施工费为不可竞争性费用；招标人和中标人不得就价款等投标的实质性内容进行谈判。

2. 主要考核考生对新增工程量对应工程价款计算方法的掌握程度。

事件2中：

（1）新增基础土方开挖工程量4000m³，超过招标工程量24000m³的10％，超过部分综合单价应按原综合单价的0.9倍计算。

新增基础土方开挖工程的工程费用为：

24000×10％×45＋(4000－24000×10％)×45×0.9＝17.28(万元)。

（2）相应的措施费、规费和税金合计为17.28×20％＝3.456（万元）。

3. 主要考核考生对项目监理机构处理费用索赔原则的掌握程度。

事件3中：

（1）索赔人员窝工损失成立。理由：建设单位的责任。

索赔设备闲置损失成立。理由：建设单位的责任。

索赔施工管理费不成立。理由：管理费已包含在土方开挖工程综合单价费用中。

（2）项目监理机构应批准的索赔费用：50×3000＋200×200＝19（万元）。

4. 主要考核考生对项目费用结算内容和方法的掌握程度。

（1）应纳入结算的费用项目有：基础土方开挖工程费用，措施费、规费和税金，批准的索赔费用。

（2）应结算的费用：45×24000/10000＋17.28＋20＋3.456＋19＝167.736（万元）。

第六题：

某工程，建设单位与施工单位按《建设工程施工合同（示范文本）》签订了合同，经总监理工程师批准的施工总进度计划如图 2013-6-1 所示（时间单位：天），各项工作均按最早开始时间安排且匀速施工。

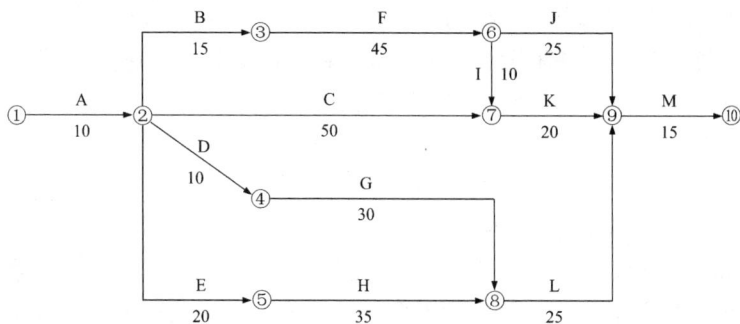

图 2013-6-1　施工总进度计划

施工过程中发生如下事件：

事件1：合同约定开工日期前10天，施工单位向项目监理机构递交了书面申请，请求将开工日期推迟5天。理由是，已安装的施工起重机械未通过有资质检验机构的安全验收，需要更换主要支撑部件。

事件2：由于施工单位人员及材料组织不到位，工程开工后第33天上班时工作F才开始。为确保按合同工期竣工，施工单位决定调整施工总进度计划。经分析，各项未完成工作的赶工费率及可缩短时间见表 2013-6-1。

工作的赶工费率及可缩短时间　　　　　　　　　　表 2013-6-1

工 作 名 称	C	F	G	H	I	J	K	L	M
赶工费率（万元/天）	0.7	1.2	2.2	0.5	1.5	1.8	1.0	1.0	2.0
可缩短时间（天）	8	6	3	5	2	5	10	6	1

事件3：施工总进度计划调整后，工作L按期开工。施工合同约定，工作L需安装的设备由建设单位采购，由于设备到货检验不合格，建设单位进行了退换。由此导致施工单位吊装机械台班费损失8万元，L工作拖延9天。施工单位向项目监理机构提出了费用补偿和工程延期申请。

问题：

1. 事件 1 中，项目监理机构是否应批准工程推迟开工？说明理由。

2. 指出图 2013-6-1 所示施工总进度计划的关键线路和总工期。

3. 事件 2 中，为使赶工费最少，施工单位应如何调整施工总进度计划（写出分析与调整过程）？赶工费总计多少万元？计划调整后工作 L 的总时差和自由时差为多少天？

4. 事件 3 中，项目监理机构是否应批准费用补偿和工程延期？分别说明理由。

问题解析及答题要点：

1. 主要考核考生对工程延期处理原则的掌握程度。

事件 1 中，项目监理机构不应批准工程推迟开工。理由：施工单位原因造成开工日期推迟。

2. 主要考核考生对工程网络计划关键线路和总工期确定方法的掌握程度。图 6-1 所示施工总进度计划中：

关键线路：①—②—③—⑥—⑦—⑨—⑩（或 A—B—F—I—K—M）；总工期：115 天。

3. 主要考核考生对施工总进度计划调整方法、总时差和自由时差确定方法的掌握程度。

事件 2 中：

（1）计划调整过程：

①工作 F 拖后 32－15－10＝7 天，影响工期 7 天，故总工期需压缩 7 天。

②工作 F、I、K、M 作为可压缩对象，由于工作 K 的赶工费率 1.0 万元/天为最小，故选择工作 K 压缩。

③经分析，工作 K 应压缩 5 天，赶工费为 1.0×5＝5（万元）。

④工作 K 压缩 5 天后，工作 J 变为关键工作。此时，可压缩的方案为：工作 F、工作 I＋J、工作 J＋K、工作 M。由于工作 F 的赶工费率 1.2 万元/天为最小，故选择工作 F 压缩 2 天。赶工费为 1.2×2＝2.4（万元）。

（2）赶工费总计：5＋2.4＝7.4（万元）。

（3）工作 L 总时差 10 天，自由时差 10 天。

4. 主要考核考生对项目监理机构处理费用补偿和工程延期原则和方法的掌握程度。

事件 3 中，项目监理机构：

（1）批准费用补偿。理由：吊装机械台班费损失是由建设单位造成的；

（2）不批准工程延期。理由：工作 L 拖延 9 天未超过其总时差，不影响工期。

2014年《建设工程监理案例分析》试题解析

第一题:

某工程,实施过程中发生如下事件:

事件1:监理合同签订后,监理单位法定代表人要求项目监理机构在收到设计文件和施工组织设计后方可编制监理规划;同意技术负责人委托具有类似工程监理经验的副总工程师审批监理规划;不同意总监理工程师拟定的担任总监理工程师代表的人选,理由是:该人选仅具有工程师职称和5年工程实践经验,虽经监理业务培训,但不具有注册监理工程师资格。

事件2:专业监理工程师在审查施工单位报送的工程开工报审表及相关资料时认为:现场质量、安全生产管理体系已建立,管理及施工人员已到位,进场道路及水、电、通信满足开工要求,但其他开工条件尚不具备。

事件3:施工过程中,总监理工程师安排专业监理工程师审批监理实施细则,并委托总监理工程师代表负责调配监理人员、检查监理人员工作和参与工程质量事故的调查。

事件4:专业监理工程师巡视施工现场时,发现正在施工的部位存在安全事故隐患,立即签发《监理通知单》,要求施工单位整改,施工单位拒不整改,总监理工程师拟签发《工程暂停令》,要求施工单位停止施工,建设单位以工期紧为由不同意停工,总监理工程师没有签发《工程暂停令》,也没有及时向有关主管部门报告。最终因该事故隐患未能及时排除而导致严重的生产安全事故。

问题:

1. 指出事件1中监理单位法定代表人的做法有哪些不妥,分别写出正确做法。

2. 指出事件2中工程开工还应具备哪些条件。

3. 指出事件3中总监理工程师的做法有哪些不妥,分别写出正确做法。

4. 分别指出事件4中建设单位、施工单位和总监理工程师对该生产安全事故是否承担责任,并说明理由。

问题解析及答题要点:

1. 主要考核考生对监理规划的编制和审批、总监理工程师任职条件的掌握程度。

事件1中,监理单位法定代表人的不妥之处及正确做法如下:

(1) 不妥之处:要求在收到施工单位的施工组织设计后编制监理规划;正确做法:在收到设计文件后即可编制监理规划。

(2) 不妥之处:同意技术负责人委托具有类似工程监理经验的副总工程师审批监理规划;正确做法:应由监理单位技术负责人审批监理规划。

(3) 不妥之处:不同意总监理工程师代表人选;正确做法:总监理工程师代表的任职条件符合要求,应同意。

2. 主要考核考生对项目监理机构批准工程开工应具备条件的掌握程度。

事件 2 中，工程开工还应具备的条件：设计交底和图纸会审已完成；施工组织设计已由总监理工程师签认；施工机械具备使用条件；主要工程材料已落实。

3. 主要考核考生对总监理工程师职责及总监理工程师代表职责的掌握程度。

事件 3 中，总监理工程师做法的不妥之处及正确做法如下：

（1）不妥之处：安排专业监理工程师审批监理实施细则；正确做法：应由总监理工程师审批。

（2）不妥之处：委托总监理工程师代表调配监理人员；正确做法：应由总监理工程师调配。

（3）不妥之处：委托总监理工程师代表检查监理人员工作；正确做法：应由总监理工程师检查。

（4）不妥之处：委托总监理工程师代表参与工程质量事故调查；正确做法：应由总监理工程师参与。

4. 主要考核考生对生产安全事故隐患处置规定的掌握程度。

事件 4 中，建设单位、施工单位和总监理工程师对生产安全事故的责任承担如下：

（1）建设单位有责任，因建设单位不同意总监理工程师签发《工程暂停令》。

（2）施工单位有责任，因施工单位收到《监理通知单》后拒不整改。

（3）总监理工程师有责任，因没有签发《工程暂停令》，也没有向有关主管部门报告。

第二题：

某工程分 A、B 两个监理标段同时进行招标，建设单位规定参与投标的监理单位只能选择 A 或 B 标段进行投标。工程实施过程中，发生如下事件：

事件 1：在监理招标时，建设单位提出：

（1）投标人必须具有工程所在地域类似工程监理业绩；

（2）应组织外地投标人考察施工现场；

（3）投标有效期自投标人送达投标文件之日起算；

（4）委托监理单位有偿负责外部协调工作。

事件 2：拟投标的某监理单位在进行投标决策时，组织专家及相关人员对 A、B 两个标段进行了比较分析，确定的主要评价指标、相应权重及相对于 A、B 两个标段的竞争力分值见表 2014-2-1。

事件 3：建设单位与 A 标段中标监理单位按《建设工程监理合同（示范文本）》GF-2012-0202 签订了监理合同，并在监理合同专用条件中约定附加工作酬金为 20 万元/月。监理合同履行过程中，由于建设单位资金未到位致使工程停工，导致监理合同暂停履行，半年后恢复。监理单位暂停履行合同的善后工作时间为 1 个月，恢复履行的准备工作时间为 1 个月。

事件 4：建设单位与施工单位按《建设工程施工合同（示范文本）》GF-2013-0201 签订了施工合同，施工单位按合同约定将土方开挖工程分包，分包单位在土方开挖工程开工前编制了深基坑工程专项施工方案并进行了安全验算，经分包单位技术负责人审核签字后，即报送项目监理机构。

评价指标、权重及竞争力分值　　　　　　　　表 2014-2-1

序　号	评价指标	权　重	标段的竞争力分值	
			A	B
1	总监理工程师能力	0.25	100	80
2	监理人员配置	0.20	85	100
3	技术管理服务能力	0.20	100	80
4	项目效益	0.15	60	100
5	类似工程监理业绩	0.10	100	70
6	其他条件	0.10	80	60
合　计		1.00	—	

问题：

1. 逐条指出事件 1 中建设单位的要求是否妥当，并对不妥之处说明理由。

2. 事件 2 中，根据表 2014-2-1，分别计算 A、B 两个标段各项评价指标的加权得分及综合竞争力得分，并指出监理单位应优先选择哪个标段投标。

3. 计算事件 3 中监理单位可获得的附加工作酬金。

4. 指出事件 4 中有哪些不妥，分别写出正确做法。

问题解析及答题要点：

1. 主要考核考生对招标投标有关规定的掌握程度。

事件 1 中：

（1）不妥；理由：不得以特定行政区域的监理业绩限制潜在投标人。

（2）不妥；理由：没有组织所有投标人考察施工现场。

（3）不妥；理由：投标有效期应自投标截止之日起算。

（4）妥当。

2. 主要考核考生对监理单位投标决策方法的掌握程度。

事件 2 中：

（1）相对于 A 标段的加权得分：25、17、20、9、10、8；综合评价得分：89。

（2）相对于 B 标段的加权得分：20、20、16、15、7、6；综合评价得分：84。

（3）应优先投标 A 标段。

3. 主要考核考生对附加工作及其酬金计算方法的掌握程度。

事件 3 中，附加工作酬金＝（1＋1）×20＝40（万元）

4. 主要考核考生对专项施工方案的报送、审核程序的掌握程度。

事件 4 中的不妥之处及正确做法如下：

（1）不妥之处：深基坑工程专项施工方案由分包单位技术负责人审核签字后即报送项目监理机构；正确做法：专项施工方案应经施工单位技术负责人审核签字。

（2）不妥之处：专项施工方案未经专家论证审查；正确做法：专项施工方案必须经专

家论证审查。

（3）不妥之处：分包单位向项目监理机构报送专项施工方案；正确做法：应由施工单位报送项目监理机构。

第三题：

某工程，实施过程中发生如下事件：

事件1：施工单位向项目监理机构报送的试验室资料包括：

（1）实验室的资质等级及试验范围；

（2）试验项目及试验方法；

（3）试验室技术负责人资格证书。

专业监理工程师审查后认为报送的资料不全，要求施工单位补充。

事件2：建设单位采购的一批材料进场后，施工单位未向项目监理机构报验即准备用于工程，项目监理机构发现后立即给予制止并要求报验。检验结果表明这批材料质量不合格。施工单位要求建设单位支付该批材料检验费用，建设单位拒绝支付。

事件3：施工过程中某工程部位发生一起质量事故，需加固补强。施工单位编写了质量事故调查报告和相关处理方案，征得建设单位同意后即开始加固补强。

事件4：工程竣工验收阶段，施工单位完成自检工作后，填写了工程竣工验收报审表，并将全部竣工资料报送项目监理机构申请竣工验收。总监理工程师认为施工过程中均按要求进行了验收，即签署了工程竣工验收报审表，并向建设单位提交了工程质量评估报告。建设单位收到工程质量评估报告后，即将该工程正式投入使用。

问题：

1. 针对事件1，专业监理工程师要求补充的内容有哪些？

2. 分别指出事件2中施工单位和建设单位做法的不妥之处，并说明理由。项目监理机构应如何处置这批材料？

3. 分别指出事件3中施工单位和建设单位做法的不妥之处。写出项目监理机构处理该事件的正确做法。

4. 事件4中，指出总监理工程师做法的不妥之处，写出正确做法。建设单位的做法是否正确？说明理由。

问题解析及答题要点：

1. 主要考核考生对试验室审查资料的掌握程度。

事件1中，专业监理工程师要求补充的内容有：

（1）法定计量部门对试验设备出具的计量检定证明。

（2）试验室管理制度。

（3）试验人员资格证书。

2. 主要考核考生对进场材料的检验程序及检验费用承担的掌握程度。

事件2中：

（1）施工单位不妥之处：未报验建设单位采购的进场材料即开始使用；

理由：建设单位供应的材料使用前，由施工单位负责检验。

（2）建设单位不妥之处：拒绝支付材料检验费用；

理由：检验费用由建设单位承担。

（3）项目监理机构的处置：应要求将这批材料撤出施工现场。

3. 主要考核考生对项目监理机构处理施工质量事故程序的掌握程度。

事件 3 中：

（1）施工单位不妥之处：未向项目监理机构报送质量事故调查报告；

（2）建设单位不妥之处：未经相关单位认可就同意加固补强处理方案。

（3）项目监理机构正确做法：审查施工单位报送的质量事故调查报告和经设计等单位同意的处理方案，跟踪检查处理过程，复查处理结果。

4. 主要考核考生对工程竣工验收程序的掌握程度。

事件 4 中：

（1）总监理工程师未组织工程竣工预验收不妥。

正确做法：总监理工程师应组织工程竣工预验收，并签署单位工程竣工验收报审表。

（2）建设单位的做法不正确。

理由：建设单位收到工程质量评估报告后，应组织工程验收。验收合格并备案后方可使用该工程。

第四题：

某工程，实施过程中发生如下事件：

事件 1：工程开工前施工单位按要求编制了施工总进度计划和阶段性施工进度计划，按相关程序审核后报项目监理机构审查。专业监理工程师审查的内容有：

（1）施工进度计划中主要工程项目有无遗漏，是否满足分批动用的需要。

（2）施工进度计划是否符合建设单位提供的资金、施工图纸、施工场地、物资等条件。

事件 2：项目监理机构编制监理规划时初步确定的内容包括：工程概况；监理工作的范围、内容、目标；监理工作依据；工程质量控制；工程造价控制；工程进度控制；合同与信息管理；监理工作设施。总监理工程师审查时认为，监理规划还应补充有关内容。

事件 3：工程施工过程中，因建设单位原因发生工程变更导致监理工作内容发生重大变化，项目监理机构组织修改了监理规划。

事件 4：专业监理工程师现场巡视时发现，施工单位在某工程部位施工过程中采用了一种新工艺，要求施工单位报送该新工艺的相关资料。

事件 5：施工单位按照合同约定将电梯安装分包给专业安装公司，并在分包合同中明确电梯安装安全由分包单位负全责。电梯安装时，分包单位拆除了电梯井口防护栏并设置了警告标志，施工单位要求分包单位设置临时护栏。分包单位为便于施工未予设置，造成 1 名施工人员不慎掉入电梯井导致重伤。

问题：

1. 事件 1 中，专业监理工程师对施工进度计划还应审查哪些内容？

2. 事件 2 中，监理规划还应补充哪些内容？

3. 事件 3 中，写出监理规划的修改及报批程序。

4. 写出专业监理工程师对事件 4 的后续处理程序。

5. 事件 5 中，写出施工单位的不妥之处。指出施工单位和分包单位对施工人员重伤事故各承担什么责任？

问题解析及答题要点：

1. 主要考核考生对施工进度计划审查内容的掌握程度。

事件 1 中，专业监理工程师还应审查的内容：

(1) 施工进度计划是否符合施工合同中工期的约定；

(2) 施工顺序的安排是否符合施工工艺要求；

(3) 施工人员、工程材料、施工机械等资源供应计划是否满足施工进度计划的需要。

2. 主要考核考生对监理规划内容的掌握程度。

事件 2 中，监理规划还应补充的内容：监理组织形式、人员配备及进退场计划、监理人员岗位职责；监理工作制度；安全生产管理的监理工作；组织协调。

3. 主要考核考生对监理规划修改及报批程序的掌握程度。

事件 3 中，监理规划的修改及报批程序如下：

(1) 由总监理工程师组织专业监理工程师修改；

(2) 经工程监理单位技术负责人审批后报建设单位。

4. 主要考核考生对采用新工艺的审查程序的掌握程度。

专业监理工程师对事件 4 的后续处理程序如下：

(1) 审查施工单位报送的新工艺的质量认证材料和相关验收标准的适用性；

(2) 必要时，应要求施工单位组织专题论证；

(3) 审查合格后报总监理工程师签认。

5. 主要考核考生对施工现场安全责任承担的掌握程度。

事件 5 中：

(1) 施工单位不妥之处：分包合同中明确电梯安装安全由分包单位负全责；

(2) 责任：分包单位应承担主要责任；施工单位应承担连带责任。

第五题：

某工程，建设单位通过招标与甲施工单位签订了土建工程施工合同，包括 A～I 共 9 项工作，合同工期 200 天；与乙施工单位签订了设备安装施工合同，包括 P、Q 共 2 项工作，合同工期 70 天。

经甲乙双方协调，并经项目监理机构批准的施工进度计划如图 2014-5-1 所示。

工程施工过程中发生如下事件：

事件 1：工作 B、C 和 H 均需使用土方施工机械，由于机械调配原因，施工单位仅安排一台土方施工机械进行工作 B、C 和 H 的施工作业。

事件 2：甲施工单位施工的设备基础（工作 F）验收时，项目监理机构发现设备基础

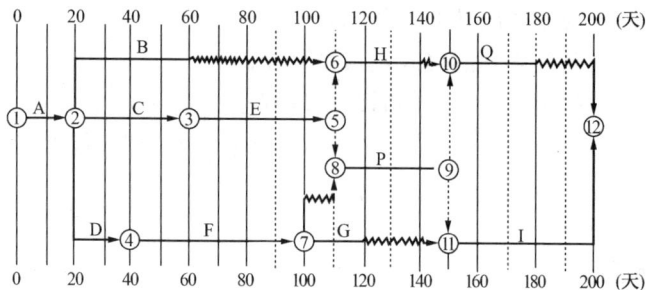

图 2014-5-1 施工进度计划

预埋件位置与运抵施工现场待安装的设备尺寸不一致。经查，是因设计单位原因所致。设计单位修改了设备基础设计图纸并按程序进行了审批与会签，甲施工单位按照变更后的设计图纸进行了返工处理，发生费用 5 万元。处理该变更用时 20 天。甲施工单位在合同约定的时限内通过项目监理机构向建设单位提出了费用补偿 5 万元和工程延期 20 天的要求。

事件 3：受到事件 2 的影响，乙施工单位窝工损失 2 万元。乙施工单位在合同约定的时限内通过项目监理机构向建设单位提出了费用补偿 2 万元和工程延期 20 天的要求。

事件 4：工作 G 经项目监理机构验收后进行了覆盖，项目监理机构又对工作 G 的施工质量提出复验要求，甲施工单位不同意复验，项目监理机构坚持要求复验，甲施工单位进行剥离后，复验结果表明工程质量合格。

问题：

1. 事件 1 中，在不改变施工总工期和各项工作工艺关系的前提下，甲施工单位应如何安排 B、C 和 H 三项工作的施工顺序？为完成 B、C 和 H 三项工作，土方施工机械在施工现场的最少闲置时间是多少天？

2. 写出事件 2 中项目监理机构处理该设计变更的程序。

3. 事件 2 中，项目监理机构是否应批准甲施工单位提出的费用补偿和工程延期要求？分别说明理由。

4. 事件 3 中，项目监理机构是否应批准乙施工单位提出的费用补偿和工程延期要求？分别说明理由。

5. 事件 4 中，甲施工单位和项目监理机构的做法是否妥当？分别说明理由。

问题解析及答题要点：

1. 主要考核考生对工程网络计划中工作时间参数（特别是机动时间）的掌握程度。

事件 1 中：

(1) 施工顺序：C→B→H；

(2) 土方施工机械最少闲置时间是 10 天。

2. 主要考核考生对项目监理机构处理设计变更程序的掌握程度。

事件 2 中，项目监理机构处理设计变更的程序：

(1) 对变更费用和工期影响作出评估；

(2) 与建设单位、施工单位共同协商确定费用及工期变化；

（3）会签《工程变更单》；

（4）监督甲施工单位返工处理。

3. 主要考核考生对基于工程网络计划的费用补偿和工程延期分析方法和处理原则的掌握程度。

事件 3 中：

（1）项目监理机构应批准费用补偿 5 万元；理由：返工处理费用是由非甲施工单位原因造成的。

（2）项目监理机构不应批准工程延期 20 天（或：应批准工程延期 10 天）；理由：工作 F 的工作时间增加是由非甲施工单位原因造成的，但工作 F 有 10 天的总时差（只影响工期 10 天），故应批准工程延期 10 天。

4. 主要考核考生对多个施工单位情景下费用补偿和工程延期处理原则的掌握程度。

事件 3 中：

（1）项目监理机构应批准费用补偿 2 万元；理由：窝工损失是由甲施工单位（非乙施工单位）原因造成的。

（2）项目监理机构不应批准工程延期 20 天（或：应批准工程延期 10 天）；理由：工作 F 的工作时间增加 20 天，但只影响工作 P 晚开始 10 天，故应批准工程延期 10 天。

5. 主要考核考生对工程质量复验程序及结果处理原则的掌握程度。

事件 4 中：

（1）甲施工单位的做法不妥；理由：甲施工单位不得拒绝项目监理机构的复验要求。

（2）项目监理机构的做法妥当；理由：项目监理机构对隐蔽工程质量有疑问时，应坚持进行剥离复验。

第六题：

某工程，建设单位与施工单位按照《建设工程施工合同（示范文本）》GF-2013-0201 签订了合同，工程价款 8000 万元；工期 12 个月；预付款为签约合同价的 15％。专用条款约定，预付款自工程开工后的第 2 个月起在每月应支付的工程进度款中扣回 200 万元，扣完为止；当实际工程量的增加值超过工程量清单项目招标工程量的 15％时，超过 15％以上部分的结算综合单价的调整系数为 0.9；当实际工程量的减少值超过工程量清单项目招标工程量的 15％时，实际工程量结算综合单价的调整系数为 1.1；工程质量保证金每月按进度款的 3％扣留。

施工过程中发生如下事件：

事件 1：设计单位修改图纸使局部工程量发生变化，造价增加 28 万元。施工单位按批准后的修改图纸完成工程施工后的第 30 天，经项目监理机构向建设单位提交增加合同价款 28 万元的申请报告。

事件 2：为降低工程造价，总监理工程师按建设单位要求向施工单位发出变更通知，加大外墙涂料装饰范围，使外墙涂料装饰的工程量由招标时的 4200m² 增加到 5400m²；相应的干挂石材幕墙由招标时的 2800m² 减少到 1600m²。外墙涂料装饰项目投标综合单价为 200 元/m²，干挂石材幕墙项目投标综合单价为 620 元/m²。

事件 3：经招标，施工单位以 412 万元的总价采购了原工程量清单中暂估价为 350 万元的设备，花费 1 万元的招标采购费用。招标结果经建设单位批准后，施工单位于第 7 个月完成了设备安装施工，要求建设单位当月支付的工程进度款中增加 63 万元。

施工单位前 7 个月计划完成的工程量价款见表 2014-6-1。

计划完成工程量价款表　　　　　　　　　　　　　表 2014-6-1

时间（月）	1	2	3	4	5	6	7
工程量价款（万元）	120	360	630	700	800	860	900

问题：

1. 事件 1 中，项目监理机构是否应同意增加 28 万元合同价款？说明理由。

2. 事件 2 中，外墙涂料装饰、干挂石材幕墙项目合同价款调整额分别是多少？调整外墙装饰后可降低工程造价多少万元？

3. 事件 3 中，项目监理机构是否应同意施工单位增加 63 万元工程进度款的支付要求？说明理由。

4. 该工程预付款总额是多少？分几个月扣回？根据表 2014-6-1 计算项目监理机构在第 2 个月和第 7 个月可签发的应付工程款。

问题解析及答题要点：

1. 主要考核考生对施工单位工程变更价款调整申请审批原则的掌握程度。

事件 1 中，项目监理机构不同意施工单位增加 28 万元合同价款的申请。

理由：施工单位未在合同规定的有效期内提出合同价款调增要求。

2. 主要考核考生对合同价款调整额计算方法的掌握程度。

事件 2 中，外墙涂料装饰、干挂石材幕墙工程合同价款调整额如下：

（1）外墙涂料装饰工程：

工程量增加：

$$5400-4200=1200(m^2), 1200/4200=28.6\% > 15\%$$

工程款增加额：

$$4200 \times 15\% \times 200 + [5400-4200 \times (1+15\%)] \times 200 \times 0.9 = 228600(元)$$

（2）干挂石材幕墙工程：

工程量减少：

$$2800-1600=1200(m^2), 1200/2800=42.9\% > 15\%$$

工程款减少额：

$$2800 \times 620 - 1600 \times 620 \times 1.1 = 644800(元)$$

（3）降低工程造价：

$$644800 - 228600 = 416200(元)$$

3. 主要考核考生对暂估价的理解以及对工程进度款支付的掌握程度。

事件 3 中，项目监理机构不应同意施工单位增加 63 万元工程进度款的支付要求。理由：招标采购费用已包含在签约合同价中，不应再支付招标采购费用 1 万元，只支付 62

万元的设备采购增加额。

4. 主要考核考生对工程预付款及其扣回、应付工程款计算方法的掌握程度。

(1) 工程预付款总额: $8000 \times 15\% = 1200$ (万元)

(2) 分月扣回时间: $1200/200 = 6$ (月)

(3) 项目监理机构第 2 个月可签发的应付工程款:

$$360 \times (1 - 3\%) - 200 = 149.2 (万元)$$

(4) 项目监理机构第 7 个月可签发的应付工程款:

$$962 \times (1 - 3\%) - 200 = 733.14 (万元)$$

第三部分

2015年《建设工程监理案例分析》试题解析

第一题：

某工程，实施过程中发生如下事件：

事件1：总监理工程师组建的项目监理机构组织形式如图2015-1-1所示。

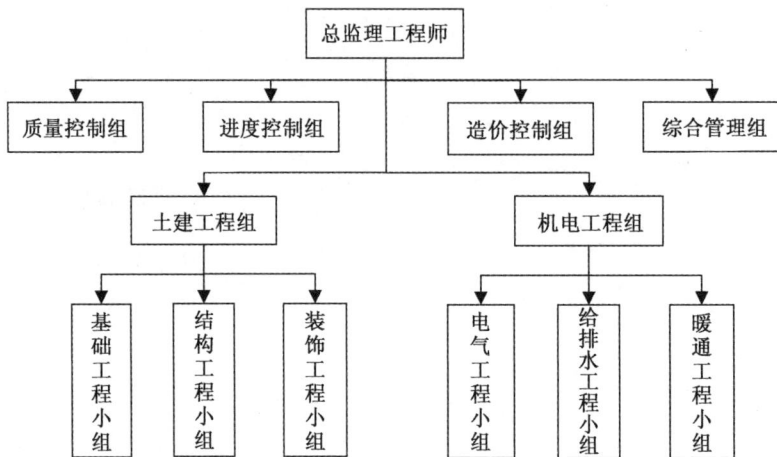

图2015-1-1　项目监理机构组织形式

事件2：在第一次工地会议上，总监理工程师提出以下两方面要求，一是签发工程暂停令的情形包括：①建设单位要求暂停施工的；②施工单位拒绝项目监理机构管理的；③施工单位采用不适当的施工工艺或施工不当，造成工程质量不合格的。二是签发监理通知单的情形包括：①施工单位违反工程建设强制性标准的；②施工存在重大质量、安全事故隐患的。

事件3：专业监理工程师编写的深基坑工程监理实施细则主要内容包括：专业工程特点、监理工作方法及措施。其中，在监理工作方法及措施中提出：①要加强对深基坑工程施工巡视检查；②发现施工单位未按深基坑工程专项施工方案施工的，应立即签发工程暂停令。

事件4：施工过程中，施工单位对需要见证取样的一批钢筋抽取试样后，报请项目监理机构确认。监理人员确认试样数量后，通知施工单位将试样送到检测单位检验。

问题：

1. 指出图2015-1-1所示项目监理机构组织形式属哪种类型，说明其主要优点。

2. 指出事件2中签发工程暂停令和监理通知单情形的不妥项，并写出正确做法。

3. 写出事件3中监理实施细则还应包括的内容。指出监理工作方法及措施中提出的具体要求是否妥当并说明理由。

4. 指出事件4中施工单位和监理人员的不妥之处，写出正确做法。

问题解析及答案要点：

1. 主要考核考生对项目监理机构组织形式及特点的掌握程度。

事件 1 中，图 2015-1-1 所示项目监理机构组织形式属直线职能制，其主要优点有：直线领导、统一指挥（或指令统一）、职责分明（或分工明确），管理专业化。

2. 主要考核考生对总监理工程师签发工程暂停令和签发监理通知单的情形的掌握程度。

事件 2 中，签发工程暂停令的不妥项有：

第①项。正确做法：建设单位要求暂停施工且工程需要暂停施工的。

第③项。正确做法：项目监理机构应签发监理通知单。

签发监理通知单的不妥项有：

第①项不妥。正确做法：应签发工程暂停令。

第②项不妥。正确做法：应签发工程暂停令。

3. 主要考核考生对监理实施细则内容以及哪些属于危险性较大的分部分项工程的掌握程度。还考核考生对于施工单位未按专项施工方案施工时如何处置的掌握程度。

事件 3 中，监理实施细则还应包括的内容有：监理工作流程；监理工作要点（或重点）。对于监理工作方法及措施中提出的具体要求，第①项妥当，理由：深基坑工程属危险性较大的分部分项工程；第②项不妥，理由：应签发监理通知单而不是签发工程暂停令。

4. 主要考核考生对见证取样程序和方式的掌握程度。

事件 4 中，施工单位取样后报请项目监理机构确认不妥，正确做法：应通知监理人员见证现场取样。监理人员确认试样数量后，通知施工单位将试样送到检测单位检验也不妥，正确做法：应见证施工单位取样、封样和送检。

第二题：

某工程，实施过程中发生如下事件：

事件 1：开工前，项目监理机构审查施工单位报送的工程开工报审表及相关资料时，总监理工程师要求：首先由专业监理工程师签署审查意见，之后由总监理工程师代表签署审核意见。总监理工程师依据总监理工程师代表签署的同意开工意见，签发了工程开工令。

事件 2：总监理工程师根据监理实施细则对巡视工作进行交底，其中对施工质量巡视提出的要求包括：①检查施工单位是否按批准的施工组织设计、专项施工方案进行施工；②检查施工现场管理人员，特别是施工质量管理人员是否到位。

事件 3：项目监理机构进行桩基混凝土试块抗压强度数据统计分析，出现了如图 2015-2-1 所示的四种非正常分布的直方图。

事件 4：工程竣工验收前，总监理工程师要求：①总监理工程师代表组织工程竣工预验收；②专业监理工程师组织编写工程质量评估报告，该报告经总监理工程师审核签字后方可直接报送建设单位。

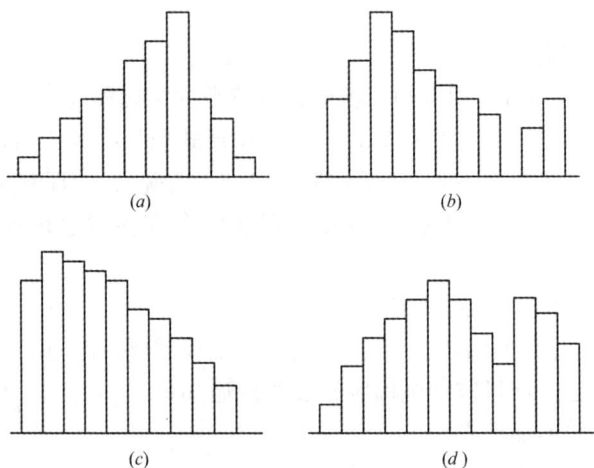

图 2015-2-1　桩基混凝土试块抗压强度直方图

问题:

1. 指出事件 1 中总监理工程师做法的不妥之处,写出正确做法。

2. 事件 2 中,总监理工程师对现场施工质量巡视要求还应包括哪些内容?

3. 分别指出事件 3 中四种直方图的类型,并说明其形成的主要原因。

4. 指出事件 4 中总监理工程师要求的不妥之处,写出正确做法。

问题解析及答案要点:

1. 主要考核考生对《建设工程监理规范》中关于审查工程开工报审表及相关资料、签发工程开工令规定的掌握程度。

事件 1 中,总监理工程师做法的不妥之处有:

(1) 安排总监理工程师代表在工程开工报审表上签署审核意见。正确做法:总监理工程师应签署审核意见。

(2) 依据总监理工程师代表签署同意开工的意见即签发了工程开工令。正确做法:总监理工程师应将工程开工报审表报建设单位批准后,再签发工程开工令。

2. 主要考核考生对《建设工程监理规范》中明确的施工质量巡视内容的掌握程度。

事件 2 中,总监理工程师对现场施工质量巡视要求的内容还应包括:

(1) 是否按工程设计文件(或施工图)、工程建设标准进行施工。

(2) 使用的工程材料、构配件和设备是否合格。

(3) 特种作业人员是否持证上岗。

3. 主要考核考生对施工质量控制中所采用的直方图形式及其产生原因的掌握程度。

事件 3 中,四种直方图的类型及其形成原因如下:

(1) (a) 属于缓坡型。形成原因:操作中对上限控制太严。

(2) (b) 属于孤岛型。形成原因:原材料发生变化,或临时由他人顶班作业。

(3) (c) 属于绝壁型。形成原因:数据收集不正常。

(4) (d) 属于双峰型。形成原因:用两种不同方法或两台设备或两组工人进行生产的数据混在一起。

4. 主要考核考生对《建设工程监理规范》中关于工程竣工预验收及工程质量评估报告编写和报送规定的掌握程度。

事件 4 中，总监理工程师要求的不妥之处有：

(1) 要求总监理工程师代表组织竣工预验收，正确做法：总监理工程师应组织竣工预验收。

(2) 要求专业监理工程师组织编写工程质量评估报告，正确做法：总监理工程师应组织编写工程质量评估报告。

(3) 要求工程质量评估报告经总监理工程师审核签字后直接报建设单位，正确做法：工程质量评估报告应经监理单位技术负责人审核签字后方可报送建设单位。

第三题：

某工程，施工过程中发生如下事件：

事件 1：项目监理机构收到施工单位报送的施工控制测量成果报验表后，安排监理员检查、复核报验表所附的测量人员资格证书、施工平面控制网和临时水准点的测量成果，并签署意见。

事件 2：施工单位在编制搭设高度为 28m 的脚手架工程专项施工方案的同时，项目经理即安排施工人员开始搭设脚手架，并兼任施工现场安全生产管理人员，总监理工程师发现后立即向施工单位签发了监理通知单要求整改。

事件 3：在脚手架拆除过程中，发生坍塌事故，造成施工人员 3 人死亡、5 人重伤、7 人轻伤。事故发生后，总监理工程师立即签发了工程暂停令，并在 2 小时后向监理单位负责人报告了事故情况。

事件 4：由建设单位负责采购的一批钢筋进场后，施工单位发现其规格型号与合同约定不符，项目监理机构按程序对这批钢筋进行了处置。

问题：

1. 写出事件 1 中的不妥之处，说明理由。项目监理机构对施工控制测量成果的检查、复核还应包括哪些内容？

2. 指出事件 2 中施工单位做法的不妥之处，写出正确做法。

3. 指出事件 2 中总监理工程师做法的不妥之处，写出正确做法。

4. 按照《生产安全事故报告和调查处理条例》，确定事件 3 中的事故等级。指出总监理工程师做法的不妥之处，写出正确做法。

5. 事件 4 中，项目监理机构应如何处置该批钢筋？

问题解析及答案要点：

1. 主要考核考生对《建设工程监理规范》中关于项目监理机构检查、复核施工控制测量成果的方式和内容的掌握程度。

事件 1 中，项目监理机构的不妥之处有：安排监理员检查、复核与签署监理意见，正确做法：安排专业监理工程师检查、复核与签署监理意见。

项目监理机构对施工控制测量成果的检查、复核内容还应包括：测量设备的检定证书，高程控制网和控制桩的保护措施。

2. 主要考核考生对危险性较大的分部分项工程安全生产管理方面规定的掌握程度，包括专项施工方案的编制、审批和实施，以及专职安全生产管理人员的配备规定。

事件 2 中，施工单位的不妥之处有：

（1）专项施工方案编制的同时就开始搭建脚手架，正确做法：编制专项施工方案后，附具安全验算结果，经施工单位技术负责人、总监理工程师签字后才可安排搭建脚手架。

（2）项目经理兼任施工现场安全生产管理人员，正确做法：应安排专职安全生产管理人员。

3. 主要考核考生对施工单位未按专项施工方案施工及未配备专职安全生产管理人员时应采用何种处置方式的掌握程度。

事件 2 中，总监理工程师的不妥之处有：向施工单位签发监理通知单，正确做法：报建设单位同意后，签发工程暂停令。

4. 主要考核考生对生产安全事故等级及事故报告时间的掌握程度。

事件 3 中，事故等级属于较大事故。总监理工程师的不妥之处是：在事故发生 2 小时后向监理单位负责人报告，正确做法：应在事故发生后立即向监理单位负责人报告。

5. 主要考核考生是否掌握进入施工现场不符合合同约定的材料的处置方式。

事件 4 中，项目监理机构应采用以下方式处置该批钢筋：报告建设单位，经建设单位同意后与施工单位协商，能够用于本工程的，按程序办理相关手续；不能用于本工程的，要求限期清出现场。

第四题：

政府投资建设的某工程，施工合同约定：生产设备由建设单位直接向设备制造厂商采购；幕墙工程属于依法必须招标的暂估价分包项目，由施工合同双方共同招标确定专业分包单位；材料费中应包含技术保密费、专利费、技术资料费等。

工程实施过程中发生如下事件：

事件 1：进行挖孔桩检测时，项目监理机构发现部分桩的实际承载力达不到设计要求。经查，确认是因地质勘察资料有误所致，施工单位按程序对这些桩进行了相应技术处理，并提出工期和费用索赔申请。

事件 2：施工过程中，施工单位按合同约定使用其拥有专利的新材料前，项目监理机构要求对新材料的验收标准组织专家论证。结算工程款时，施工单位要求建设单位支付新材料专利使用费。

事件 3：生产设备安装完毕后进行的单机无负荷试车不满足验收要求，经查，设备本身存在缺陷，须更换设备零部件。施工单位按约定程序向项目监理机构提出了零部件拆除、重新购置和重新安装的费用索赔申请。施工合同中约定施工单位负责到场生产设备的清点、验收和接收，为此，建设单位建议施工单位直接向设备制造厂商提出费用索赔申请。

事件 4：幕墙分包工程招标工作启动前，施工单位向项目监理机构提交的施工招标方案提出：①采用议标方式招标；②投标单位应有安全生产许可证和满足分包工程试验检测资质要求的自有试验室；③由中标单位与施工单位双方签订分包合同；④中标单位如不服从施工单位管理导致生产安全事故发生的，应承担主要责任。

问题：

1. 针对事件1，写出项目监理机构对部分桩的实际承载力达不到设计要求时的处理程序。

2. 事件1中，施工单位提出的工期和费用索赔是否成立？说明理由。

3. 事件2中，新材料验收标准应由哪家单位组织专家论证？指出施工单位要求支付新材料专利使用费是否成立并说明理由。

4. 事件3中，施工单位提出的费用索赔申请中哪些可以获得批准？施工单位是否应采纳建设单位的建议？说明理由。

5. 指出事件4中招标方案的不妥之处，并说明理由。

问题解析及答案要点：

1. 主要考核考生对施工质量事故处理程序的掌握程度。

事件1中，项目监理机构对部分桩的实际承载力达不到设计要求时的处理程序如下：

(1) 报建设单位同意后，及时下达工程暂停令；

(2) 要求施工单位报送事故调查报告；

(3) 审查施工单位报送的经设计单位等相关单位认可的处理方案；

(4) 对事故的处理过程和处理结果进行跟踪检查和验收；

(5) 签发工程复工令；

(6) 将完整的质量事故处理记录整理归档。

2. 主要考核考生对施工质量事故引发的索赔责任判断的掌握程度。

事件1中，施工单位提出的工期和费用索赔成立。理由：地质勘察资料有误不属于施工单位责任。

3. 主要考核考生是否掌握施工单位采用新材料、新设备等时的处理方式。

事件2中，按照《建设工程监理规范》规定，新材料验收标准应由施工单位组织专家论证。施工单位要求支付新材料专利使用费不成立，因为根据合同约定，专利使用费包含在材料费中。

4. 主要考核考生是否掌握生产设备单机无负荷试车不满足验收要求时引发的索赔事件的处理方式。

事件3中，施工单位提出的费用索赔申请项中可以获得批准补偿的费用有：零部件拆除费用、重新安装费用。对于建设单位建议施工单位直接向设备制造厂商提出费用索赔申请，施工单位不应采纳。理由：施工单位与设备制造厂商无合同关系。

5. 主要考核考生对暂估价专业分包工程招标及施工总承包单位与分包单位之间责任划分规定的掌握程度。

事件4中，招标方案的不妥之处有：

(1) 采用议标方式招标。理由：议标不是法定招标方式。

(2) 要求具备自有试验室。理由：以不正当理由排斥潜在投标人。

（3）中标单位与施工单位双方签订分包合同。正确做法：应由建设单位、施工单位和中标单位共同签订分包合同。

第五题：

某工程，建设单位与施工单位签订了施工合同，合同工期为 220 天。经总监理工程师批准的施工总进度计划如图 2015-5-1 所示，各项工作均按最早开始时间安排且匀速施工。

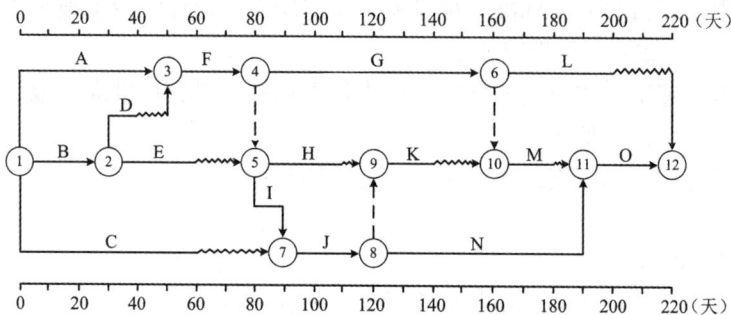

图 2015-5-1　施工总进度计划

施工过程中发生如下事件：

事件 1：工作 B 完成后，验槽发现工程地质情况与设计不符。设计变更导致工作 D 和 E 分别比原计划推迟 10 天和 5 天开始施工，造成施工单位窝工损失 15 万元。施工单位向项目监理机构提出索赔，要求工程延期 15 天、窝工损失补偿 15 万元。

事件 2：工程开工后第 90 天下班时，专业监理工程师检查各工作的实际进度为：工作 G 正常；工作 H 超前 10 天；工作 I 拖后 10 天；工作 C 拖后 20 天。

事件 3：针对事件 2，建设单位要求工程按原合同工期完成，施工单位对施工总进度计划进行了调整，将工作 N 持续时间压缩为 60 天。

问题：

1. 指出图 2015-5-1 所示施工总进度计划的关键线路以及工作 H、K、M 的总时差和自由时差。

2. 事件 1 中，施工单位应向项目监理机构报送哪些索赔文件？项目监理机构应批准的工程延期和费用补偿分别为多少？说明理由。

3. 事件 2 中，分别指出第 90 天下班时各工作实际进度对总工期的影响，并说明理由。

4. 事件 3 中，指出计划调整后工作 H、K、M 的总时差和自由时差。

问题解析及答案要点：

1. 主要考核考生对工程网络计划关键线路、关键工作确定方法以及工作总时差、自由时差确定方法的掌握程度。

图 2015-5-1 中，关键线路为：①—③—④—⑤—⑦—⑧—⑪—⑫（或 A—F—I—J—N—O）。工作 H 的总时差为 40 天，自由时差为 10 天；工作 K 的总时差为 30 天，自由时差为 20 天；工作 M 的总时差为 10 天，自由时差为 10 天。

2. 主要考核考生对费用索赔、工程延期事件处理程序及索赔费用、工程延期时间确定方法的掌握程度。

事件1中，施工单位应向项目监理机构报送的索赔文件有：索赔意向通知书；工程临时或最终延期报审表和费用索赔报审表。

由于工作D和E推迟开始的时间均未超过其总时差，不影响工期，因此，项目监理机构不应批准工程延期。项目监理机构应批准费用补偿15万元。理由：设计变更不是施工单位责任。

3. 主要考核考生是否掌握工程实际进度对总工期影响的分析方法。

事件2中，第90天下班时各工作实际进度对总工期的影响分析如下：

（1）工作G实际进度正常，不影响总工期；

（2）工作H实际进度超前，不影响总工期；

（3）工作I实际进度拖后10天，将使总工期延长10天。理由：工作I为关键工作（或总时差为0）；

（4）工作C实际进度拖后20天，不影响总工期。理由：工作C拖后时间未超过其总时差。

4. 主要考核考生对工作总时差、自由时差确定方法的掌握程度。

事件3中，调整计划后，工作H的总时差为50天，自由时差为30天；工作K的总时差为20天，自由时差为10天；工作M的总时差为10天，自由时差为10天。

第六题：

某工程施工合同约定：

（1）签约合同价为3000万元，工期6个月。

（2）工程预付款为签约合同价的15%，工程预付款分别在开工后第3、4、5月等额扣回。

（3）工程进度款按月结算，每月实际付款金额按承包人实际结算款的90%支付。

（4）当工程量偏差超过15%，且对应项目的投标综合单价与招标控制价偏差超过15%时，按《建设工程工程量清单计价规范》中"工程量偏差"调价方法，结合承包人报价浮动率确定是否调价。

（5）竣工结算时，发包人按结算总价的5%扣留质量保证金。

施工过程中发生如下事件：

事件1：基础工程施工中，遇未探明的地下障碍物。施工单位按变更的施工方案处理该障碍物既增加了已有措施项目的费用，又新增了措施项目，并造成工程延期。

事件2：事件1发生后，为确保工程按原合同工期竣工，建设单位要求施工单位加快施工。为此，施工单位向项目监理机构提出补偿赶工费的要求。

事件3：施工中由于设计变更，导致土方工程量由 $1520m^3$ 变更为 $1824m^3$。已知土方工程招标控制价的综合单价为 60 元$/m^3$，施工单位投标报价的综合单价为 50 元$/m^3$，承包人的报价浮动率为6%。

事件4：经项目监理机构审定的1～6月实际结算款（含设计变更和索赔费用）见表2015-6-1。

1～6 月实际结算款   表 2015-6-1

月份	1	2	3	4	5	6
实际结算款（万元）	400	550	500	450	400	460

问题：

1. 事件 1 中，处理地下障碍物对已有措施项目增加的措施费应如何调整？新增措施项目的措施费应如何调整？

2. 事件 2 中，项目监理机构是否应批准施工单位的费用补偿要求？说明理由。

3. 事件 3 中，分析土方工程综合单价是否可以调整。

4. 工程预付款及第 3、4、5 月应扣回的工程款各是多少？依据表 2015-6-1，项目监理机构 1～5 月应签发的实际付款金额分别是多少？6 月份办理的竣工结算款是多少？

问题解析及答案要点：

1. 主要考核考生对工程变更价款调整原则的掌握程度。

事件 1 中，已有措施项目增加的措施费，按原有措施费的组价方法调整；新增措施项目的费用，由施工单位提出，经建设单位确认。

2. 主要考核考生是否掌握工程赶工要求的处理方法。

事件 2 中，项目监理机构应批准施工单位的费用补偿要求。理由：造成工程延期的原因不是施工单位责任。

3. 主要考核考生对工程变更价款调整方法的掌握程度。

事件 3 中，由于

$$\frac{50-60}{60} \times 100\% = -16.67\% \text{ 或} \left(\frac{60-50}{60} \times 100\% = 16.67\% \right) > 15\%$$

$$\frac{1824-1520}{1520} \times 100\% = 20\% > 15\%$$

$$60 \times (1-6\%) \times (1-15\%) = 47.94(\text{元})$$

而投标报价 50 元/m³ 大于 47.94/m³ 元，因此，变更后土方工程综合单价可不予调整。

4. 主要考核考生对工程预付款、工程进度款及竣工结算款确定方法的掌握程度。

(1) 预付款＝3000×15%＝450（万元）

第 3、4、5 月每月应扣回的工程款＝450÷3＝150（万元）

(2) 依据表 2015-6-1，1～5 月应签发的实际付款金额如下：

1 月份：400×0.9＝360（万元）

2 月份：550×0.9＝495（万元）

3 月份：500×0.9-150＝300（万元）

4 月份：450×0.9-150＝255（万元）

5 月份：400×0.9-150＝210（万元）

（3）6月份累计完成合同价＝2760（万元）

6月份结算价：

2760(1－5％)－(450＋360＋495＋300＋255＋210)＝2622－2070＝552(万元)

（或 460×0.9＋2760×(95％－90％)＝552(万元)）

2016年《建设工程监理案例分析》试题解析

第一题：

某工程，实施过程中发生如下事件：

事件1：总监理工程师安排的部分监理职责分工如下：①总监理工程师代表组织审查（专项）施工方案；②专业监理工程师处理工程索赔；③专业监理工程师编制监理实施细则；④监理员检查进场工程材料、构配件和设备的质量；⑤监理员复核工程计量有关数据。

事件2：项目监理机构分析工程建设中可能出现的风险因素，分别从风险回避、损失控制、风险转移和风险自留四种风险对策方面，向建设单位提出了应对措施建议，见表2016-1-1。

风险因素及应对措施表　　　　　　　　　　　　　　　　表 2016-1-1

代码	风险因素	风险应对措施
A	人工费和材料费波动比较大	签订总价合同
B	采用新技术较多，施工难度大	变更设计，采用成熟技术
C	场地内可能有残留地下障碍物	设立专项基金
D	工程所在地风灾频发	购买工程保险
E	工程投资失控	完善投资计划，强化动态监控

事件3：工程开工后，监理单位更换了不称职的专业监理工程师，并口头告知建设单位。监理单位因工作需要调离原总监理工程师并任命新的总监理工程师后，书面通知建设单位。

事件4：工程竣工验收前，施工单位提交的工程质量保修书中确定的保修期限如下：①地基基础工程为5年；②屋面防水工程为2年；③供热系统为2个采暖期；④装修工程为2年。

问题：

1. 针对事件1，逐项指出总监理工程师安排的监理职责分工是否妥当。

2. 逐项指出表2016-1-1中的风险应对措施分别属于哪一种风险对策。

3. 事件3中，监理单位的做法有何不妥？写出正确做法。

4. 针对事件4，逐条指出施工单位确定的保修期限是否妥当，不妥之处说明理由。

问题解析及答案要点：

1. 主要考核考生对项目监理机构中监理人员职责正确分工的掌握程度。

①总监理工程师代表组织审查（专项）施工方案不妥；②专业监理工程师处理工程索赔不妥；③专业监理工程师编制监理实施细则妥当；④监理员检查进场工程材料、构配件和设备的质量不妥；⑤监理员复核工程计量有关数据妥当。

2. 主要考核考生对项目监理风险管理措施的掌握程度。

(1) A签订总价合同属于风险转移。

(2) B变更设计，采用成熟技术属于风险回避。

(3) C设立专项基金属于风险自留。

(4) D购买工程保险属于风险转移。

(5) E完善投资计划，强化动态监控属于损失控制。

3. 主要考核考生对项目监理机构中人员更换的工作程序掌握程度。

(1) 不妥之处：口头告知建设单位更换专业监理工程师；正确做法：书面通知建设单位。

(2) 不妥之处：未经建设单位同意，调换总监理工程师；正确做法：调换总监理工程师，应事先征得建设单位同意。

4. 主要考核考生对工程质量保修期限的掌握程度。

① 地基基础工程为5年不妥；理由：法规规定地基基础工程的保修期限为设计文件规定的合理使用年限。

② 屋面防水工程为2年不妥；理由：法规规定屋面防水工程的最低保修期为5年。

③ 供热系统保修期为2个采暖期符合法规要求。

④ 装修工程保修期为2年符合法规要求。

第二题：

某工程，实施过程中发生如下事件：

事件1：一批工程材料进场后，施工单位审查了材料供应商提供的质量证明文件，并按规定进行了检验，确认材料合格后，施工单位项目技术负责人在《工程材料、构配件、设备报审表》中签署意见后，连同质量证明文件一起报送项目监理机构审查。

事件2：工程开工后不久，施工项目经理与施工单位解除劳动合同后离职，致使施工现场的实际管理工作由项目副经理负责。

事件3：项目监理机构审查施工单位报送的分包单位资格报审材料时发现，其《分包单位资格报审表》附件仅附有分包单位的营业执照、安全生产许可证和类似工程业绩，随即要求施工单位补充报送分包单位的其他相关资格证明材料。

事件4：施工单位编制了高大模板工程的专项施工方案，并组织专家论证、审核后报送项目监理机构审批。总监理工程师审核签字后即交由施工单位实施。施工过程中，专业监理工程师巡视发现，施工单位未按专项施工方案组织施工，且存在安全事故隐患，便立刻报告了总监理工程师。总监理工程师随即与施工单位进行沟通，施工单位解释：为保证施工工期，调整了原专项施工方案中确定的施工顺序，保证不存在安全问题。总监理工程师现场察看后认可施工单位的解释，故未要求施工单位采取整改措施。结果，由上述隐患导致发生了安全事故。

问题：

1. 指出事件1中施工单位的不妥之处，写出正确做法。

2. 针对事件2，项目监理机构和建设单位应如何处置？

3. 事件 3 中，施工单位还应补充报送分包单位的哪些资格证明材料？

4. 指出事件 4 中的不妥之处，写出正确做法。

问题解析及答案要点：

1. 主要考核考生对工程材料质量控制程序和工作内容的掌握程度。

(1) 不妥之处：施工单位项目技术负责人在《工程材料、构配件、设备报审表》中签署意见；正确做法：应由施工单位项目经理签署意见。

(2) 不妥之处：《工程材料、构配件、设备报审表》中仅附材料供应商提供的质量证明文件；正确做法：还应附原材料清单和自检结果。

2. 主要考核考生对人员变更处理程序的掌握程度。

(1) 项目监理机构签发《监理通知单》，要求施工单位重新委派项目经理并报建设单位；

(2) 建设单位同意，则办理相关变更手续；建设单位不同意，应通知项目监理机构，要求施工单位重新委派项目经理。

3. 主要考核考生对分包单位资格审查的掌握程度。

企业资质等级证书、专职管理人员和特种作业人员的资格。

4. 主要考核考生对安全生产管理内容的掌握程度。

(1) 不妥之处：专项施工方案经总监理工程师审核签字后交由施工单位实施；

正确做法：总监理工程审核签字后应交建设单位审批，同意后方可实施。

(2) 不妥之处：施工单位调整施工顺序时未重新报审调整后的专项施工方案；

正确做法：应由施工单位按程序重新报审调整后的专项施工方案。

(3) 不妥之处：项目监理机构发现施工单位未按专项施工方案施工后未要求施工单位采取整改措施；

正确做法：应签发《监理通知单》，要求施工单位整改并按专项施工方案实施。

第三题：

某工程，实施过程中发生如下事件：

事件 1：工程开工前，施工项目部编制的施工组织设计经项目技术负责人签字并加盖项目经理部印章后，作为《施工组织设计/(专项)施工方案报审表》的附件报送项目监理机构，专业监理工程师审查签认后即交由施工单位实施。

事件 2：项目监理机构收到施工单位提交的地基与基础分部工程验收申请后，总监理工程师组织施工单位项目负责人和项目技术负责人进行了验收，并核查了下列内容：①该分部工程所含分项工程质量是否验收合格；②有关安全、节能、环境保护和主要使用功能的抽样检验结果是否符合规定。

事件 3：主体结构工程施工过程中，项目监理机构对两种不同强度等级的预拌混凝土坍落度数据分别进行统计，得到如图 2016-3-1 所示的控制图。

事件 4：建设单位要求项目监理机构在整理监理文件资料后，将需归档保存的监理文件资料直接移交城建档案管理机构。

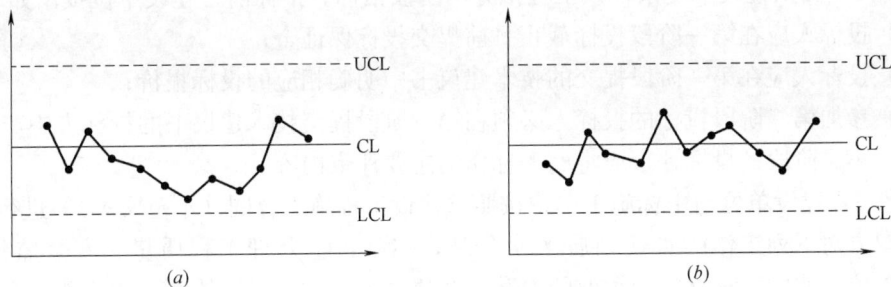

图 2016-3-1 预拌混凝土坍落度控制图

问题：

1. 指出事件 1 中的不妥之处，写出正确做法。

2. 针对事件 2，还有哪些人员应参加验收？验收核查的内容还应包括哪些？

3. 事件 3 中，根据预拌混凝土坍落度控制图（图 2016-3-1），分别判断图 2016-3-1（a）、图 2016-3-1（b）所示生产过程是否正常，并说明理由。

4. 指出事件 4 中建设单位要求的不妥之处。写出监理文件资料归档的正确做法。

问题解析及答案要点：

1. 主要考核考生对施工组织设计的报审程序的掌握程度。

（1）不妥之处：施工组织设计由项目技术负责人签字、加盖项目经理部印章后报送项目监理机构；正确做法：施工组织设计需经施工单位技术负责人审核签认、加盖施工单位公章后报送项目监理机构。

（2）不妥之处：施工组织设计经专业监理工程师审查签认后即交施工单位实施；正确做法：应由总监理工程师签认后，报建设单位。

2. 主要考核考生对分部工程验收的掌握程度。

（1）勘察项目负责人、设计项目负责人和施工单位技术、质量部门负责人。

（2）还应包括：质量控制资料是否完整；观感质量是否符合要求。

3. 主要考核考生对控制图的掌握程度。

（a）生产过程异常；理由：在中心线（CL）一侧出现 7 点链；

（b）生产过程正常；理由：点子随机排列。

4. 主要考核考生对监理文件资料归档的掌握程度。

不妥之处：建设单位要求项目监理机构将需归档的监理文件资料直接移交城建档案管理机构；正确做法：项目监理机构在整理监理文件资料后，对于需归档的监理文件，监理单位向建设单位移交；建设单位再向城建档案管理机构移交。

第四题：

某工程，建设单位委托监理单位承担施工招标代理和施工监理任务。工程实施过程中发生如下事件：

事件1：因工程技术复杂，该工程拟分两阶段招标。招标前，建设单位提出如下要求：

（1）投标人应在第一阶段投标截止日前提交投标保证金；

（2）投标人应在第一阶段提交的技术建议书中明确相应的投标报价；

（3）参加第二阶段投标的投标人必须在第一阶段提交技术建议书的投标人中产生；

（4）第二阶段的投标评审应将商务标作为主要评审内容。

事件2：建设单位与中标施工单位按照《建设工程施工合同（示范文本）》进行合同洽谈时，双方对下列工作的责任归属产生分歧，包括：①办理工程质量、安全监督手续；②建设单位采购的工程材料使用前的检验；③建立工程质量保证体系；④组织无负荷联动试车；⑤缺陷责任期届满后主体结构工程合理使用年限内的质量保修。

事件3：建设单位采购的工程设备比原计划提前两个月到场，建设单位通知项目监理机构和施工单位共同进行了清点移交。施工单位在设备安装前，发现该设备的部分部件因保管不善受到损坏需修理，部分配件采购数量不足。经协商，损坏的设备部件由施工单位修理，采购数量不足的配件由施工单位补充采购。为此，施工单位向建设单位提出费用补偿申请，要求补偿两个月的设备保管费、损坏部件修理费和配件采购费。

事件4：监理员在巡视中发现，由分包单位施工的幕墙工程存在质量缺陷，即签发《监理通知单》要求整改。经核验，该质量缺陷需进行返工处理，为此，分包单位编制了幕墙工程返工处理方案报送项目监理机构审查。

问题：

1. 逐项指出事件1中建设单位的要求是否妥当，说明理由。

2. 逐项指出事件2中各项工作的责任归属。

3. 指出事件3中施工单位的不妥之处，写出正确做法。施工单位提出的哪些费用补偿项是合理的？

4. 指出事件4中的不妥之处，写出正确做法。

问题解析及答案要点：

1. 主要考核考生对招投标过程（评审）的掌握程度。

（1）不妥；理由：投标保证金应在第二阶段提交。

（2）不妥；理由：第一阶段提交的技术建议书不应包含报价。

（3）妥当；理由：招标人应向在第一阶段提交可接受技术建议书的投标人提供招标文件。

（4）不妥；理由：仍应以最终技术方案和投标报价为主进行评审。

2. 主要考核考生对各项工作的责任归属的掌握程度。

①建设单位；②施工单位；③施工单位；④建设单位；⑤施工单位。

3. 主要考核考生对工程施工合同内容的掌握程度。

（1）不妥之处：向建设单位提出费用补偿申请；正确做法：向项目监理机构提出费用补偿申请。

（2）合理的费用补偿项：两个月的设备保管费、配件采购费。

4. 主要考核考生对工程质量管理的掌握程度。

（1）不妥之处：监理员签发《监理通知单》；正确做法：监理员报告专业监理工程师，

由专业（总）监理工程师签发《监理通知单》。

（2）不妥之处：分包单位将编制的幕墙工程返工处理方案报送项目监理机构审查；正确做法：分包单位将其编制的处理方案报送施工单位，施工单位审核后报送项目监理机构审查。

第五题：

某工程，建设单位与施工单位按照《建设工程施工合同（示范文本）》签订了施工合同，经总监理工程师批准的施工总进度计划如图 2016-5-1 所示（时间单位：月），各项工作均按最早开始时间安排且匀速施工。

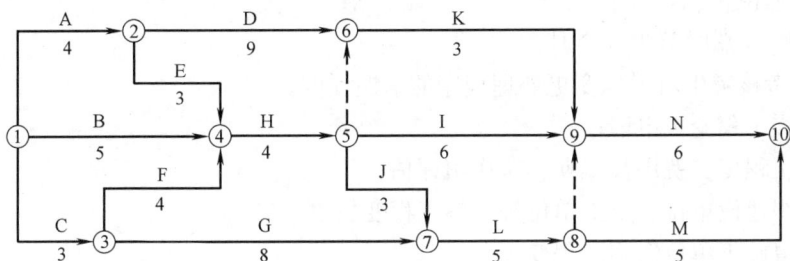

图 2016-5-1　施工总进度计划

施工过程中发生如下事件：

事件 1：工作 C 开始后，施工单位向项目监理机构提交了工程变更申请，由于该项工程变更不涉及修改设计图纸，施工单位要求总监理工程师尽快签发工程变更单。

事件 2：施工中遭遇不可抗力，导致工作 G 停工 2 个月、工作 H 停工 1 个月，并造成施工单位 20 万元的窝工损失。为确保工程按原计划工期完工，建设单位要求施工单位赶工。施工单位采用赶工措施后，工作 H 按原计划时间完成，产生赶工费 15 万元。施工单位向项目监理机构提出申请，要求费用补偿 35 万元，工程延期 3 个月。

事件 3：工程开工后第 1~4 月拟完工程计划投资、已完工程计划投资与已完工程实际投资如图 2016-5-2 所示。

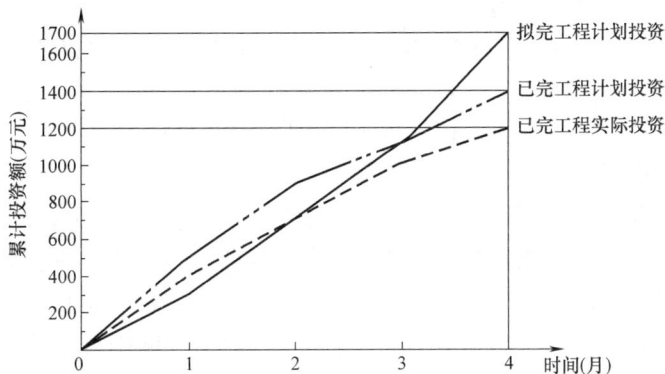

图 2016-5-2　投资比较图

问题:

1. 确定图 2016-5-1 施工总进度计划的总工期及关键工作,计算工作 G 的总时差。

2. 针对事件 1,写出项目监理机构处理工程变更的程序。

3. 事件 2 中,项目监理机构应批准的费用补偿和工程延期分别为多少?说明理由。

4. 针对事件 3,指出工程在第 4 月末的投资偏差和进度偏差(以投资额表示)。

问题解析及答案要点:

1. 主要考核考生对施工进度计划及相关参数计算的掌握程度。

(1) 总工期为 25 个月;

(2) 关键工作:A、C、E、F、H、J、L、N;

(3) 工作 G 总时差为 3 个月。

2. 主要考核考生对工程变更处理程序的掌握程度。

(1) 审查工程变更申请;

(2) 对工程变更费用及工期影响作出评估;

(3) 组织建设单位、施工单位等会签工程变更单;

(4) 监督施工单位实施工程变更。

3. 主要考核考生对处理费用结算的掌握程度。

(1) 应批准的费用补偿为 15 万元;

理由:不可抗力造成窝工费不予补偿,建设单位要求赶工发生的费用应予补偿。

(2) 不应批准工程延期;

理由:工作 G 停工 2 个月不影响工期;工作 H 经赶工按原计划完成,也不影响工期。

4. 主要考核考生对偏差分析的掌握程度。

(1) 投资偏差:1400－1200＝200(万元),投资节省 200 万元;

(2) 进度偏差:1400－1700＝－300(万元),进度拖后 300 万元。

第六题:

某工程执行《建设工程工程量清单计价规范》,分部分项工程费合计 28150 万元,不含安全文明施工费的可计量措施项目费 4500 万元,其他项目费 150 万元,规费 123 万元,安全文明施工费费率为 3%(以分部分项工程费与可计量的措施项目费为计算基数),企业管理费费率为 20%,利润率为 5%,综合税率为 3.48%(按营业税计算),人工费 80 元/工日,吊车使用费 3000 元/台班。该工程定额工期为 50 个月。

工程实施过程中发生如下事件:

事件 1:施工招标文件中要求的施工工期为 38 个月,并明确可以增加赶工费用。

事件 2:土方开挖时遇到未探明的古墓,项目监理机构下达了工程暂停令。当地文物保护部门随即进驻施工现场开展考古工作。施工单位向项目监理机构提出如下费用补偿申请:①基坑围护工程损失 33 万元;②工程暂停导致施工机械闲置费用 5.7 万元;③受文物保护部门委托进行土方挖掘与清理工作产生的人工与机械费用 7.8 万元。

事件 3:施工过程中,建设单位提出某分项工程变更,由此增加用工 180 工日、吊车

12 台班、材料费 16 万元，夜间施工增加费 8 万元，设备保护费 3.5 万元。

事件 4：因工程材料占用施工场地，致使原计划均需使用吊车作业的 A、B 两项工作的间隔时间由原定的 3 天增至 8 天，为此，施工单位向项目监理机构提出补偿 5 个吊车台班窝工费用的申请。

问题：

1. 计算该工程的安全文明施工费和签约合同价。

2. 事件 1 中，施工单位是否可以提出增加赶工费用？说明理由。赶工费用应由哪几部分构成？

3. 逐项指出事件 2 中发生的费用是否应给予补偿并说明理由。项目监理机构应批准的费用补偿总额是多少万元？

4. 针对事件 3，计算因工程变更增加的分项工程费用。

5. 事件 4 中，项目监理机构是否应批准施工单位的费用补偿申请？说明理由。

问题解析及答案要点：

1. 主要考核考生对计价规范和合同管理的掌握程度。

(1) 安全文明施工费：$(28150+4500) \times 3\% = 979.5$（万元）

(2) 签约合同价：$(28150+4500+979.5+123+150) \times 1.0348 = 35082.31$（万元）

2. 主要考核考生对工程索赔的掌握程度。

(1) 可以提出；理由：本工程工期压缩 $(50-38)/50 = 24\% > 20\%$；

(2) 赶工费用构成：人工费的增加，材料费的增加，机械费的增加。

3. 主要考核考生对工程索赔的掌握程度。

(1) ①应补偿；理由：非施工单位原因造成的损失；②应补偿；理由：非施工单位原因造成的损失；③不应补偿；理由：非建设单位原因造成的支出；

(2) 应批准的费用补偿总额：$33+5.7 = 38.7$（万元）。

4. 主要考核考生对工程费用结算的掌握程度。

增加的分项工程费：

$180 \times 80 + 12 \times 3000 + 160000 = 210400$（元）

$210400 \times 1.20 = 252480$（元）

$252480 \times 1.05 = 265104$（元）

5. 主要考核考生对费用索赔的掌握程度。

不批准；理由：机械窝工损失是由施工单位原因造成的。

2017 年《建设工程监理案例分析》试题解析

第一题：

某工程，实施过程中发生如下事件：

事件 1：监理合同签订后，监理单位按照下列步骤组建项目监理机构：①确定项目监理机构目标；②确定监理工作内容；③制定监理工作流程和信息流程；④进行项目监理机构组织设计。根据项目特点，决定采用矩阵制组织形式组建项目监理机构。

事件 2：总监理工程师对项目监理机构的部分工作安排如下：

造价控制组：①研究制定预防索赔措施；②审查确认分包单位资格；③审查施工组织设计与施工方案。

质量控制组：④检查成品保护措施；⑤审查分包单位资格；⑥审批工程延期。

事件 3：为有效控制建设工程质量、进度、投资目标，项目监理机构拟采取下列措施开展工作：

(1) 明确施工单位及材料设备供应单位的权利和义务；

(2) 拟定合理的承发包模式和合同计价方式；

(3) 建立健全实施动态控制的监理工作制度；

(4) 审查施工组织设计；

(5) 对工程变更进行技术经济分析；

(6) 编制资金使用计划；

(7) 采用工程网络计划技术实施动态控制；

(8) 明确各级监理人员职责分工；

(9) 优化建设工程目标控制工作流程；

(10) 加强各单位（部门）之间的沟通协作。

事件 4：采用新技术的某专业分包工程开始施工后，专业监理工程师编制了相应的监理实施细则。总监理工程师审查了其中的监理工作方法和措施等主要内容。

问题：

1. 指出事件 1 中项目监理机构组建步骤的不妥之处和采用矩阵制组织形式的优点。

2. 逐项指出事件 2 中总监理工程师对造价控制组和质量控制组的工作安排是否妥当。

3. 逐项指出事件 3 中各项措施分别属于组织措施、技术措施、经济措施和合同措施中的哪一项。

4. 指出事件 4 中专业监理工程师做法的不妥之处。总监理工程师还应审查监理实施细则中的哪些内容？

问题解析及答案要点：

1. 主要考核考生对项目监理机构组建步骤及组织形式的掌握程度。

(1) 不妥之处：③、④顺序颠倒。

（2）矩阵制组织形式的优点：①可加强各职能部门的横向联系；②可实现集权与分权的最佳结合；③有利于解决复杂难题；④有利于监理人员业务能力的培养。

2. 主要考核考生对目标控制工作职责的掌握程度。

造价控制组：①妥当；②不妥；③不妥。

质量控制组：④妥当；⑤妥当；⑥不妥。

3. 主要考核考生对管理措施应用的掌握程度。

组织措施：（3）、（8）、（9）、（10）；

技术措施：（4）、（7）；

经济措施：（5）、（6）；

合同措施：（1）、（2）。

4. 主要考核考生对编制监理细则的掌握程度。

（1）不妥之处：在弱电工程开始施工后编制相应的监理实施细则。

（2）还应审查：专业工程特点、监理工作流程、监理工作要点。

第二题：

某工程，参照定额工期确定的合理工期为1年，建设单位与施工单位按此签订了施工合同。工程实施过程中发生如下事件：

事件1：建设单位提出如下要求：①总监理工程师代表负责增加和调配监理人员；②施工单位将本月工程款支付申请直接报送建设单位，建设单位审核后拨付工程款；③项目监理机构增加平行检验项目。

事件2：在基础工程施工中，项目监理机构发现有部分构件出现较大裂缝。为此，总监理工程师签发《工程暂停令》；经检测及设计验算，需进行加固补强；施工单位向项目监理机构报送了质量事故调查报告和加固补强方案。项目监理机构按工作程序进行处置后，签发《工程复工令》。

事件3：为使工程提前完工投入使用，建设单位要求施工单位提前3个月竣工。于是，施工单位在主体结构施工中未执行原施工方案，提前拆除混凝土结构模板。专业监理工程师为此发出《监理通知单》，要求施工单位整改。施工单位以工期紧、气温高和混凝土能达到拆模强度为由回复，专业监理工程师不再坚持整改要求。因气温骤降，导致施工单位在拆除第五层结构模板时混凝土强度不足，发生了结构坍塌安全事故，造成2人死亡、9人重伤和1100万元的直接经济损失。

问题：

1. 指出事件1中建设单位所提要求的不妥之处，写出正确做法。

2. 针对事件2，写出项目监理机构在签发《工程复工令》之前需要进行的工作程序。

3. 针对事件3，分别从死亡人数、重伤人数和直接经济损失三方面分析事故等级，并综合判断该事故的最终等级。

4. 针对事件3的安全事故，分别指出建设单位、监理单位、施工单位是否有责任，并说明理由。

问题解析及答案要点:

1. 主要考核考生对有关项目监理责任划分的掌握程度。

(1) 不妥之处:总监理工程师代表负责增加和调配监理人员;正确做法:应由总监理工程师负责。

(2) 不妥之处:施工单位将本月工程款支付申请直接报送建设单位;正确做法:工程款支付申请应报送项目监理机构审核,并经总监理工程师签字后建设单位才能拨付。

(3) 不妥之处:要求项目监理机构增加平行检验项目。正确做法:商签监理合同补充协议,约定平行检验内容及费用。

2. 主要考核考生对工程质量问题处理程序的掌握程度。

(1) 报送建设单位,经设计单位认可加固补强方案;

(2) 跟踪检查加固补强处理过程;

(3) 验收加固补强处理结果;

(4) 验收合格报建设单位同意后签发《工程复工令》。

3. 主要考核考生对安全事故等级划分的掌握程度。

(1) 死亡 2 人,为一般事故;重伤 9 人,为一般事故;直接经济损失 1100 万元,为较大事故。

(2) 综合判断,属于较大事故。

4. 主要考核考生对各单位安全职责的掌握程度。

(1) 建设单位有责任。理由:任意压缩合理工期。

(2) 施工单位有责任。理由:未执行原施工方案(或未执行整改指令)。

(3) 监理单位有责任。理由:未坚持要求整改(未签发《工程暂停令》要求整改或未履行监理职责)。

第三题:

某工程,实施过程中发生如下事件:

事件 1:施工单位完成下列施工准备工作后即向项目监理机构申请开工:①现场质量、安全生产管理体系已建立;②管理及施工人员已到位;③施工机具已具备使用条件;④主要工程材料已落实;⑤水、电、通信等已满足开工要求。项目监理机构认为上述开工条件不够完备。

事件 2:项目监理机构审查了施工单位报送的试验室资料,内容包括:试验室资质等级、试验人员资格证书。

事件 3:项目监理机构审查施工单位报送的施工组织设计后认为:①安全技术措施符合工程建设强制性标准;②资金、劳动力、材料、设备等资源供应计划满足工程施工需要;③施工总平面布置科学合理。同时要求施工单位补充完善相关内容。

事件 4:施工过程中,建设单位采购的一批材料运抵现场,施工单位组织清点和检验并向项目监理机构报送材料合格证后即开始用于工程。项目监理机构随即发出《监理通知单》,要求施工单位停止该批材料的使用,并补报质量证明文件。

事件 5:施工单位按照合同约定将钢结构屋架吊装工程分包给具有相应资质和业绩的

专业施工单位。分包单位将由其项目经理签字认可的专项施工方案直接报送项目监理机构。专业监理工程师审核后批准了该专项施工方案。

问题:

1. 针对事件 1,施工单位申请开工还应具备哪些条件?

2. 针对事件 2,项目监理机构对试验室的审查还应包括哪些内容?

3. 针对事件 3,项目监理机构对施工组织设计的审查还应包括哪些内容?

4. 针对事件 4,施工单位还应补报哪些质量证明文件?

5. 分别指出事件 5 中分包单位和专业监理工程师做法的不妥之处,写出正确做法。

问题解析及答题要点:

1. 主要考核考生对开工应具备条件的掌握程度。

(1) 设计交底和图纸会审已完成;

(2) 施工组织设计已由总监理工程师签认;

(3) 进场道路已满足开工要求。

2. 主要考核考生对试验室审查的掌握程度。

(1) 试验室的试验范围;

(2) 试验室管理制度;

(3) 法定计量部门对试验设备出具的计量检定证明。

3. 主要考核考生对施工组织设计审查的掌握程度。

(1) 编审程序是否符合相关规定;

(2) 施工进度、施工方案是否符合施工合同要求;

(3) 工程质量保证措施是否符合施工合同要求。

4. 主要考核考生对工程材料报审的掌握程度。

还需补报:质量检验报告、施工单位质量抽检报告(复验报告)。

5. 主要考核考生对专项施工方案报审程序的掌握程度。

(1) 不妥之处:分包单位的专项施工方案只有分包项目经理签字;正确做法:专项施工方案应经分包单位技术负责人和施工单位技术负责人签字。

(2) 不妥之处:分包单位直接将专项施工方案报送项目监理机构;正确做法:专项施工方案应经由施工单位报送项目监理机构。

(3) 不妥之处:专业监理工程师审核后批准了该专项施工方案;正确做法:应由总监理工程师审核批准并报建设单位签署意见。

第四题:

依法必须招标的工程,建设单位采用公开招标方式选择监理单位承担施工监理任务。工程实施过程中发生如下事件:

事件 1:编制监理招标文件时,建设单位提出投标人除应具备规定的工程监理资质条件外,还必须满足下列条件:

(1) 具有工程招标代理资质;

（2）不得组成联合体投标；

（3）已在工程所在地行政辖区内进行工商注册登记；

（4）属于混合股份制企业。

事件2：经评审，评标委员会推荐了3名中标候选人，并进行了排序。建设单位在收到评标报告5日后公示了中标候选人，同时，与中标候选人协商，要求重新报价。中标候选人拒绝了建设单位的要求。

事件3：中标监理单位与建设单位按照《建设工程监理合同（示范文本）》签订了监理合同。合同履行过程中，合同双方就以下四项工作是否可作为附加工作进行了协商：①工程建设过程中外部关系协调；②施工起重机械安全性检测；③施工合同争议处理；④竣工结算审查。

事件4：管道工程隐蔽后，项目监理机构对施工质量提出质疑，要求进行剥离复验。施工单位以该隐蔽工程已通过项目监理机构检验为由拒绝复验。项目监理机构坚持要求施工单位进行剥离复验，经复验该隐蔽工程质量合格。

问题：

1. 逐条指出事件1中建设单位针对投标人提出的条件是否妥当，说明理由。

2. 指出事件2中建设单位做法的不妥之处，说明理由。

3. 分别指出事件3中四项工作是否可作为附加工作？说明理由。

4. 针对事件4，施工单位、项目监理机构的做法是否妥当？说明理由。该隐蔽工程剥离所发生的费用由谁承担？

问题解析及答案要点：

1. 主要考核考生对招投标活动的掌握程度。

（1）不妥。理由：设定的资格条件与履行监理合同无关。

（2）妥当。理由：招标人可以设定不接受联合体投标。

（3）不妥。理由：招标人不得以地区限制排斥潜在投标人。

（4）不妥。理由：招标人不得以股份制形式排斥潜在投标人。

2. 主要考核考生对招投标相关规定的掌握程度。

（1）不妥之处：收到评标报告5日后公示中标候选人；理由：应在收到评标报告3日之内公示。

（2）不妥之处：要求中标候选人重新报价；理由：招标人与中标人不得再就投标文件实质性内容进行协商。

3. 主要考核考生对建设工程监理合同内容的掌握程度。

（1）可以。理由：原属于建设单位工作。

（2）不可以。理由：属于专业机构工作。

（3）不可以。理由：属于监理单位正常工作。

（4）不可以。理由：属于监理单位正常工作。

4. 主要考核考生对工程验收的掌握程度。

（1）施工单位做法不妥。理由：施工单位不得拒绝剥离复验。

（2）项目监理机构做法妥当。理由：对隐蔽工程质量有质疑时有权要求进行剥离复验。

（3）发生的费用应由建设单位承担。

第五题：

某工程，建设单位与施工单位按照《建设工程施工合同（示范文本）》签订了施工合同。经项目监理机构批准的施工总进度计划如图 2017-5-1 所示（时间单位：月），各项工作均按最早开始时间安排且匀速施工。

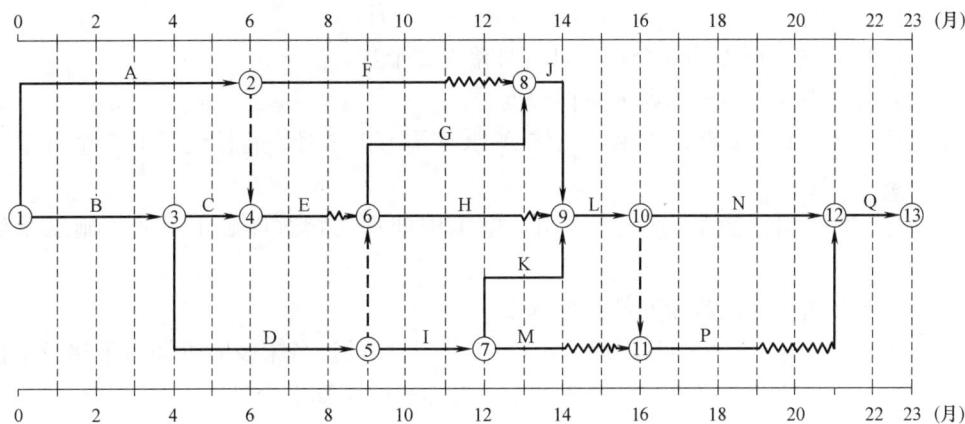

图 2017-5-1　施工总进度计划

施工过程中发生如下事件：

事件 1：工作 A 为基础工程，施工中发现未探明的地下障碍物，处理障碍物导致工作 A 暂停施工 0.5 个月、施工单位机械闲置损失 12 万元，施工单位向项目监理机构提出工程延期和费用补偿申请。

事件 2：由于建设单位订购的工程设备未按合同约定时间进场，使工作 J 推迟 2 个月开始，造成施工人员窝工损失 6 万元。施工单位向项目监理机构提出索赔，要求工程延期 2 个月、补偿费用 6 万元。

事件 3：事件 2 发生后，建设单位要求工程仍按原计划工期完工。为此，施工单位决定采取赶工措施。经确认，相关工作赶工费率及可缩短时间见表 2017-5-1。

工作赶工费率及可缩短时间　　　　　　　　　表 2017-5-1

工作名称	L	N	P	Q
赶工费率(万元/月)	20	10	8	22
可缩短时间(月)	1	1.5	1	0.5

问题：

1. 指出图 2017-5-1 所示施工总进度计划的关键线路及工作 E、M 的总时差和自由时差。

2. 针对事件 1，项目监理机构应批准工程延期和费用补偿各为多少？说明理由。

3. 针对事件2，项目监理机构应批准工程延期和费用补偿各为多少？说明理由。

4. 针对事件3，为使赶工费最少，应选哪几项工作进行压缩？说明理由。需要增加赶工费多少万元？

问题解析及答案要点：

1. 主要考核考生对施工总进度计划及相关参数的掌握程度。

(1) 关键线路为：B—D—G—J—L—N—Q（或①—③—⑤—⑥—⑧—⑨—⑩—⑫—⑬）和 B—D—I—K—L—N—Q（或①—③—⑤—⑦—⑨—⑩—⑫—⑬）；

(2) 工作 E 的总时差为 1 个月，自由时差为 1 个月；

(3) 工作 M 的总时差为 4 个月，自由时差为 2 个月。

2. 主要考核考生对工程索赔的掌握程度。

(1) 不应批准工程延期。理由：工作 A 总时差为 1 个月，暂停施工 0.5 个月不影响工期。

(2) 应批准费用补偿 12 万元。理由：施工中处理文物暂停施工不属于施工单位的责任。

3. 主要考核考生对工程索赔的掌握程度。

(1) 应批准工程延期 2 个月。理由：建设单位订购的设备未及时进场属于建设单位责任（0.5 分），工作 J 为关键工作，推迟 2 个月开始影响工期 2 个月。

(2) 应批准费用补偿 6 万元。理由：建设单位订购的设备未及时进场属于建设单位责任（0.5 分）。

4. 主要考核考生对赶工措施和赶工费计算的掌握程度。

(1) 计划调整：

① 工作 L、N、Q 为关键工作，选赶工费率最小的工作 N 进行压缩；

② 工作 N 压缩 1.5 个月，赶工费为 $1.5 \times 10 = 15$ 万元；

③ L、N、Q 仍为关键工作，选赶工费率较小的工作 L 进行压缩；

④ 工作 L 压缩 0.5 个月，赶工费为 $0.5 \times 20 = 10$ 万元。

(2) 赶工费总计：$15 + 10 = 25$ 万元。

第六题：

某工程，签约合同价为 25000 万元，其中暂列金额为 3800 万元，合同工期 24 个月，预付款支付比例为签约合同价（扣除暂列金额）的 20%，自施工单位实际完成产值达 4000 万元后的次月开始分 5 个月等额扣回。工程进度款按月结算，项目监理机构按施工单位每月应得进度款的 90% 签认，企业管理费率 12%（以人工费、材料费、施工机具使用费之和为基数），利润率 7%（以人工费、材料费、施工机具使用费和管理费之和为基数），措施费按分部分项工程费的 5% 计，规费综合费率 8%（以分部分项工程费、措施费和其他项目费之和为基数），综合税率 3%（以分部分项工程费、措施费、其他项目费、规费之和为基数）。

施工单位在前 8 个月的计划完成产值见表 2017-6-1。

施工单位计划完成产值　　　　　　　　　　　　表 2017-6-1

时间(月)	1	2	3	4	5	6	7	8
计划完成产值(万元)	350	400	650	800	900	1000	1200	900

工程实施过程中发生如下事件：

事件1：基础工程施工中，由于相邻外单位工程施工的影响，造成基坑局部坍塌，已完成的工程损失 40 万元，工棚等临时设施损失 3.5 万元，工程停工 5 天。施工单位按程序提出索赔申请，要求补偿费用 43.5 万元、工程延期 5 天。建设单位同意补偿工程实体损失 40 万元，工期不予顺延。

事件2：工程在第 4 月按计划完成后，施工至第 5 个月，建设单位要求施工单位搭设慰问演出舞台，项目监理机构确认该计日工项目消耗人工 80 工日（人工综合单价 75 元/工日）；消耗材料 150m²（材料综合单价 100 元/m²）。

事件3：工程施工至第 6 个月，建设单位提出设计变更，经确认，该变更导致施工单位增加人工费、材料费、施工机具使用费共计 18.5 万元。

事件4：工程施工至第 7 个月，专业监理工程师发现混凝土工程出现质量事故，施工单位于次月返工处理合格，该返工部位对应的分部分项工程费为 28 万元。

事件5：工程施工至第 8 个月，发生不可抗力事件，确认的损失有：

① 在建永久工程损失 20 万元；

② 进场待安装的设备损失 3.2 万元；

③ 施工机具闲置损失 8 万元；

④ 工程清理花费 5 万元。

问题：

1. 本工程预付款是多少万元？按计划完成产值考虑，预付款应在开工后第几个月起扣？

2. 针对事件1，指出建设单位做法的不妥之处，写出正确做法。

3. 针对事件2至事件4，若施工单位各月均按计划完成施工产值，项目监理机构在第 4～7 个月应签认的进度款各是多少万元？

4. 针对事件5，逐条指出各项损失的承担方（不考虑工程保险）。建设单位应承担的损失是多少万元？

（计算结果保留 2 位小数）

问题解析及答案要点：

1. 主要考核考生对工程预付款及起扣点的掌握程度。

（1）预付款：（25000－3800）×20％＝4240（万元）

（2）前 6 个月计划完成产值：350＋400＋650＋800＋900＋1000＝4100（万元）＞4000（万元），故预付款从第 7 个月起扣。

2. 主要考核考生对工程索赔的掌握程度。

不妥之处：同意补偿 40 万元、工期不予顺延；

正确做法：同意补偿 43.5 万元、工程延期 5 天。

3. 主要考核考生对工程进度款计算的掌握程度。

第 4 个月：$800 \times 90\% = 720$(万元)

第 5 个月：$(80 \times 75 + 150 \times 100) \times (1 + 8\%) \times (1 + 3\%) = 23360.4$(元)$= 2.34$(万元)

$(900 + 2.34) \times 90\% = 812.11$(万元)

第 6 个月：$18.5 \times (1 + 12\%) \times (1 + 7\%) \times (1 + 8\%) \times (1 + 3\%) = 24.66$(万元)

$(1000 + 24.66) \times 90\% = 922.19$(万元)

第 7 个月：$28 \times (1 + 5\%) \times (1 + 8\%) \times (1 + 3\%) = 32.70$(万元)

$(1200 - 32.70) \times 90\% = 1050.57$(万元)

$1050.57 - 4240/5 = 202.57$(万元)

4. 主要考核考生对工程索赔的掌握程度。

(1) 建设单位承担：①、②、④；施工单位承担：③。

(2) 建设单位应承担的损失为：$20 + 3.2 + 5 = 28.20$ （万元）

2018 年《建设工程监理案例分析》试题解析

第一题：

某工程，实施过程中发生如下事件：

事件 1：监理合同签订后，监理单位技术负责人组织编制了监理规划并报法定代表人审批。在第一次工地会议后，项目监理机构将监理规划报送建设单位。

事件 2：总监理工程师委托总监理工程师代表完成下列工作：①组织召开监理例会；②组织审查施工组织设计；③组织审核分包单位资格；④组织审查工程变更；⑤签发工程款支付证书；⑥调解建设单位与施工单位的合同争议。

事件 3：总监理工程师在巡视中发现，施工现场的一台起重机械安装后未经验收即投入使用，且存在严重安全事故隐患。总监理工程师随即向施工单位签发监理通知单要求整改，并及时报告建设单位。

事件 4：工程完工经自检合格后，施工单位向项目监理机构报送了工程竣工验收报审表及竣工资料，申请工程竣工验收。总监理工程师组织各专业监理工程师审查了竣工资料，认为施工过程中已对所有分部分项工程进行过验收且均合格，随即在工程竣工验收报审表中签署了预验收合格的意见。

问题：

1. 指出事件 1 中的不妥之处，写出正确做法。

2. 逐条指出事件 2 中，总监理工程师可委托和不可委托总监理工程师代表完成的工作。

3. 指出事件 3 中总监理工程师的做法不妥之处，说明理由。写出要求施工单位整改的内容。

4. 根据《建设工程监理规范》，指出事件 4 中总监理工程师做法的不妥之处，写出总监理工程师在工程竣工预验收中还应组织完成的工作。

问题解析及答案要点：

1. 主要考核考生对监理规划报审的掌握程度。

（1）不妥之处：监理单位技术负责人组织编制监理规划并报法定代表人审查；

正确做法：应由总监理工程师组织编制，并报监理单位技术负责人审批。

（2）不妥之处：监理单位在第一次工地会议后报送监理规划；

正确做法：在第一次工地会议前报送。

2. 主要考核考生对监理人员职责的掌握程度。

可委托的工作有①、③、④；不可委托的工作有②、⑤、⑥。

3. 主要考核考生对安全生产管理的掌握程度。

（1）向施工单位签发《监理通知单》要求整改不妥；理由：存在严重安全事故隐患时应签发《工程暂停令》。

（2）应要求施工单位：①立即排除安全事故隐患；②组织相关单位共同验收起重机械。

4. 主要考核考生对工程竣工验收报审的掌握程度。

不妥之处：直接在工程竣工验收报审表中签署预验收合格的意见。

工作内容：

(1) 组织各专业监理工程师对工程质量进行预验收；

(2) 组织编写工程质量评估报告；

(3) 组织报送建设单位。

第二题：

某工程，实施过程中发生如下事件：

事件1：项目监理机构发现某分项工程混凝土强度未达到设计要求。经分析，造成该质量问题的主要原因为：①工人操作技能差；②砂石含泥量大；③养护效果差；④气温过低；⑤未进行施工交底；⑥搅拌机失修。

事件2：对于深基坑工程，施工项目经理将组织编写的专项施工方案直接报送项目监理机构审核的同时，即开始组织基坑开挖。

事件3：施工中发现地质情况与地质勘察报告不符，施工单位提出工程变更申请。项目监理机构审查后，认为该工程变更涉及设计文件修改，在提出审查意见后将工程变更申请报送建设单位。建设单位委托原设计单位修改了设计文件。项目监理机构收到修改的设计文件后，立即要求施工单位据此安排施工，并在施工前组织了设计交底。

事件4：建设单位收到某材料供应商的举报，称施工单位已用于工程的某批装饰材料为不合格产品。据此，建设单位立即指令施工单位暂停施工；指令项目监理机构见证施工单位对该批材料的取样检测。经检测，该批材料为合格产品。为此，施工单位向项目监理机构提交了暂停施工后的人员窝工和机械闲置的费用索赔申请。

问题：

1. 针对事件1中的质量问题绘制包含人员、机械、材料、方法、环境五大要因的因果分析图，并将①~⑥项原因分别归入五大要因之中。

2. 指出事件2中的不妥之处，写出正确做法。

3. 指出事件3中项目监理机构做法的不妥之处，写出正确的处理程序。

4. 事件4中，建设单位的做法是否妥当？项目监理机构是否应批准施工单位提出的索赔申请？分别说明理由。

问题解析及答案要点：

1. 主要考核考生对工程质量管理的掌握程度。

正确绘制因果分析图，原因归入正确。

2. 主要考核考生对专项施工方案报审的掌握程度。

(1) 不妥之处：施工项目经理将深基坑工程专项施工方案直接报送项目监理机构。

正确做法：应组织专家论证，并应附具安全验算结果。

(2) 不妥之处：施工项目经理在将专项施工方案报项目监理机构审核的同时，即开始组织深基坑开挖。

正确做法：专项施工方案应经施工单位技术负责人、总监理工程师签认后方可实施。

3. 主要考核考生对设计修改文件后的工作程序的掌握程度。

（1）不妥之处：收到修改的设计文件后，立即要求施工单位据此安排施工；

正确处理程序：

① 收到设计文件后应对工程变更费用及工期影响作出评估；

② 组织建设单位、施工单位等共同协商确定工程变更费用及工期变化；

③ 会签工程变更单；

④ 根据批准的工程变更监督施工单位实施。

（2）不妥之处：组织设计交底；处理程序：应报请建设单位组织设计交底。

4. 主要考核考生对签发停工指令及工程索赔的掌握程度。

（1）建设单位立即指令施工单位暂停施工不妥。理由：建设单位的停工指令应通过项目监理机构下达（或不能直接给施工单位下达）。

（2）项目监理机构应当批准施工单位的索赔。理由：暂停施工属于建设单位（或非施工单位）的责任。

第三题：

某工程，实施过程中发生如下事件：

事件1：为控制工程质量，项目监理机构确定的巡视内容包括：①施工单位是否按工程设计文件进行施工；②施工单位是否按批准的施工组织设计、（专项）施工方案进行施工；③施工现场管理人员、特别是施工质量管理人员是否到位。

事件2：专业监理工程师收到施工单位报送的施工控制测量成果报验表后，检查、复核了施工单位测量人员的资格证书及测量设备检定证书。

事件3：项目监理机构在巡视中发现，施工单位正在加工的一批钢筋未经报验，随即签发了工程暂停令，要求施工单位暂停钢筋加工、办理见证取样检测及完善报验手续。施工单位质检员对该批钢筋取样后将样品送至项目监理机构，项目监理机构确认样品后要求施工单位将试样送检测单位检验。

事件4：在质量验收时，专业监理工程师发现某设备基础的预埋件位置偏差过大，即向施工单位签发了监理通知单要求整改。施工单位整改完成后电话通知项目监理机构进行检查，监理员检查确认整改合格后，即同意施工单位进行下道工序施工。

问题：

1. 针对事件1，项目监理机构对工程质量的巡视还应包括哪些内容？

2. 针对事件2，专业监理工程师对施工控制测量成果及保护措施还应检查、复核哪些内容？

3. 分别指出事件3中施工单位和项目监理机构做法的不妥之处，写出正确做法。

4. 分别指出事件4中施工单位和监理员做法的不妥之处，写出正确做法。

问题解析及答案要点：

1. 主要考核考生对工程质量巡视内容的掌握程度。

还应包括：①施工单位是否按工程建设标准进行施工；②使用的工程材料、构配件和设备是否合格；③特种作业人员是否持证上岗。

2. 主要考核考生对工程测量审核工作内容的掌握程度。

还应检查复核：①施工平面控制网；②高程控制网；③临时水准点的测量成果；④控制桩的保护措施。

3. 主要考核考生对见证取样工作程序的掌握程度。

施工单位：

(1) 不妥之处：钢筋未经报验即开始加工；正确做法：钢筋加工前应报验。

(2) 不妥之处：独自对钢筋进行取样；正确做法：应有监理人员见证取样。

项目监理机构：

(1) 不妥之处：签发工程暂停令；正确做法：应签发监理通知单。

(2) 不妥之处：确认样品后即要求施工单位将试样送检测单位检验；正确做法：应要求施工单位重新抽样、封样、送检，并进行现场见证。

4. 主要考核考生对项目监理机构工作程序的掌握程度。

(1) 不妥之处：施工单位电话通知项目监理机构进行现场检查；正确做法：施工单位应报送监理通知回复单。

(2) 不妥之处：监理员检查确认整改合格后同意施工单位进行下道工序施工；正确做法：监理员应报专业监理工程师检查确认。

第四题：

某工程的桩基工程和室内装饰工程属于依法必须招标的暂估价分包工程，施工合同约定由施工单位负责招标。施工单位通过招标选择了 A 单位分包桩基工程施工。工程实施过程中发生如下事件：

事件 1：工程开工前，项目监理机构审查了施工单位报送的工程开工报审表及相关资料。确认具备开工条件后，总监理工程师在工程开工报审表中签署了同意开工的审核意见，同时签发了工程开工令。

事件 2：项目监理机构在巡视时发现，有 A、B 两家桩基工程施工单位在现场施工。经调查核实，为了保证施工进度，A 单位安排 B 单位进场施工，且 A、B 两单位之间签订了承包合同，承包合同中明确主楼区域外的桩基工程由 B 单位负责施工。

事件 3：建设单位负责采购的一批工程材料提前运抵现场后，临时放置在现场备用仓库。该批材料使用前，按合同约定进行了清点和检验，发现部分材料损毁。为此，施工单位向项目监理机构提出申请，要求建设单位重新购置损毁的工程材料，并支付该批工程材料检验费。

事件 4：室内装饰工程招标工作启动后，施工单位在向项目监理机构报送的招标方案中提出：

(1) 允许施工单位的参股公司参与投标；

(2) 投标单位必须具有本地类似工程业绩；

(3) 招标控制价由施工单位最终确定；

　（4）建设单位和施工单位共同确定中标人；

　（5）由施工单位发出中标通知书；

　（6）建设单位和施工单位共同与中标人签订合同。

问题：

1. 指出事件 1 中的不妥之处，写出正确做法。

2. 事件 2 中，A、B 两单位之间签订的承包合同是否有效？说明理由。写出项目监理机构对该事件的处理程序。

3. 逐项回答事件 3 中施工单位的要求是否合理，说明理由。

4. 逐项指出事件 4 招标方案中的提法是否妥当，不妥之处说明理由。

问题解析及答案要点：

1. 主要考核考生对签发工程开工令的掌握程度。

不妥之处：总监理工程师在签署同意开工意见的同时，签发了工程开工令；

正确做法：总监理工程师在签发工程开工令前，应报建设单位批准。

2. 主要考核考生对工程合同管理的掌握程度。

（1）无效。理由：属于违法分包。

（2）项目监理机构处理程序：①向施工单位签发监理通知单，要求 B 单位退场；②要求施工单位对 B 单位已完工程进行检查验收或质量鉴定；③收到施工单位提交的监理通知回复单后，组织验收。

3. 主要考核考生对工程索赔的掌握程度。

（1）要求建设单位重新购置损毁的工程材料合理；理由：工程材料清点移交前造成的损失由建设单位负责。

（2）支付工程材料检验费合理。理由：建设单位负责采购的材料检验费用应由建设单位承担。

4. 主要考核考生对工程招投标的掌握程度。

（1）不妥；理由：投标人与招标人之间存在利益关系。

（2）不妥；理由：设置不合理条件排斥潜在投标人。

（3）不妥；理由：建设单位应参与确定招标控制价。

（4）妥当。

（5）妥当。

（6）不妥；理由：建设单位不应与中标人有承发包合同关系。

第五题：

　某工程，建设单位与施工单位按照《建设工程施工合同（示范文本）》签订了施工合同，经总监理工程师批准的施工总进度计划如图 2018-5-1 所示（时间：月），各项工作均按最早开始时间安排且匀速施工。

　事件 1：为加强施工进度控制，总监理工程师指派总监理工程师代表：①制订进度目标控制的防范性对策；②调配进度控制监理人员。

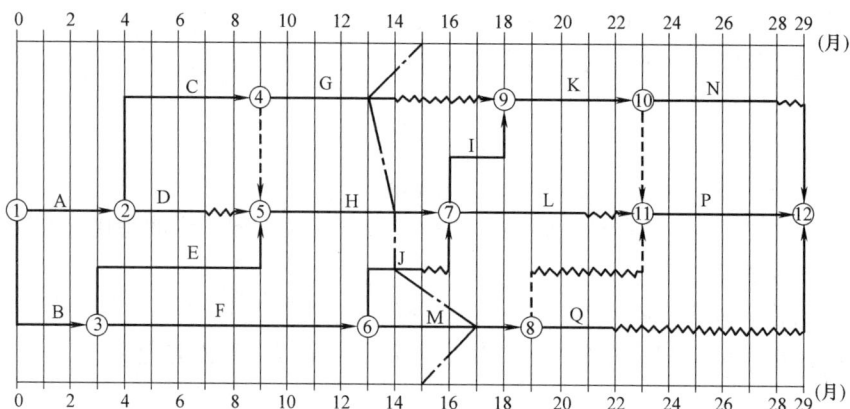

图 2018-5-1　施工总进度计划

事件 2：工作 D 开始后，由于建设单位未能及时提供施工图纸，使该工作暂停施工 1 个月。停工造成施工单位人员窝工损失 8 万元，施工机械台班闲置费 15 万元。为此，施工单位提出工程延期和费用补偿申请。

事件 3：工程进行到第 11 个月遇强台风，造成工作 G 和 H 实际进度拖后，同时造成人员窝工损失 60 万元、施工机械闲置损失 100 万元、施工机械损坏损失 110 万元。由于台风影响，到第 15 个月末，实际进度前锋线如图 2018-5-1 所示。为此，施工单位提出工程延期 2 个月和费用补偿 270 万元的索赔。

问题：

1. 指出图 2018-5-1 所示施工总进度计划的关键线路及工作 F、M 的总时差和自由时差。

2. 指出事件 1 中总监理工程师做法的不妥之处，说明理由。

3. 针对事件 2，项目监理机构应批准的工程延期和费用补偿分别为多少？说明理由。

4. 根据图 2018-5-1 所示前锋线，工作 J 和 M 的实际进度超前或拖后的时间分别是多少？对总工期是否有影响？

5. 事件 3 中，项目监理机构应批准的工程延期和费用补偿分别为多少？说明理由。

问题解析及答案要点：

1. 主要考核考生对进度计划及相关参数计算的掌握程度。

关键线路为：

A—C—H—I—K—P（或①—②—④—⑤—⑦—⑨—⑩—⑪—⑫）；

和 B—E—H—I—K—P（或①—③—⑤—⑦—⑨—⑩—⑪—⑫）。

工作 F 的总时差为 1 个月，自由时差为 0；

工作 M 的总时差为 4 个月，自由时差为 0。

2. 主要考核考生对监理职责的掌握程度。

不妥之处：指派总监理工程师代表调配进度控制监理人员；

理由：不能将调配监理人员的工作委托总监理工程师代表。

3. 主要考核考生对处理费用结算的掌握程度。

（1）不批准工程延期。理由：工作 D 暂停施工 1 个月，不影响总工期。

（2）应批准费用补偿 8＋15＝23 万元。理由：未能及时提供施工图纸属建设单位（非施工单位）责任。

4. 主要考核考生对计划进度对工期影响的掌握程度。

（1）工作 J 实际进度拖后 1 个月，不影响总工期；

（2）工作 M 实际进度提前 2 个月，不影响总工期。

5. 主要考核考生对处理费用结算的掌握程度。

（1）应批准工程延期 1 个月。理由：强台风影响为不可抗力（非施工单位原因）；工作 G 实际进度拖后 2 个月，不影响总工期；工作 H 为关键工作（总时差为 0），实际进度拖后 1 个月，影响工期 1 个月。

（2）应批准费用补偿 60＋100＝160 万元。理由：强台风影响为不可抗力，人员窝工和施工机械闲置损失应由建设单位承担（或施工机械损坏损失应由施工单位自行承担）。

第六题：

某工程，签约合同价为 30850 万元，合同工期为 30 个月。预付款为签约合同价的 20%，从开工后第 5 个月开始分 10 个月等额扣回。工程质量保证金为签约合同价的 3%，开工后每月按进度款的 10% 扣留，扣留至足额为止。施工合同约定，工程进度款按月结算；因清单工程量偏差和工程设计变更等导致的实际工程量偏差超过 15% 时，可以调整综合单价。实际工程量增加 15% 以上时，超出部分的工程量综合单价调值系数为 0.9；实际工程量减少 15% 以上时，减少后剩余部分的工程量综合单价调值系数为 1.1。

按照项目监理机构批准的施工组织设计，施工单位计划完成的工程价款见表 2018-6-1。

计划完成工程价款表　　　表 2018-6-1

时间（月）	1	2	3	4	5	6	7	…	15	…
工程价款（万元）	700	1050	1200	1450	1700	1700	1900	…	2100	…

工程实施过程中发生如下事件：

事件 1：由于设计差错修改图纸使局部工程量发生变化，由原招标工程量清单中的 1320m³ 变更为 1670m³，相应投标综合单价为 378 元/m³。施工单位按批准后的修改图纸在工程开工后第 5 个月完成工程施工，并向项目监理机构提出了增加合同价款的申请。

事件 2：原工程量清单中暂估价为 300 万元的专业工程，建设单位组织招标后，由原施工单位以 357 万元的价格中标，招标采购费用共花费 3 万元。施工单位在工程开工后第 7 个月完成该专业工程施工，并要求建设单位对该暂估价专业工程增加合同价款 60 万元。

问题：

1. 计算该工程质量保证金和第 7 个月应扣留的预付款各为多少万元？

2. 工程质量保证金扣留至足额时预计应完成的工程价款及相应月份是多少？该月预计应扣留的工程质量保证金是多少万元？

3. 事件 1 中，综合单价是否应调整？说明理由。项目监理机构应批准的合同价款增加

额是多少万元?（写出计算过程）

4. 针对事件 2，计算暂估价工程应增加的合同价款，说明理由。

5. 项目监理机构在第 3、5、7 个月和第 15 个月签发的工程款支付证书中实际应支付的工程进度款各为多少万元?（计算结果保留 2 位小数）

问题解析及答案要点:

1. 主要考核考生对质量保证金及预付款扣留计算的掌握程度。

工程质量保证金：$30850 \times 3\% = 925.5$（万元）

第 7 月应扣留的预付款：$30850 \times 20\% \div 10 = 617$（万元）

2. 主要考核考生对工程价款计算的掌握程度。

(1) 工程质量保证金扣留至足额时应完成的工程价款是：$925.5 \div 10\% = 9255$（万元）

(2) 第 1~6 月计划完成工程价款：

$700 + 1050 + 1200 + 1450 + 1700 + 1700 = 7800 < 9255$

第 1~7 月计划完成工程价款：$7800 + 1900 = 9700 > 9255$

工程质量保证金在第 7 月扣留至足额。

(3) 第 7 月应扣留的工程质量保证金：$(9255 - 7800) \times 10\% = 145.5$（万元）

（或：$925.5 - 7800 \times 10\% = 145.5$（万元））

3. 主要考核考生对合同价款计算的掌握程度。

(1) 应调整；理由：$(1670 - 1320) \div 1320 \times 100\% = 26.52\% > 15\%$

(2) ①工程量增加超出 15% 部分的综合单价：$378 \times 0.9 = 340.2$（元）

②项目监理机构应批准的合同价款增加额：

$1320 \times 15\% \times 378 + (1670 - 1320 \times 115\%) \times 340.2 = 126554.4$（元）

$= 12.66$（万元）

4. 主要考核考生对合同价款计算的掌握程度。

(1) 应增加合同价款：$357 - 300 = 57$（万元）。

(2) 理由：①暂估价招标后应以中标价取代暂估价，调整合同价款；

②招标采购费用 3 万元由建设单位承担，不能计入合同价款。

5. 主要考核考生对工程进度款计算的掌握程度。

(1) 第 3 个月实际应支付的工程进度款：$1200 \times (1 - 10\%) = 1080$（万元）。

(2) 第 5 个月实际应支付的工程进度款：$(1700 + 12.66) \times (1 - 10\%) - 617 = 924.39$（万元）。

(3) 第 7 个月实际应支付的工程进度款：$(1900 + 57) - 145.5 - 617 = 1194.50$（万元）。

(4) 第 15 个月实际应支付的工程进度款：2100（万元）。

2019 年《建设工程监理案例分析》试题解析

第一题：

某工程，实施过程中发生如下事件：

事件 1：总监理工程师组织编写监理规划时，明确监理工作的部分内容如下：①审核分包单位资格；②核查施工机械和设施的安全许可验收手续；③核查试验室资质；④审核费用索赔；⑤审查施工总进度计划；⑥工程计量和付款签证；⑦审查施工单位提交的工程款支付报审表；⑧参与工程竣工验收。

事件 2：在第一次工地会议上，总监理工程师明确签发《工程暂停令》的情形包括：①隐蔽工程验收不合格的；②施工单位拒绝项目监理机构管理的；③施工存在重大质量、安全事故隐患的；④发生质量、安全事故的；⑤调整工程施工进度计划的。

事件 3：某专业工程施工前，总监理工程师指派监理员依据监理规划、工程设计文件和施工组织设计组织编制监理实施细则，并报送建设单位审批。

事件 4：工程竣工验收阶段，建设单位要求项目监理机构将整理完成的归档监理文件资料直接移交城建档案管理机构存档。

问题：

1. 针对事件 1，将所列的监理工作内容按质量控制、造价控制、进度控制和安全生产管理工作分别进行归类。

2. 指出事件 2 中总监理工程师的不妥之处。依据《建设工程监理规范》，还有哪些情形应签发《工程暂停令》？

3. 针对事件 3，总监理工程师的做法有什么不妥？写出正确做法。监理实施细则的编制依据还有哪些？

4. 针对事件 4，建设单位的做法有什么不妥？写出监理文件资料的归档移交程序。

问题解析与答题要点：

1. 主要考核考生对监理工作内容分类的掌握程度。

（1）质量控制工作：①、③、⑧；

（2）投资控制工作：④、⑥、⑦；

（3）进度控制工作：⑤；

（4）安全生产管理工作：②。

2. 主要考核考生对依据《建设工程监理规范》，正确签发《工程暂停令》的掌握程度。

（1）不妥之处：将①、⑤列为签发《工程暂停令》的情形。

（2）签发《工程暂停令》的情形还有：

①建设单位要求暂停施工的；

②施工单位未经批准擅自施工的；

③施工单位未按审查通过的工程设计文件施工的；

④施工单位违反强制性标准施工的。

3. 主要考核考生对编制、审核监理规划和监理实施细则内容的掌握程度。

（1）不妥之处：总监理工程师指派监理员组织编制监理实施细则，并报送建设单位审批；

正确做法：总监理工程师应指派专业监理工程师组织编制监理实施细则，由总监理工程师审批。

（2）编制依据还有：工程建设标准、（专项）施工方案。

4. 主要考核考生对监理文件资料的归档移交程序的掌握程度。

不妥之处：建设单位要求整理完成后直接移交城建档案管理机构存档；

移交程序：项目监理机构向监理单位移交归档资料，监理单位向建设单位移交归档资料，建设单位向城建档案管理机构移交归档资料。

第二题：

某工程，施工单位通过招标将桩基及土方开挖工程发包给某专业分包单位，并与预拌混凝土供应商签订了采购合同。实施过程中发生如下事件：

事件1：桩基验收时，项目监理机构发现部分桩的混凝土强度未达到设计要求，经查是由于预拌混凝土质量存在问题所致。在确定桩基处理方案后，专业分包单位提出因预拌混凝土由施工单位采购，要求施工单位承担相应桩基处理费用。施工单位提出因建设单位也参与了预拌混凝土供应商考察，要求建设单位共同承担相应桩基处理费用。

事件2：专业分包单位编制了深基坑土方开挖专项施工方案，经专业分包单位技术负责人签字后，报送项目监理机构审查的同时开始了挖土作业，并安排施工现场技术负责人兼任专职安全管理人员负责现场监督。专业监理工程师发现上述情况后及时报告总监理工程师，并建议签发《工程暂停令》。

事件3：在土方开挖过程中遇到地下障碍物，专业分包单位对深基坑土方开挖专项方案做了重大调整后继续施工。总监理工程师发现后，立即向专业分包单位签发了《工程暂停令》。因专业分包单位拒不停止施工，总监理工程师报告了建设单位，建设单位以工期紧张为由要求总监理工程师撤回《工程暂停令》。为此，总监理工程师向有关主管部门报告了相关情况。

问题：

1. 针对事件1，分别指出专业分包单位和施工单位提出的要求是否妥当，并说明理由。

2. 针对事件2，专业分包单位的做法有什么不妥？写出正确做法。

3. 针对事件2，专业监理工程师的做法是否正确？说明专业监理工程师建议签发《工程暂停令》的理由。

4. 针对事件3，分别指出专业分包单位、总监理工程师、建设单位的做法有什么不妥，并写出正确做法。

问题解析与答题要点：

1. 主要考核考生对施工合同责任分析与判断的掌握程度。

（1）专业分包单位提出的要求妥当；

理由：预拌混凝土是由施工单位采购供货。

（2）施工单位提出的要求不妥当；

理由：建设单位不是预拌混凝土供货合同的签订方。

2. 主要考核考生对监理安全生产管理工作的掌握程度。

（1）不妥之处：将专项施工方案报项目监理机构审查；

正确做法：应将专项施工方案报施工单位审批。

（2）不妥之处：在报批专项施工方案的同时开始挖土作业；

正确做法：应在专项施工方案按程序获得审批同意后方可施工。

（3）不妥之处：安排技术负责人兼任专职安全管理人员进行现场监督；

正确做法：应安排专职安全管理人员进行现场监督。

3. 主要考核考生对签发《工程暂停令》适用条件的掌握程度。

正确；

理由：深基坑专项施工方案未经总监理工程师审核完成、未组织专家论证会论证。

4. 主要考核考生对监理安全生产管理工作的掌握程度。

（1）不妥之处：专业分包单位对专项施工方案做了重大调整后继续施工；

正确做法：专业分包单位应将调整后的专项施工方案按原程序重新报审，审批同意后方可施工。

（2）不妥之处：总监理工程师向专业分包单位签发《工程暂停令》；

正确做法：总监理工程师应向施工单位签发《工程暂停令》。

（3）不妥之处：专业分包单位拒不停止施工；

正确做法：专业分包单位应执行项目管理机构指令，暂停施工。

（4）不妥之处：建设单位以工期紧为由要求总监理工程师撤回《工程暂停令》；

正确做法：建设单位应同意暂停施工。

第三题：

某工程，实施过程中发生如下事件：

事件1：项目监理机构收到施工单位报送的《分包单位资格报审表》后，审核了分包单位的营业执照和企业资质等级证书。

事件2：总监理工程师怀疑施工单位正在加工的一批钢筋存在质量问题，要求施工单位停止加工，并按规定进行重新检验，重新检验结果表明该批钢筋质量合格。为此，施工单位向建设单位提交了钢筋重新检验导致的检验、人员窝工和机械闲置的费用索赔报告。建设单位认为发生上述费用是由于施工单位执行项目监理机构指令导致的，拒绝施工单位的费用索赔。

事件3：专业监理工程师巡视时，发现已经验收合格并覆盖的隐蔽工程管道所在区域出现渗漏现象，遂要求施工单位对该隐蔽部位进行剥离、重新检验，施工单位以该隐蔽工程已经验收合格为由,拒绝剥离和重新检验。

事件4:工程竣工验收后,施工单位向建设单位提交的工程质量保修书中所列的保修期限为:①地基基础工程和主体结构工程为设计文件规定的合理使用年限;②有防水要求的地下室及外墙面防渗漏为3年;③供热与供冷系统为3个采暖期、供冷期;④电气管线、给排水管道工程为1年。

问题:

1. 针对事件1,项目监理机构对分包单位资格审核还应包括哪些内容?

2. 针对事件2,分别指出施工单位和建设单位的做法有什么不妥,并写出正确做法。

3. 针对事件3,分别指出专业监理工程师和施工单位的做法是否妥当,并说明理由。

4. 针对事件4,施工单位的做法是否妥当?写出正确做法。按照《建设工程质量管理条例》,逐条指出工程质量保修书中所列的保修期限是否妥当,并说明理由。

问题解析与答题要点:

1. 主要考核考生对分包单位资格审核内容的掌握程度。

还应审查:安全生产许可文件、类似工程业绩、专职管理人员和特种作业人员的资格。

2. 主要考核考生对施工合同责任和索赔处理的掌握程度。

(1) 不妥之处:施工单位向建设单位提交费用索赔报告;

正确做法:施工单位应向项目监理机构提交索赔报告。

(2) 不妥之处:建设单位拒绝施工单位的索赔要求;

正确做法:建设单位应同意施工单位的索赔要求。

3. 主要考核考生对施工合同中质量控制内容的掌握程度。

(1) 专业监理工程师做法妥当;

理由:对隐蔽工程质量有疑问时,有权要求剥离复验。

(2) 施工单位的做法不妥当;

理由:执行专业监理工程师的剥离复验要求是施工单位的合同义务。

4. 主要考核考生对工程质量保修内容的掌握程度。

(1) 不妥之处:工程竣工验收后,向建设单位提交工程质量保修书;

正确做法:施工单位应在向建设单位提交工程竣工验收报告时出具工程质量保修书。

(2) ① 妥当;理由:符合《建设工程质量管理条例》的要求。

② 不妥;理由:有防水要求的地下室及外墙面防渗漏最低保修期限为5年。

③ 妥当;理由:供冷系统的最低保修期限为2个供冷期。

④ 不妥;理由:电气管线、给排水管道工程最低保修期限为2年。

第四题:

某工程,建设单位采用公开招标方式选择工程监理单位,实施过程中发生如下事件:

事件1:建设单位提议:评标委员会由5人组成,包括建设单位代表1人、招标监管机构工作人员1人和评标专家库随机抽取的技术、经济专家3人。

事件 2：评标时，评标委员会评审发现：A 投标人为联合体投标，没有提交联合体共同投标协议；B 投标人将造价控制监理工作转让给具有工程造价咨询资质的专业单位；C 投标人拟派的总监理工程师代表不具备注册监理工程师职业资格；D 投标人的投标报价高于招标文件设定的最高投标限价。评标委员会决定否决上述各投标人的投标。

事件 3：监理合同订立过程中，建设单位提出应由监理单位负责下列四项工作：①主持设计交底会议；②签发《工程开工令》；③签发《工程款支付证书》；④组织工程竣工验收。

事件 4：监理员巡视时发现，部分设备安装存在质量问题，即签发了《监理通知单》，要求施工单位整改。整改完毕后，施工单位回复了《整改工程报验表》，要求项目监理机构对整改结果进行复查。

问题：

1. 针对事件 1，建设单位的提议有什么不妥？说明理由。

2. 针对事件 2，分别指出评标委员会决定否决 A、B、C、D 投标人的投标是否正确，并说明理由。

3. 针对事件 3，依据《建设工程监理合同（示范文本）》，建设单位提出的四项工作分别由谁负责？

4. 针对事件 4，分别指出监理员和施工单位的做法有什么不妥，并写出正确做法。

问题解析与答题要点：

1. 主要考核考生对评标委员会组成要求的掌握程度。

（1）招标监管机构工作人员作为评标委员会成员不妥；

理由：招标监管机构工作人员不能作为评标委员会成员。

（2）评标委员会成员只有 3 名技术、经济专家不妥；

理由：技术、经济专家不得少于评标委员会成员总数 2/3。

2. 主要考核考生对投标文件有效性判断的掌握程度。

（1）否决 A 正确；理由：联合体投标必须签订联合体共同投标协议。

（2）否决 B 正确；理由：监理业务不允许转让。

（3）否决 C 不正确；理由：没有规定总监理工程师代表必须具备注册监理工程师执业资格。

（4）否决 D 正确；理由：投标人的投标报价高于招标文件设定的最高投标限价。

3. 主要考核考生对监理合同示范文本中合同双方权利义务规定的掌握程度。

①建设单位；②监理单位；③监理单位；④建设单位。

4. 主要考核考生对正确使用监理文件表格的掌握程度。

（1）不妥之处：监理员签发了《监理通知单》。

正确做法：应报告专业监理工程师，由专业（总）监理工程师签发《监理通知单》。

（2）不妥之处：施工单位报送了《整改工程报验表》；

正确做法：施工单位应报送《监理通知回复单》。

第五题：

某工程，建设单位与施工单位按照《建设工程施工合同（示范文本）》签订了施工合同。总监理工程师批准的施工总进度计划如图 2019-5-1 所示，各项工作均按最早开始时间安排且匀速施工。

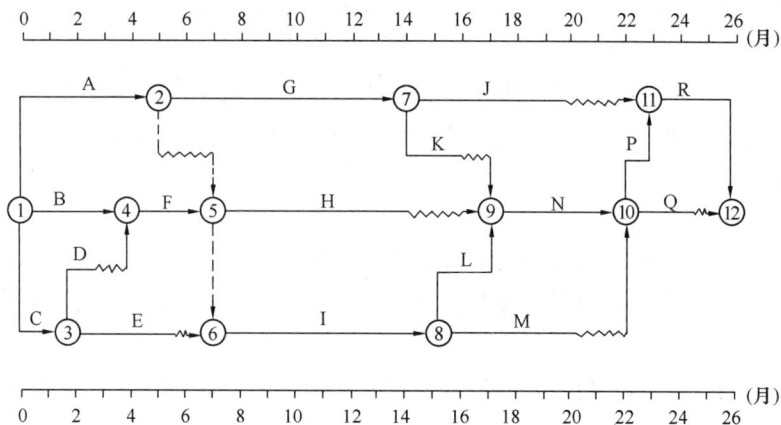

图 2019-5-1　施工总进度计划（时间：月）

事件 1：工作 D 为基础开挖工程，施工中发现地下文物。为实施保护措施，施工单位暂停施工 1 个月，并发生费用 10 万元。为此，施工单位提出了工期索赔和费用索赔。

事件 2：工程施工至第 4 个月，由于建设单位要求的设计变更，导致工作 K 的工作时间增加 1 个月，工作 I 的工作时间缩短为 6 个月，费用增加 20 万元。施工单位据此调整了施工总进度计划，并报项目监理机构审核，总监理工程师批准了调整的施工总进度计划。此后，施工单位提出了工程延期 1 个月、费用补偿 20 万元的索赔。

事件 3：工程施工至第 18 个月末，项目监理机构根据上述调整后批准的施工总进度计划检查，各工作的实际进度为：工作 J 拖后 2 个月，工作 N 正常，工作 M 拖后 3 个月。

问题：

1. 指出图 2019-5-1 所示施工总进度计划的关键线路及工作 A、H 的总时差和自由时差。

2. 针对事件 1，项目监理机构应批准的工期索赔和费用索赔各为多少？说明理由。

3. 针对事件 2，项目监理机构应批准的工期索赔和费用索赔各为多少？说明理由。调整后的施工总进度计划中，工作 A 的总时差和自由时差是多少？

4. 针对事件 3，第 18 个月末，工作 J、N、M 实际进度对总工期有什么影响？说明理由。

问题解析与答题要点：

1. 主要考核考生对施工进度计划及相关参数计算的掌握程度。

（1）关键线路为：B—F—I—L—N—P—R（或①—④—⑤—⑥—⑧—⑨—⑩—⑪—⑫）。

（2）工作 A 的总时差为 1 个月，自由时差为 0。

（3）工作 H 的总时差为 3 个月，自由时差为 3 个月。

2. 主要考核考生对工程索赔的掌握程度。

（1）不批准工程延期；

理由：工作 D 总时差 1 个月，不影响总工期。

（2）应批准费用索赔 10 万元；

理由：为保护地下历史文物暂停施工非施工单位责任。

3. 主要考核考生对工程索赔的掌握程度。

（1）不批准工程延期索赔；

理由：工作 K 总时差 1 个月，不影响总工期。

（2）应批准费用索赔 20 万元；

理由：修改设计属建设单位（非施工单位）责任。

（3）调整后的施工总进度计划中工作 A 的总时差为 0，自由时差为 0。

4. 主要考核考生根据实际进度检查结果，分析判断对工程总体影响的能力。

（1）工作 J 不影响总工期；

理由：调整后的施工总进度计划中工作 J 总时差为 3 个月。

（2）工作 N 不影响总工期；

理由：N 工作正常。

（3）工作 M 不影响总工期；

理由：调整后的施工总进度计划中工作 M 总时差为 4 个月。

第六题：

某工程，建设单位和施工单位按《建设工程施工合同（示范文本）》签订了施工合同。合同约定：签约合同价为 3245 万元；预付款为签约合同价的 10%，当施工单位实际完成金额累计达到合同总价的 30% 时开始分 6 个月等额扣回预付款；管理费率取 12%（以人工费、材料费、施工机具使用费之和为基数），利润率取 7%（以人工费、材料费、施工机具使用费及管理费之和为基数），措施项目费按分部分项工程费的 5% 计（赶工不计取措施费），规费综合费率取 8%（以分部分项工程费、措施项目费及其他项目费之和为基数）；人工费为 80 元/工日，机械台班费为 2000 元/台班。实施过程中发生如下事件：

事件 1：由于不可抗力造成下列损失：

（1）修复在建分部分项工程费 18 万元；

（2）进场的工程材料损失 12 万元；

（3）施工机具闲置 25 台班；

（4）工程清理花费人工 100 工日（按计日工计，单价 150 元/工日）；

（5）施工机具损坏损失 55 万元；

（6）现场受伤工人的医药费 0.75 万元。

事件 2：为了防止工期延误，建设单位提出加快施工进度的要求，施工单位上报了赶工计划与相应的费用。经协商，赶工费不计取利润。项目监理机构审查确认赶工增加人工费、材料费和施工机具使用费合计为 15 万元。

事件 3：用于某分项工程的某种材料暂估价 4350 元/t，经施工单位招标及项目监理机构确认,该材料实际采购价格为 5220 元/t(材料用量不变)。施工单位向项目监理机构提交了招标过程中发生的 3 万元招标采购费用的索赔,同时还提交了综合单价调整申请,其中使用该材料的分项工程综合单价调整见表 2019-6-1,在此单价内该种材料用量为 80kg。

综合单价调整表(节选) 表 2019-6-1

已标价清单综合单价(元)					调整后综合单价(元)				
综合单价	其中				综合单价	其中			
	人工费	材料费	机械费	管理费和利润		人工费	材料费	机械费	管理费和利润
599.20	30	400	70	99.20	719.04	36	480	84	119.04

问题:

1. 该工程的工程预付款、预付款起扣时施工单位应实际完成的累计金额和每月应扣预付款各为多少万元?

2. 针对事件 1,依据《建设工程施工合同(示范文本)》,逐条指出各项损失的承担方。建设单位应承担的金额为多少万元?

3. 针对事件 2,协商确定赶工费不计取利润是否妥当?项目监理机构应批准的赶工费为多少万元?

4. 针对事件 3,施工单位对招标采购费用的索赔是否妥当?项目监理机构应批准的调整综合单价是多少元?分别说明理由。

(计算部分应写出计算过程,保留 2 位小数)

问题解析与答题要点:

1. 主要考核考生对工程预付款及其计算的掌握程度。

工程预付款:$3245 \times 10\% = 324.50$(万元)。

工程预付款起扣金额:$3245 \times 30\% = 973.50$(万元)。

每月应扣回预付款:$324.5 \div 6 = 54.08$(万元)。

2. 主要考核考生对不可抗力的工程索赔的掌握程度。

(1)、(2)、(4)应由建设单位承担;

(3)、(5)、(6)应由施工单位承担。

建设单位应该承担的金额为:

(1)修复工程费用措施费:$18 \times 5\% = 0.90$(万元);

(2)计日工费:$100 \times 150 \div 10000 = 1.50$(万元);

(3)$(18 + 0.90 + 12 + 1.50) \times (1 + 8\%) \times (1 + 9\%) = 38.14$(万元)。

3. 主要考核考生对赶工费计算的掌握程度。

(1)妥当。

(2)应批准的赶工费为:

$15 \times (1 + 12\%) \times (1 + 8\%) \times (1 + 9\%) = 19.78$(万元)。

4. 主要考核考生对综合价格调整的掌握程度。

(1)不妥当;

理由：应由招标方承担。

（2）调整后综合单价内材料价差：（5220－4350）×80÷1000＝69.60（元）。

项目监理机构应批准的调整综合单价：599.20＋69.60＝668.80（元）。

理由：暂估价材料单价确定后，在综合单价中只取代原暂估价。

网上增值服务说明

为了给全国监理工程师职业资格考试人员提供更优质、持续的服务，我社为购买正版考试图书的读者免费提供网上增值服务，增值服务分为文档增值服务和视频增值服务，具体内容如下：

文档增值服务：主要包括各科目的考点解析、应试技巧、在线答疑，每本图书都会提供相应内容的增值服务。

视频增值服务：由权威老师进行网络在线授课，对考试用书重点难点内容进行全面讲解，旨在帮助考生掌握重点内容。视频涵盖所有考试科目，网上免费增值服务使用方法如下：

微信扫描封面二维码 ➡ 关注"建知云服务"服务号 ➡ 刮开封面增值服务码涂层，扫描涂层下条形码，验证 ➡ 通过验证，享受增值服务

注：增值服务从本书发行之日起开始提供，至次年新版图书上市时结束，提供形式为在线阅读、观看。如果输入卡号和密码或扫码后无法通过验证，请及时与我社联系。

Email：jls@cabp.com.cn

防盗版举报电话：010-58337026，举报查实重奖。

网上增值服务如有不完善之处，敬请广大读者谅解。欢迎提出宝贵意见和建议，谢谢！